Meteorologische
Untersuchungen.

Von

H. W. Dove,
Mitgliede der Akademie der Wissenschaften zu Berlin.

Mit 2 Steindrucktafeln.

Berlin, 1837.
Verlag der Sander'schen Buchhandlung.
(C. W. Eichhoff.)

Aeltere Physik an. 1600.

Si ventus se mutet conformiter ad motum solis, non revertitur plerumque, aut si hoc facit, fit ad breve tempus.

Baco de Verulam historia nat. et exp. de ventis.

Neuere Physik an. 1832.

On a cru remarquer, que dans certains lieux les vents se succèdent dans un ordre déterminé; mais ces observations présentent encore trop d'incertitudes pour qu'il nous soit permis de les discuter ici.

Pouillet Élémens de physique II, 715.

Vorwort.

Da die meteorologischen Untersuchungen, welche den wesentlichen Inhalt dieser Schrift ausmachen, nicht alle auf dem Gebiete dieser Disciplin zur Sprache gekommene Gegenstände umfassen, so schien es mir nicht unpassend, ihnen eine möglichst populäre Darstellung des Gesammtinhalts derselben vorauszuschicken. Diess ist auf den ersten sechs Bogen geschehn, welche einen früher unter demselben Titel in den „Königsberger Vorträgen über Naturwissenschaft" erschienenen Aufsatz vervollständigt und umgearbeitet enthalten.

Seit dem Jahre 1827 habe ich in Poggendorff's Annalen eine Reihe meteorologischer Abhandlungen bekannt gemacht, in welchen ich nachzuweisen versuchte, dass die Gesammtheit der atmosphärischen nicht periodischen Veränderungen unsrer Breiten sich auf ein Grundphänomen zurückführen lasse, welches ich das Drehungsgesetz des Windes genannt habe. Die seit Jahrhunderten beobachtete aber immer wieder geleugnete Thatsache eines regelmässigen Ueberganges der verschiedenen Windesrichtungen in einander stand isolirt neben dem allgemein anerkannten, wenn auch für alle Instrumente nicht gleichmässig erwiesenen, Einfluss der Windesrichtung auf den Druck, die Temperatur und die Feuchtigkeit der Atmosphäre. Da nun die sogenannten unregelmässigen Veränderungen nichts anders sind als der Uebergang der barometrischen, thermischen und hygrometrischen Werthe der Winde in einander, so ist klar, dass die Gesetze jener nur erkannt werden können, wenn man die mittleren Veränderungen der Windesrichtung mit der mittleren Vertheilung des Druckes, der Temperatur und der Feuchtigkeit in der Windrose verbindet. Indem ich diese Untersuchung für Paris durchführte fand ich die Bestätigung eines durch directe von mir in Königsberg angestellte Beobachtungen bereits erhaltenen Resultates[1], dass nämlich die Windrose in zwei Hälften zerfällt, welche in allen Erscheinungen reine Gegensätze bilden, indem dem Steigen eines Instrumentes auf der einen Seite ein Fallen desselben Instrumentes auf der andern entspricht, und umgekehrt einem Steigen hier ein Fallen dort, woraus unmittelbar folgte, warum alle frühern Versuche, ohne diese Unterscheidung die Gesetze der Veränderungen zu finden, vergeblich sein mussten. Es lag nun nahe, die Gesammtheit der Witterungs-Erscheinungen unsrer Breiten auf den Kampf zweier Luftströme zurückzuführen, welche, wenn sie einseitig als NO. und SW. vorwalten, die Witterungsextreme bedingen, in gehörigem Maaſse aber in einander übergehend, den Wechsel hervorrufen, welcher das Bezeichnende unsrer climatischen Verhältnisse ist.

Im Jahre 1730 hat Hadley auf die Rotation der Erde und die Temperaturunterschiede der verschiedenen Breiten eine Theorie der Passate gegründet, welche sich selbst im Detail der Erscheinungen als die richtige bewährt hat. Indem ich dieselben Elemente auf die Voraussetzung zweier einander abwechselnd verdrängenden Ströme anwandte, fand ich als nothwendige Folge derselben das Drehungsgesetz. Die Passate sind demnach nichts anders als der speciellste Fall desselben. Die so verallgemeinerte Theorie erlaubte die Gesetze der Veränderungen der meteorologischen Instrumente für die südliche Erdhälfte vorherzubestimmen. Ihre empirische Bestätigung ist Gegenstand einer Preisaufgabe der Jablonovski'schen Gesellschaft für das Jahr 1838 geworden, die für das Barometer theoretisch abgeleiteten Regeln aber durch Berechnung zweier Beobachtungsjournale des Preussischen Schiffs, Princess Louise, von Herrn Galle bereits bestätigt. Die Prüfung der Theorie in Beziehung auf den Gang der übrigen Instrumente fehlt noch.

Diese Untersuchungen sind es, welche ich im zweiten Theile dieser Schrift zu einem Ganzen zusammengefasst und verarbeitet habe. An die Darstellung der Windrosen im ersten Abschnitt desselben schliesst sich im zweiten unmittelbar die theoretische Ableitung des Drehungsgesetzes, um durch Combination dieses beweglichen Elements mit jenem starren im dritten Abschnitt die Gesetze der Veränderungen der meteorologischen Instrumente, im vierten die Ableitung der wäsprigen

Niederschläge zu erhalten. Diese, als unzweideutigste Symptome des Kampfes zweier einander gegenseitig verdrängenden Ströme, führen zur nähern Betrachtung der physikalischen Eigenschaften derselben, wodurch der Uebergang zur Erörterung des klimatologischen Theils unsrer Aufgabe unmittelbar gegeben ist; denn in dem Ursprung jener Ströme müssen jene Eigenschaften ihre nähere Erklärung finden. Diese kann aber nur aus einer allgemeinern Betrachtung der Bewegungen des gesammten Luftkreises hervorgehn. Der fünfte Abschnitt behandelt daher dieselben, der sechste ihre Rückwirkung auf die constante und periodische Vertheilung der verschiedenen physikalischen Qualitäten auf der Oberfläche der Erde.

Bei Vergleichung der beiden Theile dieser Schrift mit den früher erschienenen Abhandlungen wird man leicht finden, dass neben unverändert Wiedergegebenem Vieles durchaus umgearbeitet ist, Andres besonders im Abschnitt IV. V. VI. ganz neu hinzugekommen. Auch ist, was seither von Andern in dieser Beziehung gethan, sorgfältig benutzt worden.

Berlin, den 21. März 1837.

H. W. Dove.

Inhalt.

Seite

I. Ueber den innern Zusammenhang der Witterungserscheinungen.

Einleitung 1—8, Vertheilung der Wärme 10—35 und 42—45, Winde 37—42, Wässrige Niederschläge 46—70, Barometer-Veränderungen 71—76, Meteorsteine 76, Sternschnuppen 78, Nordlicht 80, Magnetische Veränderungen 81, Erdwärme 84—91, Zusammenhang derselben mit der magnetischen Vertheilung 94.

II. Ueber die von der Windesrichtung abhängigen Veränderungen des Druckes, der Temperatur und der Feuchtigkeit der Atmosphäre.

I. Die Windrosen 99
barometrische 99, thermische 108, Zussammenhang beider 113, atmische 115.

II. Das Drehungsgesetz 121
theoretische Ableitung desselben 124, empirische Belege 130.

III. Mittlere Veränderungen des Barometers, Thermometers und Hygrometers 139
Ableitung der Regeln für beide Halbkugeln 140, Belege für das Barometer 142, das Thermometer 165, die Dampf- und Luftatmosphäre 166.

VI. Die Hydrometeore und die Luftströme durch welche sie bedingt werden 168
Classification derselben 168, die sie bedingenden Luftströme 175, Verhalten des Barometers bei Niederschlägen 200, des Thermometers 204, des Hygrometers 215, Wolkenform 216, Verhalten nach Oben 217, Gewitter 224, die Hydrometeore als Beweis des Drehungsgesetzes 239.

V. Die allgemeinern Bewegungen der Atmosphäre 243
Passattheorien 244, Ableitung der Passate und Moussons 250. Empirische Belege: die Gegend der Windstillen 258, die Moussons 264, der obere Strom und sein Her-

Seite

abkommen 269, die Witterungsextreme 272, barometrische Minima 277, die Westwinde der gemässigten Zone 293.

VI. Die mittleren Zustände und ihre periodischen Veränderungen 299

Die Regen der Moussons 300, periodische Aenderungen des atmosphärischen Drucks 305, der Dampfatmosphäre 315, der Temperatur 320, der relativen Feuchtigkeit in der Gegend der Moussons 325, Vertheilung derselben Elemente in der Passatzone 326, an ihren Grenzen 327, in der gemässigten 331, in der kalten. 342.

Titel der benutzten Abhandlungen.

(Pogg. Ann.)

1. Einige meteorologische Untersuchungen über den Wind 11. 345.
2. Ueber den Zusammenhang der Hydrometeore mit den Veränderungen der Temperatur, und des Barometers 13. 305.
3. Ueber das Gewitter 13. 419.
4. Ueber mittlere Luftströme 13. 583.
5. Ueber barometrische Minima 13. 596.
6. Ueber die Windverhältnisse in Europa 15. 53.
7. Ueber die von der Windesrichtung abhängigen Veränderungen der Dampfatmosphäre 16. 285.
8. Ueber Moussons und Passat 21. 177.
9. Einige Bemerkungen über die physischen Ursachen der Gestalt der Isothermen 23. 54.
10. Ueber die Vertheilung des atmosphärischen Druckes in der jährl. Periode und barometrisches Nivelliren der Ebenen 24. 205
11. Bemerkungen über den Regen. 31. 545.
12. Ueber das Vorhandensein zweier Regenzeiten im südlichen Europa 35. 375.
13. Einige Bemerkungen über die Witterung dieses Jahres (1835) 36. 318.
14. Ueber den Einfluss der Drehung der Erde auf die Strömungen ihrer Atmosphäre 36. 321.

Anmerk. Die ersten 5 Abhandlnngen bildeten ursprünglich eine für den 11. Band bestimmte Abhandlung, welche wegen ihrer Länge getheilt werden musste.

Ueber

den innern Zusammenhang

der

Witterungs-Erscheinungen.

Sämmtliche Temperaturen sind, wenn es nicht ausdrücklich anders bemerkt ist, in Réaumur'schen Graden, die Höhen in pariser Fuss angegeben.

Jeder Mensch, seine Thätigkeit sei noch so sehr durch die Anforderungen des bürgerlichen Lebens auf einen bestimmten Kreis von Geschäften gewiesen, hat doch eine Seite, nach welcher er sich zur Natur verhält, und wäre es auch nur die, nach der er sie gewähren lässt, und wer kann sich ihr entziehen! Wenn Wochenlang der Himmel mit einem einförmigen Grau bedeckt ist, so werden am Ende auch wir trübe, wenn es endlich oben wieder hell wird, werden auch wir heiter. So sind wir ein treuer Spiegel des Himmels über uns, wir gehen ein in seine Launen, und jeder ist in diesem Sinne nicht nur ein Meteorologe, sondern so zu sagen die Meteorologie selbst. Aber diess passive Ergeben macht bald dem Bedürfniss Platz, die Sprache zu verstehen, in der die Natur zu uns redet, in dem Wechsel das Bestehende, in der scheinbaren Willkühr das Gesetz nachzuweisen. Denn wenn es überhaupt Aufgabe der Naturwissenschaft ist, in den besonderen Erscheinungen das Allgemeine aufzuzeigen, wir mögen es nun Kraft, Gesetz, Gattung oder wie wir wollen nennen, so scheint es natürlich auch in diesem Theile der Physik dieselbe Behandlungsart geltend zu machen, welche sich für andere Zweige der Wissenschaft als tüchtig bewährt hat. Aber durch einen sonderbaren Missverstand verlangt man von der Meteorologie grade das Gegentheil. Wenn in einer ungewöhnlichen Hitze alles zu verschmachten droht, wenn ein sehr strenger Winter uns fast in unserer geographischen Breite irre werden lässt, wenn Ueberschwemmungen und Erdbeben reiche Gegenden verwüsten, so sagt jeder, was für ein interessantes Jahr für die Meteorologie. Dadurch dass man durch ungeheure electrische Batterien die stärksten Thiere zu tödten suchte, ist die Electricitätslehre um keinen Schritt weiter gekommen, ihre Fortschritte verdankt sie Coulomb's Drehwage, wo man mit Kügelchen experimentirt, die eine einmal geriebene Siegelstange electrisirte. Knight's grosse Magnete haben weiter nichts geleistet, als die magnetischen Bestimmungen für London unsicher zu machen. So hat fast überall eine blos quantitative Steigerung einer gegebenen physikalischen Qualität eher Verwirrung als näheres Verständniss gebracht. Und grade in der Meteorologie sollte es anders sein? Wenn also die Anforderung, in dem Ungewöhnlichen, dem Auffallenden einen Aufschluss über die übrigen Erscheinungen zu suchen, als ungehörig abzuweisen ist, so sind zwei andere Ansichten ebenfalls zu beseitigen, von denen die eine die Totalität der Erscheinungen als den Schlüssel aller Einzelnheiten angesehen wissen will, also die Erklärung des Gewitters als Ausgangspunkt bestimmt, die andre die ganze Untersuchung als vergeblich verwirft, da die Erde ein Organisches sei, dessen Leben man nicht durch mechanische, physische und chemische Gesetze verstehen werde. Was die erste Ansicht betrifft, so scheint es zunächst natürlicher, das Einfache zuerst zu betrachten und nachdem dieses erkannt, zu dem Zusammengesetzteren überzugehen; dass aber selbst in Beziehung auf den Prozess der Gewitterbildung die Electricität nicht das *agens* sei, wird in der Folge sich zeigen. Will die zweite Ansicht aber nur sagen, dass die Erde ein in sich gegliedertes Individuum sei, so möchte ihr Niemand widersprechen. Betrachtet sie aber die Atmosphäre etwa als ein Thier, dessen Pulse man täglich in den Oscillationen des Barometers fühlt, so kann man hier nicht einmal sagen, dass ein ungefähres Verhältniss von einem Kreise von Erscheinungen übertragen ist auf einen andern, wo auch ohngefähr das vorkommt, denn die an die Periodicität geknüpfte Analogie kann nur für den einen Schein von Wahrheit haben, der mit den nähern Seiten der Erscheinung vollkommen unbekannt ist. Kann also jenen Anforderungen nicht genügt werden, so bleibt dennoch die Aufgabe, den innern Zusammenhang der Erscheinungen, das Bedingtsein der einen durch die andere nachzuweisen. Aber wo ist in dem ewigen Wechsel ein Ruhepunkt zu finden, was ist das Bedingende, was das Bedingte? Gegeben allein ist die Wiederkehr, dass, was heute erscheint, eine Folge des Vergangenen ist, und dass es nicht blos heute erscheint, sondern wiederkehrt. Es ist daher ein doppelter Irrthum möglich, das zufällige zeitliche Zusammensein mehrerer Erscheinungen als innern nothwendigen Zusammenhang auszusprechen und die Ursache mit der Wirkung zu verwechseln. Dass dieser Irrthum häufig begangen sei, mögen einige Beispiele zeigen. Die Alchymisten hielten den Thau in hohen Ehren, da sie glaubten, dass er siderischen Ursprungs sei, weil er in sternhellen Nächten vorzüglich häufig sich findet. Die Sterne mögen aber wohl an seiner Bildung eben so unschuldig sein, als das Licht am Hagel, wenn dieser auch vorzugsweise bei Tage fällt. Da helle Nächte kälter sind als bedeckte, der Mond aber bei hellen Nächten auch am hellsten scheint, so suchten die Alten den Grund der Kälte im Monde. Bei den römischen Dichtern heisst er daher *frigida, roscida luna,* und auch in der Mythologie gilt *Diana* für eine kalte Schönheit. Aber diese poetische Verknüpfung ist mehr werth als die dürre Prosa mancher Meteorologen, welche, durch eine eigene Logik geleitet, bei Mondschein schönes Wetter erwarten, weil, wenn es heiter ist, man den Mondschein am ersten bemerkt. Dass der Thau kalt sei, wusste schon Herodot, der von den Krokodillen sagt, dass sie des Nachts in den Fluss gehen, weil sein Wasser wärmer sei als der Thau. So lange man aber glaubte, der Thau mache kalt, war er er ein unerklärliches Phänomen. W e l l s kehrte den Satz um und das Problem war gelöst.

Wenn aber solche Verwechselungen in der Mannigfaltigkeit der Erscheinungen fast unvermeidlich sind, so könnte es vielleicht gerathener erscheinen, nicht innerhalb ihrer selbst die Auflösung zu suchen, sondern ausser ihnen. Man hat diess auf eine doppelte Art versucht. Einerseits sollten Sonne, Mond und Sterne die unmittelbar wirkenden Ursachen sein, und als diese nicht genügten, erfand G e r d u m unsichtbare dazu, reichten sie noch nicht aus, hatte er bald neue fertig. Andere suchten innerhalb der Erde eine Hülfe und grosse unterirdische Höhlen dienten als Reservoire, um Wasser, Luft oder was man sonst oben zur Erklärung brauchte, beliebig zu entwickeln. Zugegeben, dass die Atmosphäre in die poröse Oberfläche der Erde bis in eine bedeutende Tiefe eindringe, eine Annahme, welche wegen der constanten Wärme des Bodens in geringer Tiefe in Beziehung auf Aus- und Einströmen höchst unwahrscheinlich ist, so muss man doch solche Erklärungen eben deswegen vermeiden, weil sie in sich keine Grenze haben, weil sie das den Sinnen Zugängliche in ein Feld hinüberspielen, wo keine Beobachtung mehr möglich ist. Was gewinnt die Wissenschaft dadurch, dass man jeder neuen Entdeckung, welche in ihrem unentwickelten Auftreten alles, was bisher dunkel geblieben, aufzulösen verspricht, die bekannten Thatsachen nach grösserer oder geringerer Analogie anpasst, fördern die sie etwa, welche sich statt des Geständnisses „ich weiss es nicht" die Worte: „es ist Electricität, es ist Magnetismus," ein für allemal gemerkt haben? Nein, nicht rechts, nicht links, nicht oben oder unten haben wir die Lösung der Aufgabe zu suchen, in den Erscheinungen selbst ist ihr Verständniss zu finden oder nirgends.

Wenn wir nun alle meteorologischen Erscheinungen, Meteore wie Sternschnuppen und Aerolithen und die rein optischen Erscheinungen der Atmosphäre etwa ausgenommen, als bedingt ansehn durch die Vertheilung der Wärme auf der Erde, so dürften wir jenen Bedingungen wohl entsprechen, indem dabei wenigstens von einer hypothetischen Grundlage nicht die Rede ist. In Beziehung auf die Erwärmung wollen wir uns nur daran erinnern, dass das Sonnenlicht nur Wärme erzeugt, wo es auf einen undurchsichtigen Körper fällt, man daher im Brennpunkt eines Brennglases wohl Gold zu schmelzen vermag, aber nicht Wasser zum Kochen zu bringen, ja, fällt er in die Luft, diese nicht in zitternder Bewegung wie über einer Lichtflamme geräth. Ist daher die Atmosphäre ein Meer, welches seine Wärme vom Grunde aus erhält, so wird unsere erste Aufgabe sein, die Temperatur dieses Bodens zu bestimmen, da das Auftauchen uns nur bis zu geringer Höhe gestattet ist, nachdem wir uns vorher darüber Gewissheit verschafft haben, ob denn überhaupt in dem Wechsel der Erscheinungen das Substrat dasselbe bleibe, ob nicht vielleicht Aenderungen der Bestandtheile der Atmosphäre der Schlüssel der sichtbaren Veränderungen sind.

Das Eudiometer verdankt seinen Namen der Vermuthung, dass die chemische Zusammensetzung des Luftkreises zu verschiedenen Zeiten eine verschiedene sein möge. Diese Vermuthung hat sich nicht bestätigt, es hat sich vielmehr erfahrungsmässig herausgestellt, dass in dem Conflict einander entgegenwirkender Kräfte das Verhältniss der Hauptbestandtheile, des Stickstoffs und Sauerstoffs, dasselbe bleibe, die mechanisch gemengt mit vereinter Kraft nach Aussen drücken. Der geringe, periodischen Schwankungen unterworfene Bestandtheil, Kohlensäure, die noch unbedeutendere Quantität Wasserstoff, welche lokal vorhanden sich nachweisen lässt, würden, wenn sie fehlten, das Barometer kaum merklich erniedrigen, da der Antheil, den sie am Gesammtgewicht nehmen, nur unbedeutend ist. Grösser sind die Schwankungen des Wasserdampfes, jenes veränderlichen Begleiters der gasförmigen Bestandtheile, der bald zu Boden fallend in fester oder flüssiger Form, bald wieder aufsteigend sich von jeher hier so geltend gemacht hat, dass die Atmosphäre ihm ihren Namen verdankt, jene älteste Dampfmaschine, zwar nicht von hohem Druck, aber doch von mächtiger Wirkung.

Wollen wir nun das **Problem der Vertheilung der Wärme** zunächst in seiner abstracten Allgemeinheit auffassen, so müssen wir natürlich vorläufig alles einen bestimmten Ort individuell Bezeichnende beseitigen, und die einfache Beziehung auf das Wärme erregende Princip, die Sonne, betrachten. Aber das Abstracte ist nicht das Wahre, und da die Seiten, von denen abstrahirt wird, eben so wie die in der Betrachtung vorzugsweise berücksichtigten ihr Recht haben, und sich im Resultate geltend machen, so wird die Erscheinung jener Theorie nicht entsprechen, mit einem Worte das **reale** Klima wird ein anderes sein als das **solare**. Der Grund der Abweichung ist eine weitere Frage, welche wir dann erst näher in's Auge fassen können, wenn wir nach Ermittelung des thatsächlich Gegebenen uns darüber entschieden haben, ob wir die Sonne als allein wirkende Wärmequelle anzusehen, oder ob wir die Mitwirkung einer oder mehrerer andern anzuerkennen haben.

Aus der Beziehung zur Sonne ergiebt sich sogleich, dass alle Wärme-Erscheinungen eine doppelte Periode durchlaufen müssen, eine tägliche und jährliche, dass ihre Mittel hingegen constant sein werden. Das absolute Quantum derselben wird zwar durch Leitung und Ausstrahlung modificirt werden, das kann aber jenes Resultat nicht ändern. Jeder Ort der Erde muss also eine bestimmte Temperatur haben und jene Perioden, mit der nothwendigen Modifikation für die Tropen, wo die Sonne zweimal durch das Zenith geht, und für die Polargegenden, die Wochen und Monate lang die Sonne nicht über dem Horizonte sehen. Ebenso ist von selbst klar, dass für gleiche Höhen über dem Meere jene Temperatur wegen der immer geringer werdenden Mittagshöhe der Sonne nach den Polen hin abnehmen muss, die grösste Kälte in Beziehung auf das Jahr in die Nähe des niedrigsten Standes der Sonne, für den Tag aber auf Sonnenaufgang fallen wird, nachdem die erkältende Wirkung der Ausstrahlung ungestört die ganze Nacht gewirkt hat, umgekehrt die grösste Hitze in die Nähe des höchsten Sonnenstandes. Dass die Winterkälte von der Sommerwärme in höheren Breiten sich stärker unterscheiden wird als in grösserer Nähe des Aequators, folgt eben so leicht. Je mehr wir uns aber der Oberfläche des Luftmeeres nähern, je weiter wir uns also von dem wärmenden Boden entfernen, desto kälter muss es werden, da in der verdünnten Luft die Wärmecapacität grösser, die Lichtabsorption geringer ist, also aus doppeltem Grunde die Erwärmung abnimmt, die Leitung aber durch Luft höchst unbedeutend. So würde es sein, wenn die Atmosphäre und das Meer unbeweglich wären; aber dann würden, während unter den Tropen alle Vegetation in einer glühenden Hitze vergehen würde, die Gipfel der Berge unzugänglich sein vor eisiger Kälte, und Nordpolexpeditionen ein Ding der Unmöglichkeit. Denn obgleich selbst in der festen Erdrinde eine Fortpflanzung der eingestrahlten Wärme von den heisseren Gegenden nach den kälteren hin durch Leitung stattfinden wird, so kann ein schneller Austausch bei den periodischen Veränderungen doch nur vermittelst tropfbarer oder elastischer Flüssigkeiten hervorgebracht werden. Durch die Ausdehnung der den Boden berührenden Luftschichten steigen diese nämlich in die Höhe, und so entsteht jener warme steigende Luftstrom, *courant ascendant*, den Aristoteles schon kannte, dessen Bedeutung aber erst Saussure nachwiess. Eben so muss vom Pole her die kältere Luft nach dem Aequator strömen, während die erwärmte Luft oben in entgegengesetzter Richtung abfliesst. Einen ähnlichen ausgleichenden Einfluss muss das Meer haben durch ganz analoge Ströme, deren verschiedene Wärmegrade ja so auffallend sind, dass in England znm Gebrauch der Seeleute ein Werk „Thermometrical Navigation" erschienen ist. Verschiedenheiten des Bodens in Beziehung auf Leitung und Ausstrahlung werden Abweichungen in jene gesetzmässige Vertheilung hineinbringen, und so wird statt todter Einförmigkeit ein vielfach bewegtes Leben sich zeigen. Aber diess Leben wird verstummen, so wie wir uns von der Oberfläche entfernen, langsam nach oben, rasch nach unten, wo wir in geringer Tiefe jene Beständigkeit finden, die wir an der Oberfläche vergebens suchten.

Wenden wir uns nun zu der Natur selbst, so finden wir jene Schlüsse bestätigt, aber nicht unmittelbar. Die Frage, welche Wärmemenge durch die directe Einwirkung der Sonne an der Oberfläche der Erde erregt wird, hat man durch Versuche zu bestimmen gesucht, nach welchen innerhalb eines Jahres eine etwa 43 Fuss mächtige die Erde umgebende Eisschicht durch die Sonne geschmolzen werden würde. Die mittlere Wärme der ganzen Erdoberfläche kann man natürlich ebenfalls nur annähernd bestimmen. Für die südliche Halbkugel beträgt sie etwa 14, für die nördliche etwa 15 Grad, was aber die Vertheilung derselben auf der Oberfläche und ihre Oscillationen betrifft, so ist klar, dass unter den Tropen wegen der geringen Veränderung der Mittagshöhe der Sonne und der sich fast gleichbleibenden Tageslänge alle Erscheinungen reiner hervor treten, je weiter nach Norden, desto unklarer, so dass vieljährige Beobachtungen sie erst durchblicken lassen. Diese geben aber ausser lokalen Abweichungen einen allgemeinen Unterschied des realen und solaren Klima, der sich später rechtfertigen wird, wir finden nämlich als Resultate der Beobachtung folgende Thatsachen:

1) Die mittlere Temperatur eines Jahres unter den Tropen weicht von der eines andern nie um einen Grad ab, in Paris schon um 1,3, ja in Stockholm differiren zehnjährige Mittel noch um einen Grad.

2) Unter gleichen Breiten sind alle östlichen Küsten kälter als die westlichen und dieser Unterschied wächst mit der Breite.

3) Mit Beziehung auf diesen Unterschied nimmt die Temperatur vom Aequator nach dem Pole ab, also rascher an den östlichen Küsten als an den westlichen. Die heisseste Stelle der Erde, welche wir wohl nicht ther-

mischen Aequator nennen können, da sie keine die Erde umschliessende geschlossene Curve bildet, fällt wahrscheinlich in das nördliche Afrika, die kältesten Punkte: die sogenannten Kältepole der Erde, nach Nordamerika in die Nähe der Melville Insel und nach Nordasien, wo wir aber noch zu wenig Beobachtungen besitzen, um ihre Lage mit einiger Sicherheit bestimmen zu können.

4) Die südliche Erdhälfte ist kälter als die nördliche.
5) Die Wärme nimmt ab mit der Höhe.
6) Die Wärme nimmt zu, je tiefer wir in die Erde eindringen.
7) In den nicht arktischen Meeren nimmt die Wärme von der Oberfläche nach der Tiefe bis zu einem Minimum fortwährend ab.

Vernachlässigen wir den Unterschied der Küsten innerhalb der Tropen, welcher da also am kleinsten ist, so geben 12 genau bestimmte Punkte, nämlich St. Louis de Maranham, Batavia, Cumana, Pondichery, Madras, Manilla, Senegal, Bombay, Macao, Rio Janeiro und Havannah als mittlere Temperatur der heissen Zone am Spiegel des Meeres nach Humboldt 22°, nach Brewster 22,56°, nach Atkinson 23,36°. Die Luft, welche fern von den Küsten das tropische Meer bedeckt, ist hingegen kälter, nämlich nur 20,4°, die Wärme des Meerwassers im atlantischen Ocean 21,3°, im stillen Ocean 22,7°. Verbinden wir ausserhalb der Tropen Orte gleicherer mittlerer Temperatur, so müssen diese von Humboldt in die Meteorologie eingeführten isothermen Linien wegen des oben angegebenen Küstenverhältnisses mit den Parallelkreisen desto grössere Winkel machen, je weiter wir uns vom Aequator entfernen. Diese Temperatur-Unterschiede der Küsten müssen sich natürlich auch in den Vegetations-Verhältnissen aussprechen. Während Roggenbau auf der Westseite der skandinavischen Halbinsel bis zum 67sten Breitengrade getrieben wird, geht er auf der Ostseite nur bis $65\frac{1}{2}$, Weitzenbau dort bis 61, hier bis 62, Erbsen erreichen westlich $63\frac{1}{2}$ Grad, auf der

Ostseite nur 63, Linden kommen noch bei Öreland vor, hingegen ist der 63ste Grad ihre Grenze auf der Ostseite. Die Grenze der Eichen bei Söndmör unter 63 Grad liegt ebenfalls $2\frac{1}{2}$ Grad nördlicher als bei Gefle. Dieser auf der skandinavischen Halbinsel und selbst in England schon merkliche Unterschied der Ost- und Westküsten fiel aber am meisten in die Augen, als die europäischen Ansiedler unter gleicher Breite an Amerikas Ostküste ein so unverhältnissmässig rauhes Klima fanden. Angenehmer werden jetzt die überrascht, welche die überfüllten Ostküsten verlassend nach dem Westmeere vordringen, ein milderer Himmel empfängt sie, je weiter sie wandern. Nordasiens eisiges Klima contrastirt eben so scharf gegen seinen westlichen Nachbar, denn mit solcher Beständigkeit ist dort in der Breite von Drontheim der Boden gefroren dass, als man im Jahre 1821 in Beresow Menschtschikows 92 Jahre verschlossenes Grab öffnete, man die Leiche, ja sogar die Bekleidung derselben vollkommen unverändert in diesem natürlichen Eiskeller fand. Gehen wir also in den beiden Continenten hinauf nach dem Pole, so nimmt die Temperatur viel rascher ab als über den zwischenliegenden Meeren. Denn nach den Temperaturen des Meerwassers zu schliessen, müsste man für die Kälte des Nordpoles — 4,6° erwarten, nach den Temperaturen der darauf ruhenden Atmosphäre — 6,5° hingegen nach den Beobachtungen im Innern Nordamerikas — 17°. Wir sehen daher sogleich, dass der Pol nicht der kälteste Punkt der Erde ist, dass die sich zweimal habenden und zweimal senkenden Isothermen endlich in zwei geschlossene Curven sich auflösen, welche die beiden nördlichen Kältepole umgeben. Wie rasch die Temperatur-Verminderung bei der Entfernung von der Westküste sich zeigt, davon einige Beispiele. Schottland, Dänemark und Polen haben gleiche Wärme. Irland, England, Belgien, Ungarn zeigen eine mittlere Temperatur, die ein an der Ostküste Asiens liegendes Neapel hätte. In Amerika würde sich die Temperatur Neapels erst in der Breite von Marocco finden. Canada hat in einer südlichern Breite als Paris die Temperatur von Drontheim und ein in Labrador liegendes Ostpreussen wäre ein Island. Dieselben Bäume, welche daher in Rom Anfangs Januar blühen, blühen in Boston erst Anfangs Mai, in New-York in gleicher Breite mit Neapel zu derselben Zeit wie in Upsala, am Fort Claiborne in gleicher Breite mit Alexandria im Mai wie in Paris. In 75° nördlicher Breite fand Parry auf der Melville Insel eine Temperatur von 14,6° unter Null für jeden Tag im Jahre, während die 12jährigen Beobachtungen von Scoresby im europäischen Meridian unter 78° Breite im Eismeer nur $5\frac{1}{2}$° unter Null geben. Der wärmste bekannte Ort ist Pondichery 23,7°, der kälteste Melville Insel 14,6°, der grösste Unterschied also 38,3°. Durch einen sonderbaren Zufall ist der Nullpunkt der Fahrenheit'schen Thermometerskale also grade die Temperatur des kältesten Punktes der Erde.

Dass nach der Höhe zu die Temperatur allmählig abnehme, hat wohl Niemand deutlicher bemerkt als Gay-Lussac, der, als er sich am 16. September 1805 im Luftballon über Paris erhob, endlich das unten 22,2° stehende Thermometer in einer Höhe von 21480 Fuss auf — 7,6° fallen sah. Was die absolute Grösse der Wärmeabnahme nach der Höhe betrifft, so ist sie an steilen Bergen grösser als über Hochflächen, stärker bei Tage als zur Nachtzeit, in den Wintermonaten am bedeutendsten, unter den Tropen bis zu erreichbaren Höhen im Verhältniss der Entfernung von der Oberfläche, in der gemässigten und kalten Zone nach minder einfachen Gesetzen bestimmt. Für die Proportionalität der Abnahme in der tropischen Zone wollen wir die mittleren Werthe von 108 zwischen 5° S.B. und 11° N.B. von Boussingault gemessenen Bodentemperaturen anführen, welche, zwischen 0' und 2262' Höhe für eine Temperaturabnahme von 1° 699' geben, zwischen 2318' und 5260' Höhe auf einen Grad 671, von 5297' bis 8129' eine Erhebung von 698 endlich von 8160' bis 16805' wieder 670 also nur geringe und nach keinem Gesetz wachsende Abweichungen von dem mittleren Werth 677. Diese Abweichungen sind bedeutender in Beziehung auf die Abnahme der Luftwärme, da diese bis zu der Höhe, in welcher vorzugsweise die wässrigen Niederschläge stattfinden, natürlich ein anderes Gesetz befolgen wird, als die, wo diese störenden Elemente seltener werden. Humboldt fand nämlich in den Andes am Meere 22°, in 3000′ Höhe 17,5°, in 6000′ Höhe 14,7°, bei 12000′ Höhe 5,6°, bei 15000′ Höhe 1,2°, während in der Breite des Montblanc unten 9,6°, in 3000′ Höhe 4°, in 6000′ —0,2°, bei 9000′ —4,8°. Da die Intensität des *courant ascendant*, in verschiedenen Breiten sehr verschieden ist, so ist klar, dass die Quantität, um welche man sich in der Atmosphäre erheben muss, um das Thermometer um 1° fallen zu sehen, sehr verschieden ausfallen wird nach Jahreszeit, Breite und Grösse der Erhebung des Ortes, welcher zur Bestimmung diente. Während nach 10jährigen in Genf und auf dem 7668′ hohen St. Bernhardhospitz angestellten Beobachtungen 768′ erfordert werden für 1° Abnahme, fand Parry bei der intensiven Kälte von 25° unter Null auf der Melville Insel bei 400′ Höhe noch dieselbe Temperatur als unten. Humboldt giebt für den Aequator 730′, Ramond fand an den Pyreneen 630′, Saussure in der Schweiz im Sommer 600′, im Winter 710 Fuss. Aber ein lebendigeres Bild giebt uns, freilich nur in allgemeinen Umrissen, die Vegetation am Abhang hoher Gebirge wie der Andes, des Aetna, des Pic von Teneriffa, der Alpen und der scandinavischen Gebirge, wo wir übereinandergeschichtet alle Klimate finden. Diese Abgrenzungen sind so natürlich, dass man von je her z. B. am Aetna die *regione piemontese* von der *boscosa* und der *scoverta* unterschieden hat. Nicht minder deutlich zeigen sie sich aber an anderen Gebirgen. Aus der Region der Palmen und Bananen tritt man auf Teneriffa in 1200′ Höhe in die Region der europäischen Kultur, welche bei 2500′ Höhe von der Region der Wälder begrenzt wird. Bei 4080′ beginnt die Region der Fichten, von 5900′ — 10400′ hingegen sind die nakte Lava und die Bimsteine nur von *Spar-*

tium nubigenum bedeckt. An den Alpen erreichen Kastanien auf der Südseite noch eine Höhe von 2500 Fuss, dann folgen Buchen bis 4500 Fuss, Nadelhölzer bis 6500 Fuss, endlich die alpinische Region bis zur Schneegrenze. Es ist unnöthig hier an das physische Gemälde der Andes von Humboldt zu erinnern, welcher an ihnen eine heisse, gemässigte und kalte Zone, entsprechend der allgemeinen Eintheilung der Erdoberfläche, unterschieden hat. Die isothermischen Flächen neigen sich nämlich vom Aequator nach den Polen zu und durchschneiden endlich die Oberfläche der Erde. Die Baum- und Korngrenze verhalten sich ganz analog, wie überhaupt alle Vegetationsgrenzen. Denn es ist bekannt dass die Pflanzen, welche wir in nördlichen Gegenden in den Ebenen finden, im Süden wieder auf Bergen vorkommen. So steigt, um an eine bekannte Pflanze zu erinnern, die Heidelbeere, welche im nördlichen Deutschland in den Wäldern der Ebene wächst, nach Süden allmählich in die Höhe. Sie wächst bei Freiburg in Baden nur auf höheren Bergen, in der Schweiz in den Wäldern der Voralpen, dann erscheint sie erst wieder an der hohen Alpe di Caporagheno, endlich auf der hohen Majella in den Abruzzen. Ueber der alpinischen Region steht alle Vegetation nach Oben abschliessend die Schneegrenze, unter dem Aequator 14760 Fuss hoch, in der nördlichen Schweiz 8220, in Norwegen unter 71° Breite nur noch 2016 vom Spiegel des Meeres entfernt. Hällström hat aus 39 Beobachtungen die Krümmung dieses Schneegewölbes ohne Rücksicht auf die Isothermen (die grösste Abweichung zeigt der nördliche Abhang der Himalaya) bestimmt, es ist keine einfache Kuppel, sondern leise eingebogen über dem Aequator. Um eine deutlichere Anschauung von seiner Gestaltung zu erhalten, mögen hier folgende direct gemessene numerische Werthe eine Stelle finden, aus denen zugleich hervorgehen wird, dass die Höhe der Schneegrenze vorzugsweise durch die Temperatur des Sommers, weit weniger durch die mittlere Temperatur des ganzen Jahres bestimmt wird.

Gebirge.	Breite.	Untere Schneegrenze in p. Fuss.	Mittlere Wärme der Ebenen im Jahr.	im Sommer.
Cordilleren von Quito	0° - 1½° S.	14760	22,2°	23°
Cordill. v. Hoch-Peru	16 - 17¼ S.	16020	—	—
Cordill. von Mexico	19 - 19¼ N.	14100	20,3	22
Himalaya				
nördl. Abhang	30¾ - 31 N.	15600	17,6	22,4
südl. Abhang	30¾ - 31 N.	11700		
Pyreneen	42½ - 43 N.	8400	12,2	19,1
Kaukasus	42½ - 43 N.	10200	—	—
Alpen	45¾ - 46 N.	8220	10,6	18,1
Karpathen	49 - 49¼ N.	7980	7,4	16
Altai	49 - 51 N.	6000	—	—
Norwegen				
im Innern	61 - 61 N.	5100	3,4	13
im Innern	67 - 67¼ N.	3600	—	—
im Innern	70 - 70¼ N.	3300	—2,4	9
Küsten	71¼ - 71½ N.	2930	+0,2	5.

Es ist übrigens von selbst klar, dass die verschiedene Steilheit des Abhanges, auf welchem der Schnee liegt, die Erhebung der Spitze aus der Ebene oder über umgebende Hochflächen selbst an demselben Gebirge sehr bedeutende Unterschiede hervorbringen kann.* So fand, um nur einige Beispiele zu erwähnen, Gerard im nordöstlichen Kunawar an einer Stelle selbst bei 20000 Fuss noch keinen Schnee, Obrist Hall im Jahr 1831 am Gipfel des Chimborazo in einer Höhe von 17000 Fuss noch mehrere schöne Alpenpflanzen in Blüthe. Der Vulkan von Arequipa übersteigt die Höhe von 18000 Fuss, und nur an seiner südlichen Spitze hat er eine Spur von Schnee. Schade, dass kein Gebirge so hoch ist, dass es die obere Schneegrenze überragt, höher hinauf als alle Wolken gehen, wo also kein Schnee mehr fallen könnte. Ein solcher Berg müsste vom Mond aus gesehen fast wie die Ringgebirge des Mondes erscheinen, ein dunkler Fleck von einem hellen Reif umschlossen. Aber man würde sich irren, wenn man die Schneegrenze für eine isothermische Fläche von 0° ansähe, denn auch hier zeigt sich eine Ausgleichung. Ihre Temperatur ist unter dem Aequator + 1,5°, in der gemässigten Zone — 3,7°, in der kalten — 6°, ebenso die der Baumgrenze in diesen drei Zonen + 9,8°, + 1,2°, — 3°. Ausserdem rücken Baum-, Korn- und Schneegrenze, je weiter nach dem Pole hin, einander desto näher. Denn während Baum- und Schneegrenze noch am Aetna 4000 Fuss von einander entfernt sind, beträgt ihr Abstand in den Apenninen und Pyreneen nur noch 3000′, in der Schweiz 2700′, in Norwegen 1900′ bei 60° Breite, in Lappland nur noch 1500′. Ebenso nähert sich die Korngrenze der Schneegrenze, von welcher sie am Aequator 5160 Fuss entfernt ist, in der nördlichen Schweiz bis 4800′ und in Lappland sogar bis 2500′. Die eben betrachtete Erscheinung wird ihre Erklärung in der Vertheilung der Wärme in der jährlichen Periode finden, wenn man der meteorologischen Seite der Pflanzengeographie die Aufmerksamkeit schenken wird, die man bisher nur der climatologischen zuwendete.

Vergleichen wir in Beziehung auf diese Vertheilung der Wärme in der jährlichen Periode die verschiedenen Breiten mit einander, so finden wir unter den Tropen die Temperatur jedes einzelnen Monats wenig verschieden von der mittleren des Jahres, besonders in der durch die stärksten Regen ausgezeichneten Aequatorialzone, in welcher Beziehung uns ein recht bezeichnendes Beispiel genügen mag, nämlich Surinam, dessen Temperatur in den einzelnen Monaten folgende ist:

Januar	20,00°	Juli	20,32°
Februar	20,08	August	20,64
März	20,08	September	20,64
April	20,32	October	20,88
Mai	20,56	November	20,64
Juni	20,16	December	20,48

Mittel des Jahres 20,4°.

Nach den Polen weicht die Temperatur des Winters immer bedeutender von der des Sommers ab, und da durch die grössere Tageslänge die geringere Wärme-Entwicklung der niedriger stehenden Sonne ausgeglichen wird, so dringt ein heisser Sommer bis in die höchsten Breiten hinein. Während daher zwischen den Wendekreisen das ganze Jahr Sommer ist, finden wir in Frankreich und dem südlichen Deutschland jenen schönen gleichmässigen Uebergang der Extreme in einander durch Frühling und Herbst. In Ost-Preussen, wo der Name Maikäfer anfängt ein *Epiteton ornans* zu werden, da die frühsten erst in den letzten Tagen des Monats sich zeigen, ist der Frühling schon sehr kurz, aber weiter nach Norden fehlt er ganz. Wie durch einen Zauberschlag ist die Schneedecke verschwunden und die Vegetation entwickelt sich so rasch, als wenn sie wüsste, wie gefährlich jede verlorne Stunde ist. Unser Winter ist das Klima einer 23° höhern Breite, unser Sommer gehört eben so viel südlicher, Herbst und Frühling sind unser eigentliches Klima, und der Oktober ist daher der Monat, dessen Temperatur dem jährlichen Mittel am nächsten kommt. Im Winter differiren deswegen auch die Temperaturen der verschiedenen Breiten weit mehr als im Sommer. Der Juli von Kasan 15,4° ist nur $3\frac{1}{2}$° kälter als der Juli von Rom 18,9°, im Januar hingegen ist jeder Tag mit einer Temperatur von — 13,2° in Kasan 19,4° kälter als in Rom, wo die mittlere Wärme dieses Monats + 6,2° beträgt. Der Sommer von Melville ist nur 23° kälter als der von Havannah, der Winter unterscheidet sich dagegen um 40°. Daher sieht man so sehnsüchtig nach der Windfahne bei starker Kälte im Winter; wie die Hähne an der Badewanne, aus welchen warmes und kaltes Wasser bei entgegengesetzter Stellung strömt, regulirt sie die Temperatur des Luftbades. Wer bekümmert sich aber im Sommer viel um sie, wo die Wärme oft rings um sie her so gleich vertheilt ist, dass sie selbst nicht weiss, wo sie hinzeigen soll.

Hier tritt nun der Gegensatz zwischen Fest und Flüssig bedeutend hervor. Die täglichen Land- und Seewinde zeigen, dass zu den heissern Stunden des Tages das Land wärmer ist als die See, in den kälteren Nachtstunden die See wärmer als das Land. Dasselbe findet natürlich in der jährlichen Periode statt, auf der See ist der Winter wärmer als auf dem Lande, denn was ist der Winter anders als die Nacht des Jahres, der Sommer hingegen wärmer hier wie dort. Dieser die Extreme abstumpfende Einfluss der Wassernähe unterscheidet daher wesentlich das Seeklima vom Continentalklima. In Irland gedeiht in gleicher Breite mit Königsberg die Myrthe wie in Portugal, kaum friert es im Winter und doch reift keine Traube, die doch manchmal dort gedeiht, obgleich der anhaltende Winter den Pregel und das frische Haf in eine Landstrasse verwandelt. Bei der Gluth des Tokayer vergisst man leicht, wie fest im Winter der Boden friert, auf dem er wächst. In England sieht man wenig Mäntel, in die sich der Lombarde tief verhüllt.

Da wo das Wasser überwiegt, tritt der Charakter des Seeklima als allgemein bestimmendes hervor. So auf der südlichen Halbkugel, die man sonst für viel zu kalt hielt, da man von der geringen Wärme des Sommers fälschlich auf die des Jahres schloss. Ueber die wirkliche Temperatur-Vertheilung auf derselben besitzen wir so wenig Beobachtungen, dass wir noch lange auf blosse Vermuthungen uns werden beschränken müssen. Aus den Temperaturen des Meerwassers würde sich etwa für den Pol — 9° ergeben, also $4\frac{1}{2}$° weniger als für das Meerwasser des Nordpols, hingegen 5° mehr als die Luft-Temperatur des wahren amerikanischen Kältepols. Welche Gestalt dort die Isothermen haben, lässt sich bis jetzt nicht einmal annäherungsweise bestimmen. So viel lässt sich nur voraussehen, dass wegen der gleichförmigen Vertheilung des Flüssigen ihre Einbiegungen viel unbedeutender sein werden, dass in die Meridiane, wo die tropische Zone am weitesten in die nördliche Hälfte eingreift, also südlich vom indischen Meer, wohl die grösste Temperatur-Erniedrigung fallen wird. Es wäre aber gar nicht unmöglich, dass die Erde auf der südlichen Halbkugel nur einen Kältepol hätte.

So wie nun im Ganzen die südliche Erdhälfte von der nördlichen, so unterscheidet sich auch auf der nördlichen Halbkugel das meerdurchschnittene Europa in Beziehung auf Temperatur-Vertheilung in der jährlichen Periode von den continalen Massen Nordamerikas und Nordasiens, welche eben, weil sie vorzugsweise in der Nähe der kalten Zone hervortreten, besonders die Winterkälte der unmittelbar sie berührenden niedrigeren Breiten unverhältnissmässig steigern. Während der continentale Theil des westlichen Europa nicht über den 52° hinausreicht, ist grade innerhalb der kalten Zone Amerika so mächtig entwickelt, dass eine bogenförmige Eismauer in der Breite von 71° die nur bei der Behringstrasse fehlende feste Verbindung mit Asien ersetzt. Die besondere Configuration des nördlichen amerikanischen Continents hat aber ausserdem einen die Temperatur Europas noch steigernden Einfluss. Die warmen Aequatorialwässer nämlich, welche der Golfstrom von der Bahamastrasse nach Newfoundland herauf führt, werden durch die von SW nach NO sich erstreckende Küste in ihrer durch die Rotation der Erde bedingten Tendenz, sich immer mehr östlich zu wenden, bestärkt, und so treffen sie die europäischen Küsten noch mit einer bedeutend höhern Temperatur. Denn Sabine fand unter 65° und 70° Breite im atlantischen Ocean die Oberfläche des Meeres $4\frac{1}{2}$° wärmer als die Länder, welche es westlich begrenzen, woraus erklärlich wird, dass in den Eismassen des Polarmeeres sich grade über Europa ein weiter Golf fliessenden Wassers zwischen Ost-Grönland, der Bäreninsel und dem Nord-Ende der skandinavischen Halbinsel öffnet, während die Nordküsten Asiens überall in die Wintergrenze des Polareises hineinreichen, von welchem sie sich im Sommer nur an einigen Punkten und auf kurze Zeit entfernen. Die Zusammenwirkung dieser Ursachen mit dem später zu betrachtenden Einfluss der Vertheilung des Festen in der tropischen Zone bewirkt die auffallende Milde der europäischen Winter, und daher hat New-York den Sommer von Rom und den Winter von Kopenhagen, Quebek den Sommer von Paris und den Winter von Petersburg, Peking einen heisseren Sommer als Cairo und einen eben so strengen Winter als Upsala. Noch nähere Bestimmung dieser Temperatur-Verhältnisse erhalten wir, wenn wir aus langjährigen Beobachtungen für kleinere Zeitintervalle Mittel berechnen, und endlich zuletzt auf diese Weise die jedem Tage entsprechende Wärme ableiten.

Diese Veränderungen nehmen nun an demselben Orte nach der Tiefe ab, je mehr wir uns von der Oberfläche entfernen. 10′ unter der Oberfläche giebt es lange schon keine täglichen Aenderungen mehr, denn ohngefähr in 3′ Tiefe werden sie schon unmerklich, in 100′ keine Jahreszeiten, wenigstens beträgt die Veränderung in unseren Breiten in 80′ Tiefe kaum noch ein Hunderttheil Grad. Ott grub in Zürich Thermometer in verschiedenen Tiefen ein, deren Veränderungen Lambert graphisch dargestellt hat, und in neuerer Zeit hat Ferguson in Schottland ähnliche Beobachtungen angestellt, welche in Upsala, Strasburg, Paris und Brüssel noch weiter ausgedehnt worden sind. Im Jahr 1817 war der grösste beobachtete Wärme-Unterschied zu Edinburg in 1′ Tiefe 9,8°, in 2′ Tiefe 8°, in 4′ Tiefe 5,4°, in 8′ Tiefe 3,8°, in Paris betrug er als Mittelwerth mehrerer Jahre in 5′ Tiefe 10,4°, in 10′ Tiefe 6,24°, in 20′ Tiefe 1,98°, endlich in 25′ Tiefe 1,13°, in Brüssel in 0,52′ Tiefe nach zweijährigen Beobachtungen 10,22°, in 1,7′ Tiefe 9,64°, in 2,31′ Tiefe 8,75°, in 3,08′ Tiefe 8,17° in 6′ Tiefe 3,59°, endlich in 24′ Tiefe nur 1,13°, woraus man schliessen kann, dass eine Veränderung von einem Centesimalgrade in 28′ Tiefe stattfinden würde, von $\frac{1}{10}$° in 53′ Tiefe, von ein Hunderttheil Grad in 78′, Tiefen, welche in niederen Breiten und besonders in Gegenden des Seeklima, wo auch die Differenzen an der Oberfläche geringer sind, noch kleiner auszufallen scheinen. Ebenso zeigt sich aus diesen Beobachtungen, wie langsam sich die Veränderungen nach unten fortpflanzen. Jeder Landmann weiss, wie lange der Frost in der Erde bleibt, wenn die Oberfläche schon aufgethaut, wie allmählig die Dicke der gefrornen Schicht abnimmt, wie langsam der Frühling dem Winter Terrain abgewinnt. Aber deutlicher noch spricht das Thermometer. In 1′ Tiefe ist der Januar der kälteste Monat, in 8 Fuss ist es der März. In 20′ Tiefe fiel in Paris die grösste Wärme auf den 15. November, in 25′ Tiefe erst auf den 18. December, die grösste Kälte hingegen bei 20′ auf den 10. Mai, bei 25′ auf den 13. Juni. Noch deutlicher tritt diess allmählige Herabsteigen in den Brüsseler Beobachtungen hervor, denn in den Tiefen von 3, 6, 12, 24′ kam im Jahr 1831 die höchste Wärme respective den 22. Aug., den 30. Aug., den 9. October und 15. December, und im Jahr 1835 den 24. August, den 1. Sept., den 12. October und den 12. December. Ein in einem 85′ tiefen Keller der Pariser Sternwarte aufgestelltes gegen Luftströme geschütztes Thermometer änderte sich in 12 Jahren nicht um 3 Hunderttheil eines Grades. Wie dünn ist daher die Schicht, in welcher das eigentliche Leben des Erdballs oscillirt, welche geringe Tiefe braucht ein Kerker zu haben, um einen Menschen daraus zu verbannen.

Dass Keller im Winter wirklich wärmer seien als im Sommer, glaubten die Griechen und gründeten auf diese Meinung die *Antiperistasis* der Wärme. Lockert die Sonnenwärme die Erde auf, so strömt die innere Wärme aus und es wird kalt. Im Winter hingegen schliesst sich die Erde wie eine gefaltene Hand, und die innere Wärme wird zurückgehalten. Dass die Florentiner Akademie auf ihren Skalen als festen unveränderlichen Punkt: Kellerwärme, schrieb, heisst als Antwort auf jenes anmuthige Raisonnement: *cela s'explique parceque cela n'est pas vrai.* Ganz analog verhalten sich Quellen. Wer wundert sich nicht, wenn er die Stelle im Teich, die er im Sommer bei dem Baden wegen Kälte vermied, im Winter bei dem Schlittschuhlaufen nicht zugefroren findet. Was Lucrez von der Quelle am Tempel des Jupiter Ammon als Merkwürdigkeit erzählt, dass sie am Tage kalt, des Nachts warm sei*), gilt von allen Quellen, nur dass in heissen Klimaten, wo die Veränderungen in der täglichen Periode bedeutender als in der jährlichen sind, der Gegensatz zwischen Mittagswärme und Nachtkälte sichtlicher ist als der Gegensatz zwischen Sommer- und Wintertemperatur. Sie geben das Mittel um so sicherer, je tiefer sie aus der veränderlichen Schicht heraufkommen. Nun sahen wir, dass die Fläche unveränderlicher Temperatur vom Aequator, wo sie nach Boussingault's Bestimmung nur 1 Fuss unter der Oberfläche sich befindet, sich nach den Polen hin immer tiefer unter dieselbe senkt. Es ist also klar, dass die Quellen am Aequator weit eher constant sein werden als in höhern Breiten, dass an den concaven Scheiteln der Isothermen die periodischen Veränderungen ihrer Temperatur grösser zu erwarten sind als an den convexen Scheiteln. Die am Fusse der Ravensberge bei Potsdam hervorquellende ändert sich in Verlauf eines Jahres nur um $\frac{1}{10}°$ und daher sind wasserreiche Quellen so wichtig für die Meteorologie, weil, wo der Reisende sich nur kurze Zeit aufzuhalten vermag, ein einmal eingetauchtes Thermometer die mittlere Temperatur oft so sicher giebt als vieljährige Beobachtungen.

Unter den Tropen kann die beste Quelle wenig erfrischen, da das Mittel sich von der Temperatur des heissesten Monats nur wenig unterscheidet, und während bei uns um sie herum alles frischer und kräftiger gedeiht, sind sie in Lappland und Island, wenn sie ihr eisiges Mittel in den kurzen heissen Sommer hineinbringen, ein Fluch für die Vegetation. Eine Quelle in Cumana +20° differirt von dem heissesten Monat 23,3° nur um 3,3°, in Cairo unter 30° Breite um 5,9°, in Strasburg 7°, in Upsala 8,3°. Aber auch hier vermeidet die Natur die ihr gestatteten Extreme, denn während unter dem 46sten Breitengrade die Tempera-

---

*) *Est apud Ammonis fanum fons luce diurna*
Frigidus, at calidus nocturno tempore fertur.

tur der Quellen gleich ist der mittlern Wärme der Atmosphäre, stehen sie in tropischen Gegenden unter dem Mittel, übertreffen hingegen in der kälteren Zone die Temperatur des Bodens um 3 bis 4 Grade. Dass hierauf vorzugsweise die Zeit im Jahre, wenn der meiste Regen fällt, einen Einfluss hat, leuchtet wohl ein. Aber auch bei gleicher Vertheilung der Regenmenge innerhalb der jährlichen Periode giebt es mehrfache Gründe, dass in höhern Breiten die Temperatur der Quellen höher ausfällt als die der Atmosphäre. Während nämlich im Winter der gefrorne Boden dem Wasser nicht einzudringen erlaubt, diess daher bei plötzlichem Thauwetter oben abfliesst, wird in heissen Sommermonaten auf dem stark erhitzten Boden eine grosse Menge des herabgefallenen Wassers so schnell verdampfen, dass die zur Speisung der Quellen beigetragene Menge verhältnissmässig nur gering wird. In Breiten mit langen Wintern und kurzen Sommern werden es daher vorzugsweise Sommerregen sein, welche die Quellen speisen, in Breiten mit kurzen Wintern und langen Sommern hingegen Winterregen. Der Einfluss des Gefrierens des Bodens bietet sich so natürlich dar, dass er wohl keines Beweises bedarf. Für die zweite Bemerkung scheint aber eine Erfahrung zu sprechen, welche man in Poitou und im Departement der untern Charente in Beziehung auf die Abnahme der Quellen gemacht hat. Nach meteorologischen Beobachtungen nämlich, welche vom Jahr 1777 bis 1793 zu la Rochelle und von 1810 bis 1833 im Kanton Courçon angestellt wurden, betrug die monatliche Regenmenge in der frühern Periode in den 8 Monaten vom Februar bis September 20,3‴, in der zweiten Periode 19,9‴, blieb also nahe dieselbe. Die 4 Wintermonate gaben aber früher 32,8‴ monatliche Regenmenge, in der spätern Periode 23,9‴. Die beobachtete Verminderung der Quellen kann also vorzugsweise nur von der Verminderung der Winterregen herrühren.

Tiefer als da, wo die Veränderungen verschwunden sind, geben alle in Schachten beobachtete Temperaturen, ebenso alle durch Bohrversuche ermittelte eine Zunahme der

Wärme, welche in Verbindung mit der Temperatur heisser Quellen, die, aus je tieferen Thälern sie hervordringen, desto heisser sind, zu dem Schlusse geführt haben, dass die Erde ausser der solaren auch eine eigenthümliche Wärme besitze, deren quantitativer Einfluss auf die jetzige Vertheilung der Wärme aus spätern Beobachtungen reiner hervortreten wird, als bis jetzt zu bestimmen gelungen ist, deren Vorhandensein aber wohl nicht mehr geleugnet werden kann. Gegen den aus der höhern Temperatur der Schachte auf eine höhere Erdwärme gemachten Schluss hat man zwar eingewendet, dass selbst nach Elimination der Erwärmung durch die Bergleute und ihre Lampen immer doch nur eine höhere Temperatur im Innern der Gebirge nachgewiesen werde, welche als eine nachhaltende Wirkung bei ihrer Bildung wirkender Kräfte anzusehen sei. Dieser Einwurf fällt aber bei den Bohrversuchen weg, welche in Ebenen wie die der Mark angestellt sind. Und doch zeigte das Wasser des Rüdersdorfer Bohrloches am 6. Januar 1833 in der Tiefe von

100	Fuss	10,2°
200	—	10,5
300	—	13,0
400	—	13,8
500	—	14,2
600	—	14,8
700	—	15,9
800	—	17,0
880	—	18,2

welcher letzte Punkt 700 Fuss unter dem Meeresspiegel liegt. Die bedeutende hieraus folgende Temperaturzunahme, welche wahrscheinlich aus grösseren Tiefen aufsteigenden Gewässern zuzuschreiben ist, beweist wenigstens, dass der Grund einer Temperaturerhöhung in den Ebenen in gleicher Weise wie in Gebirgen vorhanden ist. Des Vergleiches wegen mögen daher hier noch die Resultate eine Stelle finden, welche man in einem Bohrloche bei Genf, dessen Mündung sich

299 Fuss über dem Spiegel des Sees befindet, erhalten hat. Es fand sich in zwei Versuchsreihen:

Tiefe.	Temperatur.	Temperatur.
30′	8,4°	—°
100′	8,8	8,7
150′	9,2	9,1
200′	9,5	9,4
250′	10,0	10,1
300′	10,5	10,5
359′	10,9	10,9
400′	11,4	11,3
450′	11,7	11,7
500′	12,2	12,3
550′	12,6	12,7
600′	13,1	13,1
650′	13,5	13,6
680′	13,8	—

Was wir in demselben Bohrloch wahrnehmen, zeigt sich aber auch deutlich in verschiedenen artesischen Brunnen, deren Temperatur in derselben Gegend desto höher ausfällt, aus je grösserer Tiefe sie ansteigen. So fand man, um nur ein Beispiel anzuführen, in der Umgegend von Lille ausser einigen Abweichungen folgende Temperaturen:

Ort.	Tiefe.	Temperatur.
Lille	—′	8,6°
Lillers	73′	9
Bethune	101′	9,4
Gouchem	119′	9,7
Marquette	155′	10
Aire	192′	10,6
Saint-Venant	309′	11,3

Ganz ähnliche Resultate hat man bei 27 Bohrlöchern in Wien erhalten, welche auf 85 Wiener Fuss einen Grad Temperaturerhöhung geben, eine wegen ansteigender Gewässer zu bedeutende Zunahme, da das Bohrloch bei Genf auf 680 Fuss nur $5\frac{1}{2}°$ Zunahme zeigte.

Die Temperatur heisser Quellen hat man früher wohl häufig auf galvanische oder chemische Zersetzungen zurückzuführen gesucht, oder sie lokalen Erdbränden zugeschrieben. Solche Ursachen können zwar eine bedeutende Temperaturerhöhung bedingen, es würde aber schwer sein, daraus eine unverändert bleibende Temperatur abzuleiten. Und doch, wie gross ist diese Unveränderlichkeit. Vergleichen wir z. B. die Messungen, welche Carrère im Jahr 1754 an den Quellen im Departement der östlichen Pyreneen anstellte, mit der von Anglada im Jahr 1819 bestimmten Temperatur derselben Quellen, so finden wir nach Zurückführung beider Beobachtungsreihen auf dieselbe Thermometerskale folgende Werthe:

	1754.	1819.
Nyer	18°	18,5°
Vinça	19,4	18,8
Molitg	30,3	30,3
La Preste	35,2	35,2
Escaldas	35,2	34,0
Vernet	43,0	42,8
Vernet eine and.	45,5	44,5
Arles	49,0	49,0
Thuez	60,0	60,0

Im Jahr 1770 fand Becher die Temperatur des hervorbrechenden Strahles des Sprudels in Carlsbad 59°, genau so wie 50 Jahr später Berzelius. Zu Mont Dore badete man sich im Jahr 1819 in dem Bade, welches schon zu Julius Caesars Zeit angelegt wurde, und zwar ohne Abküklungverfahren in einem durch das steinerne Badehaus fliessenden Wasserstrom der Quelle, dessen Temperatur jetzt 38,7° ist. Diess scheint aber die höchste Wärme zu sein, welche die meisten Körper im Wasser zu ertragen vermögen. Denn Carrère vermochte in den 40° warmen Bädern von Roussillon nur drei Minuten zu verweilen, Berger setzt das ohne Unbequemlichkeit ertragbare Maximum der Wärme aus reinem Wasser nur auf $33\frac{1}{2}$°, Newton giebt an, dass die ruhig gehaltene

Hand 40° zu ertragen vermöge, geringere Wärme aber, wenn sie bewegt wird. Dasselbe fanden Fordyce, Banks, Solander, Blagden, Dundas, Home, Nooth Seaforth und Phipps. Endlich konnte Lemonier, der beständig in Barèges badete, zwar 30° ohne Beschwerde ertragen, in Wasser von 36° vermochte er aber nur 8 Minuten auszuhalten. Wollen wir nun nicht annehmen, dass die Haut der Römer so unempfindlich war, wie die des Türken, welchen Marschal Marmont in seinem Bade zu Brussa bei einer Wärme von 62° lange Zeit verweilen sah, so wird die oben angeführte Thatsache wenn auch keinen directen Beweis für die Constanz geben, doch wenigstens eine lokale Feuerquelle als bedingende Ursache höchst unwahrscheinlich machen.

Einen andern Beweis dafür, dass die Temperatur heisser Quellen allgemeinern mit der Bildung der Gebirge zusammenhängenden Ursachen zuzuschreiben sei, liefert die Erfahrung, dass der Sitz der mineralischen Quellen fast überall im Urgebirge sich findet, also unter demselben ein gemeinsamer Heerd der Erhitzung zu suchen ist. So liegt z. B. nicht nur die Hauptmasse der heissen Quellen der Pyreneen im Gebiete des grossen Granitbezirkes an der östlichen Seite im Roussillon zwischen den Thälern des Tech und der Teta, sondern alle andern treten nur in den Schluchten des jüngern Gebirges aus, in welchen der Granit an der Basis der Abhänge aus der Tiefe hervortaucht und zwar so, dass die Temperatur derselben sich nach der verschiedenen Offenheit des Ursprungs aus der krystallinischen Achse des Gebirges richtet. So zeigen die Quellen im Roussillon bei Olette 70°, die Bäder von Dax im Ländchen Foix 60°, die wärmsten von Bagnères de Luchon weiter westlich 50°, die von Barèges 40°, die *eaux bonnes* und *eaux chaudes* im Thale von Ossau höchstens 30°, und endlich die von Cambo nicht fern von Bayonne und am fernsten von der Hauptgranitmasse liegend 17°.

Eine ähnliche Temperaturabnahme findet sich nach der

Höhe. Ueberall brechen die heissesten Quellen in der Tiefe, in Spalten und engen Thälern hervor, auf der Höhe finden sich nur Sauerbrunnen, sämmtlich mit einer einige Grade höhern Temperatur als die gewöhnlicher Quellen. So in Schlesien, im Erzgebirge, in der Wetterau und den rheinischen Gebirgen.

In der Trachytformation der Cordilleren beobachtet man keine regelmässige Abnahme der Temperatur der heissen Quellen, vielmehr scheint es, das die örtlichen Ursachen, welche die Vulkane bedingen, einen merklichen Einfluss auf die Wärme dieser Gewässer ausüben. In der Nähe vulkanischer Heerde verschwindet dann aber auch die Constanz der Temperatur, wenigstens scheint diess aus den Beobachtungen der Wärme der heissen Quellen von Trincheras bei Puerta Cabello und der Mariara hervorzugehen, welche Humboldt 72,3° und 47,4° fand, Boussingault hingegen 23 Jahre später und nach dem grossen Erdbeben vom 26. März 1812 zwischen 73,8° und 77,6°, die andere aber 51,2°.

Was endlich den dritten Beweis für das Vorhandensein einer eigenen Erdwärme betrifft, die Temperaturzunahme in Schachten, so wird der Einwurf fremdartiger Erwärmung beseitigt, wo nicht abfliessende Gewässer lange Zeit mit dem umgebenden Gestein in Berührung sind. Diess war in Freiberg in dem Schacht Himmelfarth der Fall, wo ein 62′ langer, 6′ breiter und 3′ hoher mit Wasser gefüllter Raum in einer Tiefe von 861′ am 30. September 1832 13,18° und am 20. März 1833 13,14° Temperatur zeigte, also 1° R. Zunahme auf 128,5′. Aehnliche in hervorquellenden und stehenden Gewässern angestellte Beobachtungen geben bei New-Castle in Monk-Wearmouth 125,4′, in Cornwallis hingegen 111 bis 115′, welche Bestimmungen ziemlich nahe mit den oben angeführten in Bohrlöchern erhaltenen übereinstimmen, also auf eine gemeinsame Ursache deuten.

Wir haben bei diesen Beweisen etwas länger verweilt, weil die gewonnene Ueberzeugnng einer im Innern des Erdkörpers vorhandenen sehr bedeutenden Hitze, wenn sie unabhängig ist von der Sonne, ein sehr wesentliches Moment abgeben wird, die Unterschiede des realen und solaren Klimas zu verstärken. Eine der Erde eigenthümliche Wärme muss nämlich, selbst wenn ihre Wirkung auf die Erhöhung der mittleren Wärme der Oberfläche unmerklich geworden, doch die Extreme der von der Sonne abhängigen periodischen Veränderungen abschleifen. Wenn man aber bei dem Problem der Isothermen eine verschiedene Dicke der das glühende Innere umschliessenden starren Schicht als Erklärungsmoment geltend gemacht hat, so ist diess wenigstens so lange voreilig, als man noch nicht empirisch nachgewiesen hat, dass die Temperaturzunahme nach Innen an den convexen Scheiteln der Isothermen grösser ist als an den concaven.

So wie von der Oberfläche nach der Tiefe, so nehmen auch nach der Höhe die Unterschiede der monatlichen Mittel ab, wie die Bernhard und Gotthard Beobachtungen zeigen, und deswegen beneiden die Mönche jenes Hospizes die Lappländer um ihr schönes Klima, da selbst bei höherer mittlerer Temperatur ihnen jener heisse wenn auch kurze Sommer fehlt, wie folgende Tafel zeigt:

Bernhard.	Enontekis.	Unterschied.
—7,2°	—14,0°	+6,8°
—5,9	—14,5	+8,6
—5,0	— 9,1	+4,1
—1,8	— 2,4	+0,6
+1,6	+ 2,0	—0,4
+3,9	+ 7,8	—3,9
+5,5	+12,2	—6,7
+5,6	+10,7	—5,1
+3,6	+ 4,3	—0,7
—0,5	— 2,0	+1,5
—3,4	— 8,8	+5,4
—5,2	—13,8	+8,6
—0,79°	—2,28°	

Von der festen Grundlage der Mittel aus können wir erst die Extreme beurtheilen, und an diesen zeigt sich wie falsch es ist, in der Meteorologie das Auffallende allein zu suchen. Die grösste Hitze 43,1° sah Ritchie in der Oase Mourzuck, während Humboldt unter dem Aequator nur 30,7° beobachtete, eine Hitze, welche man auch in Paris erlebt hat, und doch wird wohl Niemand glauben, dass es in Paris so warm sei als unter dem Aequator. Ueberhaupt weichen die Extreme der Hitze bis zu unsern Breiten wenig ab. Anders ist es mit den Kälte-Extremen. 2 Grad südlicher als Königsberg, in Irkutzk, sah Pallas in freier Luft das Quecksilber fest, was man in Amerika in gleicher Breite in Fort Albany mehrfach, ja sogar in Bangor in der Breite von Genua gesehen hat. Die grössten Kältegrade beobachteten Parry —40° auf der Melville Insel, und Capitain Back im Fort Reliance (62° 46′5″ N.B. und 109° 0′39″ W.L. von Greenwich), nämlich — 45,3°. Die Extreme der Hitze und Kälte, welche man auf der Erde gemessen hatte, unterscheiden sich also um 88,4°, also um mehr als schmelzendes Eis von kochendem Wasser. Da in Paris noch die Extreme 50° betragen, so ist wohl einleuchtend, wie die Europäer an so grosse Wärme-Unterschiede gewöhnt, jede klimatische Veränderung leicht ertragen.

Bedeutend verringert werden die Extreme durch die Nähe der See. Auf dem offenen Meere erhebt sich entfernt von Inseln das Thermometer nie über 25°, denn die hohen Temperaturen, welche Tuckey auf dem zwischen Arabien und Aegypten eingeklemmten rothen Meere wahrscheinlich in der Nähe der Küste beobachtete, können gegen die zahlreichen Beobachtungen andrer Reisenden nur als Ausnahme gelten, und Freycinet hätte wohl nicht 27° erhalten, wäre sein Thermometer nicht am Hauptmast aufgehängt gewesen. Capitain Beechey, der während der Jahre 1825 bis 1828 sehr viele Beobachtungen darüber anstellte, fand mit Ausnahme von 4 Tagen, wo das Thermometer 25½° zeigte, die Atmosphäre der Südsee nie wärmer als 23°. In dem Winter von 1811 war die grösste Kälte in London nur — $3\frac{1}{2}^{0}$ und 1795 war die grösste Kälte daselbst 8^{0} geringer als in Paris. Entschiedener zeigt sich diess natürlich auf der südlichen Halbkugel, wo das Festland so unbedeutend gegen die Wassermassen ist. Port Jakson hat den Sommer von Marseille und den Winter von Cairo, Vandiemensland in der Breite von Bonn einen milderen Winter als Neapel, aber sein heissester Monat ist der August von Paris. Daraus kann man auf die absoluten Extreme schliessen.

Der Grund, dass die Nähe der See die Kälte mässigt und eben so die Hitze mildert, liegt nahe. Ist im Winter die Temperatur der das Meer berührenden Luftschicht kälter als die Grundlage, so sinken die an der Oberfläche erkaltenden Tropfen, schwerer deswegen, hinab und wärmere aus der Tiefe treten an ihre Stelle. Im Sommer hingegen wird eine fortwährende Verdampfung eingeleitet, in welcher eine Menge Wärme gebunden wird. Daraus erklärt sich, dass auf dem offenen Meere die Temperatur der Oberfläche des Wassers sich bis auf den Unterschied von $\frac{1}{2}^{0}$ zwischen Tageswärme und Nachtkälte unverändert erhält, dass der Unterschied zwischen Winter und Sommer nur 5^{0} beträgt. Das sonderbare Resultat, dass je tiefer wir in Landseen und im Meere Thermometer versenken, desto niedriger die Wärme ist, welche sie anzeigen, findet ebenfalls dadurch seine Erklärung. Nur ist hierbei der Unterschied zwischen Landseen und dem Meere, dass bei jenen die grösste Dichtigkeit des Wassers auf die Temperatur von 3^{0} fällt, für Salzwasser hingegen ein solches Maximum der Dichtigkeit im flüssigen Zustande nicht stattfindet. Saussure fand in 10 Schweizer Seen auf dem Grunde dieselbe Temperatur, nämlich nahe die des dichtesten Wassers, wie folgende Tafel zeigt:

	Temperatur			
	d. Luft.	d. Oberfläche.	auf d. Grunde.	Tiefe.
Genf	2,3°	4,5°	4,3°	950′
Genf	—	17	4,9	150′
Thun	16,3	15,2	4	350′
Brienz	15,5	16	3,8	500′
Lucern	17	16,2	3,9	600′
Constanz	16	14,5	3,4	370′
Majeur	18,5	20,3	5,4	335′
Neufchatel	19,2	18,5	4	325′
Bienne	17,8	16,6	5,5	217′
Annecy	9,8	11,5	4,5	163′
Bourget	11,8	14,3	4,5	240′
Como		verschieden	5	300 — 400′

Aehnliche Wärmeabnahme nach Unten fand Saussure an den Küsten von Nizza und Genua, so wie Ellis an den Küsten von Afrika. Im atlantischen Ocean und der Südsee erhielt Lenz zwischen 45° N.B. und dem Aequator bis 6000′ Tiefe beständige Wärmeabnahme, anfangs schleunig, dann immer langsamer, zuletzt fast unmerklich und dann 1,76°. Je näher aber der Meeresboden der Oberfläche, desto schneller wird man die kälteste Wasserschicht erreichen. Daher zeigt ein rasches Fallen des eingetauchten Thermometers dem Schiffe die Nähe der Sandbank oder des Landes, noch ehe das Senkblei den Boden fasst. Andre Verhältnisse scheinen in höhern Breiten einzutreten. Die Temperaturabnahme nach der Tiefe wird nämlich immer unbedeutender, je mehr wir uns den arktischen Meeren nähern, ja sie scheint unter der Breite von 70° zu verschwinden. In noch höhern Breiten haben die Seefahrer häufig eine nach der Tiefe steigende Temperatur gefunden. Dass auf die Vertheilung der Wärme im Meer submarine Strömungen einen sehr wesentlichen Einfluss haben müssen, geht einfach schon daraus hervor, dass die Tiefen der tropischen

Meere eine Temperatur zeigen, bis zu welcher ihre Oberfläche nie herabsinkt.

Wir wenden uns zu den täglichen Veränderungen. Sie wären ein Räthsel ohne die Ausstrahlung, welche von Scheele entdeckt und von Pictet und Prevost auf die Meteorologie angewendet wurde. Jeder Körper giebt an die Umgebung, welche er sehen kann, Wärme ab und empfängt welche von ihr. Giebt er mehr ab als er erhält, so kühlt er sich ab, im umgekehrten Falle wird er wärmer. Eine constante Temperatur ist daher ein bewegliches Gleichgewicht. Heller Himmel giebt der Erde gar nichts zurück und deswegen sind helle Nächte so kalt. Blenden wir mit einem Hohlspiegel, in dessen Brennpunkt ein empfindliches Differential-Thermometer steht, eine durch das Zenith ziehende Wolke, so steigt es augenblicklich, wenden wir den Spiegel gegen den hellen Himmel, so fällt es. Daher bedecken die Gärtner ihre jungen Pflanzen, um sie vor dem Nachtfrost zu schützen, mit dünnen Matten, welche den Luftzug hindurchlassen, aber sie vor der Himmelsansicht schützen; deswegen steht in einer hellen Nacht im Freien unter einem Tisch ein Thermometer höher als darüber; daher schützt ein auf das Auge gelegtes Palmblatt den in der Wüste schlafenden Reisenden vor dem Erblinden; deswegen nennt man die Nacht den Winter der Tropen, weil der Wärmeverlust in der durchsichtigen Atmosphäre des Nachts, besonders in Ebenen desto bedeutender, je energischer bei Tage die Wärme-Entwickelung war. Wer wird es auffallend finden, dass Bruce auf seiner Reise durch die Wüste in einer Nacht alle Kameele verlor, da der Temperaturunterschied in 24 Stunden 30 Grad betrug. Fühlten doch Humboldt und Bonpland in den schönen Tropennächten auf den Ebenen von Venezuela und des Nieder-Orinoco auf dem Heidekraut ruhend jene feuchte Frische der Ausstrahlung, selbst wo 5′ oder 6′ höhere Luftschichten noch 20° bis 21° warm waren. Aber auch in unsern Breiten treten jene Wirkungen unverkennbar hervor, besonders da wo ein bewachsener

Boden viele ausstrahlende Punkte darbietet. Wells und Daniell sahen in hellen Nächten das Thermometer in dem Heidekraut bis um $8\frac{1}{2}°$ sinken, so dass selbst in England die nächtliche Ausstrahlung auf Wiesen und Heidekräutern die Temperatur während 10 Monaten des Jahres auf den Gefrierpunkt herabbringen kann. In dem warmen Jahre 1818 betrug in Paris nur in einem einzigen Monat diese Abkühlung nicht $6\frac{1}{2}°$, so dass sogar im Juli der bewachsene Boden sich bis 0,6° abkühlen konnte. Ebenso führt Boussingault von den kultivirten Hochflächen der Cordilleren, welche so hoch sind, dass sie eine Mitteltemperatur von 8° bis 11,3° besitzen, an, dass sie oft durch Folge der nächtlichen Strahlung in einer Nacht eine zu den schönsten Hoffnungen berechtigende Ernte von Mais oder Weizen verlieren. Die Eingebornen von Ober-Peru, welche die hohen Flächen von Cosco bewohnen, hatten die Bedingungen, unter welchen solche Nachtfröste eintreten, wohl erkannt. Funkelten die Sterne lebhaft und war die Luft wenig bewegt, so setzten sie feuchtes Stroh oder Dünger in Brand, um Rauchwolken zu erzeugen und dadurch die Durchsichtigkeit der Atmosphäre zu trüben. Da schon Plinius von der Anwendung des Rauches, um das nächtliche Gefrieren zu verhindern, spricht, so würde ein ähnliches Verfahren vielleicht im April und Mai zu empfehlen sein, wenn nach bedecktem Himmel mit schnell steigendem Barometer plötzlich der Himmel sich aufhellt. Im Vorfrühling verliert der Boden in einer hellen Nacht mehr, als er am kurzen Tage durch directen Sonnenschein gewinnt. Das ist die Zeit, in welcher nach einem alten Sprüchwort der Hirt lieber den Wolf als die Sonne im Schaafstall sieht, die man im Mittelalter noch bestimmter als Mariä Reinigung bezeichnete:

Si sol claruerit se virgine purificante
Multo majus erit frigus post, quam fuit ante.

Die Vertheilung der Temperatur in der täglichen Periode giebt uns zugleich das einleuchtendste Beispiel einer in vielen andern atmosphärischen Erscheinungen wiederkehrenden Thatsache, dass nämlich dass Maximum einer Wirkung erst eine sehr merkliche Zeit nach dem Maximum der wirkenden Ursache eintritt. Denn dass die höchste Wärme nicht auf die Mittagsstunde: die Zeit des höchsten Sonnenstandes, fällt, sondern zwischen 1 und 2 Uhr, wird sogleich klar, wenn man bedenkt, dass wegen der die ganze Nacht hindurch wirkenden Ausstrahlung die grösste Kälte auf Sonnenaufgang fallen muss. Die einander entgegenwirkenden Ursachen: die Insolation und die Ausstrahlung, sind nämlich innerhalb der Zeiträume, wo die eine überwiegt, ganz verschieden vertheilt, da das Maximum der erstern in die Mitte des Tages, das der letztern an das Ende der Nacht fällt. Die Temperatur bei Sonnenuntergang ist nahe die mittlere des ganzen Tages. Aus ähnlichen Gründen fällt in der jährlichen Periode die höchste Kälte erst in den Anfang des Januars, die grösste Wärme Mitte Juli, ja in südlichen Gegenden erst in den Anfang des August, die mittlere Temperatur in die Mitte des Aprils und die zweite Hälfte des Octobers.

Sind nun die meteorologischen Erscheinungen durch die Vertheilung der Wärme auf der Oberfläche der Erde bedingt, so müssen alle universellen Phänomene mit dem Gesetze derselben übereinkommen, für lokale Erscheinungen sich lokale Wärme-Unterschiede nachweisen lassen. In dieser Beziehung wollen wir nun die Bewegungen der Luft, die wässrigen Meteore und die Veränderungen des Luftdruckes betrachten.

Für den Wind sind wir schlecht gestellt. Wer weiss nicht, wie der kleinste Hügel seine Richtung, seine Stärke verändert. Während auf der hohen See $\frac{3}{4}$ des Jahres Schiffe durch ihn getrieben werden, gehen schon in Holland die Windmühlen nur 20 Wochen, tiefer ins Land hinein immer weniger. Da nun die Meteorologie im Gebirge entstanden ist und erst jetzt anfängt in die Ebenen herabzusteigen, so haben wir da freilich noch vieles zu lernen.

Ist der Wind durch die Temperatur bedingt, so muss im Allgemeinen

1) der Wind von der kälteren Gegend nach der wärmeren an der Oberfläche der Erde strömen;
2) die Geschwindigkeit mit der Temperatur-Differenz wachsen.

Die Passatwinde, im stillen Ocean noch regelmässiger als im atlantischen, in der nördlichen Halbkugel N.O., in der südlichen S.O., zeigen die erste Folgerung auffallend bestätigt. Da, wo die von der nördlichen Halbkugel nach der heissesten Gegend der Erde hinzuströmende Luft der von der südlichen begegnet, entsteht ein ruhiger Gürtel: die Gegend der Windstillen, furchtbar den Seefahrern wegen der heftigen Gewitterstürme, welche jene unterbrechen, und wegen der Seeräuber, die hier vorzugsweise ihr Wesen immer getrieben haben. Von der Gewalt dieser Orkane nur ein Beispiel. Bei dem Sturm, welcher Guadeloupe am 25. Juli 1825 verheerte, wurden nach des General Baudrand's Bericht 3 Vierundzwanzigpfünder mit fortgeführt, ein Flügel eines auf Kosten des Staates mit der grössten Solidität aufgeführten Gebäudes vollkommen zerstört (*complètement rasée*), endlich ein Brett von Tannenholz 37 Zoll lang, 9 Zoll breit und 10 Linien dick, durch einen Palmbaum von 16 Zoll Dicke geschleudert. Sehen wir diesen Gürtel der Veränderlichen (wie die Seeleute die Gegend der Windstillen nennen), als die Scheidelinie zwischen den Erdhälften gleicher Wärmequantität an, so muss sie ungleiche Raumtheile abschneiden, wenn die Temperatur nicht gleich auf beiden Seiten des Aequators vertheilt ist. Da wir sie einige Grade nördlich vom Aequator finden, so wird der Schluss erlaubt sein, dass die Temperatur der nördlichen Hälfte die der südlichen wenigstens in den tropischen Gegenden, d. h. da wo der Passat beobachtet wird, übertreffe, ein Schluss, welchen alle Beobachtungen bewähren.

Es kann aber nach einer bestimmten Gegend hin kein ununterbrochener Zufluss stattfinden, wenn nicht ein ebenso ununterbrochener Abfluss zugleich mit angenommen wird, und nach Analogie der täglichen Land- und Seewinde müssen wir vermuthen, dass diess in den oberen Theilen der Atmosphäre stattfinde, weil die wärmere leichtere Luft aufsteigt, um der unten zuströmenden kalten Platz zu machen. Dieser Schluss liegt so nahe, dass schon Mariotte und Halley ihn ausgesprochen haben, auch bestätigen ihn die Aussagen Reisender, welche die höheren Wolken oft nach entgegengesetzter Richtung ziehen gesehen, während der Passat unten in ungestörter Gleichmässigkeit wehte, eben so die Erfahrung, dass man bei dem Besteigen des Pic von Teneriffa im Sommer oben den heftigsten S.W. fand, unten N.O. Am unwidersprechlichsten wurde aber jener zurückkehrende obere Strom am 1. Mai 1812 erwiesen. In der Nacht vom 31. April zum 1. Mai nämlich hörte man auf Barbados Explosionen wie vom schweren Geschütz, so dass die Garnison vom Fort St. Anne unter dem Gewehr blieb. Am 1. Mai bei Tagesanbruch sah man die östliche Seite des Horizontes hell, den ganzen übrigen Theil des Himmels deckte eine schwarze Wolke, die bald auch jene Stelle umzog, und nun wurde es so dunkel, dass man in den Zimmern nicht die Stelle der Fenster zu unterscheiden vermochte, während die Bäume unter der Last eines herabfallenden Aschenregens brachen. Woher kam diese Asche? Nach der Richtung des im April und Mai unausgesetzt wehenden Passats hätte man auf den Pic der Azoren schliessen sollen, und doch war es Asche aus dem Vulkan Morne Garou des 20 Meilen westlich liegenden St. Vinzent, welches durch den Passat so von Barbados geschieden ist, dass nur ein sehr grosser Umweg die Reise möglich macht. Der Passat hatte nämlich seine Asche durch den untern in den obern Passat geschleudert. Hätte Barbados einen hohen bewohnten Pic, so möchten sich dessen Bewohner eben nicht sehr über Wolken aus Westen gewundert haben. An dieses bisher isolirt stehende Beispiel des Fortführens von vulkanischer Asche gegen die Richtung des unten herrschenden Passats können wir aus neuester Zeit ein noch auffallenderes anknüpfen. Am 20. Januar 1835 wurde die ganze Landenge von Mittelamerika durch ein den Ausbruch des Cosiguina begleitendes Erdbeben erschüttert. Die Gewalt der Explosionen war dabei so ungeheuer, dass sie bis in Santa Fé de Bogota, also in einer Entfernung von 200 deutschen Meilen gehört wurden, die ausgeworfene Aschenmenge aber so dicht, dass Union, eine Hafenstadt an der Westküste der Bay von Conchagua, 43 Stunden lang in die absoluteste Finsterniss versetzt wurde. Zu Kingston und an andern Orten in Jamaica fiel Asche herab, wodurch man dort die Gewissheit erhielt, dass die gehörten Explosionen nicht von Kanonenschüssen herrührten. Diese Asche konnte nur durch den obern Passat herbeigeführt sein, da Jamaica nordöstlich von Nicaragua liegt. In diesem obern Passat liegt nun Europa. Während unten der N.O. im Herbst der Sonne nach Süden folgt, sieht man am Zuge der Wolken, welche von Süden her den Pic umhüllen, den S.W. immer tiefer herabkommen, der dann im Winter unten herrschend bleibt und in Portugal eher den Boden fasst als bei den Canaren. Deswegen werden die Passate an ihrer äussern Grenze durch westliche Winde begrenzt, von denen Halley schon vermuthete, dass sie der obere Strom seien und welche selbst auf dem atlantischen Ocean mit solcher Beständigkeit herrschen, dass die Paketboote von Liverpool nach New-York 40 Tage brauchen, während sie auf der Rückreise nur 23 segeln, so dass die Matrosen den Weg von Europa nach Amerika bergauf, den Weg von Amerika nach Europa hingegen bergab nennen. Doch zeigt eine leichte Ueberlegung, dass jenes Zurückströmen nach dem Pole nicht überall oder nicht zu allen Zeiten stattfinden kann, weil die Passate selbst sich durch die Luft der gemässigten Zone ergänzen müssen. Das Charakteristische der gemässigten Zone wird daher ein Kampf zwischen einem nördlichen und südlichen Strom sein, welche bald diess bald jenes Bette sich wählen, manchmal einseitig vorherrschend neben einander strömen, gewöhnlich aber unter schärferen oder stumpferen Winkeln einander begegnend, die mannichfachsten Wirbel erzeugen, in seltenen Fällen einander gerade entgegenwehend sich stauen, und zwischen einander eine Gegend der Windstille erzeugen, die gewöhnlich südlich von den heftigsten Stürmen begrenzt wird. Warum aber das Herabkommen des obern Stromes schon an den Wendekreisen sich zeigt, warum nicht die ganze Luftmasse der nördlichen Halbkugel in einen, die der südlichen in einen andern senkrechten Kreislauf aufgenommen wird, liegt darin, dass, weil der Raum zwischen zwei Meridianen nach dem Pole zu sich immer mehr verengert, alle Luft, welche an der Grundlinie dieses gleichschenklichen Dreiecks aufsteigt, nicht bis zur Spitze heraufdringen kann, sondern bei einem Parallele herabkommen muss.

Welchen Einfluss der Gegensatz zwischen Land und See haben muss, leuchtet ein. Da die Wärme-Erregung durch die direkte Einwirkung der Sonne auf dem Festlande bedeutender sein wird als auf dem Meere, so wird der zurückfliessende Strom in die gemässigte Zone die höchste Temperatur bringen, wo die tropische Gegend durch ein Continent eingenommen wird, in dieser Beziehung also Europa günstiger liegen als Nordamerika. Bezeichnet man nämlich die Ausdehnung der zwischen den Tropen eingeschlossenen Länder mit der Zahl 1000, so fallen 461 Theile auf Afrika, 301 auf Amerika, 124 auf Neuholland und den indischen Archipelagus und 114 auf Asien, so dass das alte Continent mit dem neuen verglichen für die Ausdehnung der tropischen Länder das Verhältniss von 5,7 : 3 darbietet. Aber nicht nur das Grössenverhältniss ist hier von Bedeutung, sondern auch die Natur des Bodens, aus welchem die continentalen Massen gebildet sind. Von dem westlichen Ende der Sahara bis zum östlichen der Gobi in einer Erstreckung von 132 Längengraden zieht sich ein breiter, fast ununterbrochener wüster Gürtel durch die Mitte von Afrika, Arabien, Persien, Candahar und die Mongolei. Mehr als zwei Drittheil dieser nackten unfruchtbaren Bodenfläche sind im Westen vom Indus und in der den Tropen zunächst liegenden Zone. Unter dieser Breite nimmt aber der Sand durch Insolation eine Temperatur von 40° bis 48° an, während die Prairien zwischen dem Missouri und dem Missisippi, selbst da wo sie trocken bleiben, sich viel weniger erwärmen, was in gleicher Weise von den mächtigen Llanos Süd-Amerikas und von den Urwäldern des Amazonenstromes und Orinoco gilt. Da nun mit den Aenderungen der Declination der Sonne in den Jahreszeiten so wohl die Gegend der Windstillen als die ganze Erscheinung der Passate herauf- und herunterrückt, so wird, wenn in der tropischen Gegend in Beziehung auf Nord und Süd irgendwo ein bedeutender Gegensatz zwischen Fest und Flüssig stattfindet, diess, je nach der Lage am Aequator oder an den Wendekreisen, entweder einen hemmenden oder fördernden Einfluss auf jene Verschiebung äussern müssen. Das letztere findet nun vornehmlich im indischen Meere statt, wo ein breites Continent das tropische Meer nördlich begränzt und so heraufziehend auf den südlichen Passat wirkt, dass jeder Ort in der einen Hälfte des Jahres in ihm liegt, in der andern Hälfte im andern. So entstehen die Mussons, die Winde der Jahreszeiten, welche allen Naturverhältnissen so bedeutend den Charakter des Gegensatzes aufprägend, auf die Gestaltung der indischen Mythologie einen unverkennbaren Einfluss geäussert haben. Dass die Drehung der Erde, welche Ströme vom Pole her östlich ablenkt, Aequatorialströmen eine westliche Richtung giebt, liegt am Tage. Daher wird der südliche Mousson als ein S.W. auftreten. Zu den durch Temperaturungleichheit hervorgebrachten Erscheinungen gehören auch die Nacht- und Tagwinde der Inseln, Zugwinde nach der wärmeren Stelle, die der Schiffer benutzt, der Abends den Hafen verlässt und ihn bei Tage leichter gewinnt. Noch ehe er die kleine Insel sieht, zieht sie ihm schon den Wind an. Ebenso verwandelt das heisse Afrika in der Nähe der Küste den N.O. in N., und so entstehen die mannigfachen unter dem Namen der Küstenwinde bekannten Seitenablenkungen des Passats, welche dann die Fahrt noch möglich machen, wenn auf der offenen See die constante Richtung des Windes sie nur nach einer Seite gestattet. Darum weht es bei Tage Thalab, des Nachts Thalauf, daher fällt unter der Wolke die kalte Luft herab, die oben erwärmt zuströmt. Ebenso ist klar, dass man den Grund der Stürme gewöhnlich vor ihnen suchen muss. So haben Franklin und Mitchel einen N.O. beobachtet, der im Süden früher anfing als im Norden, und in Moskau weht der West eher als in Åbo.

Bisher sahen wir bei den Luftströmungen ab von den Ungleichheiten des Bodens. Welche kolossale Mauer bietet aber Hochasien dar, wie scharf contrastirt daher die ruhige Luft Nordasiens gegen die heftigen Stürme, welche in Europa das Luftmeer aufregen. Ist es daher wohl zu verwundern, dass, indem der senkrechte Kreislauf der periodischen Winde den ganzen Südabhang des Hochlandes in die tropische Gegend hineinzieht, hier eine unverhältnissmässig hohe Temperatur hervortritt, welche gegen die eisige Kälte von Nordasien eben deswegen so stark contrastirt, weil keine erwärmenden Aequatorialströme den hohen Gebirgsstock überschreiten. Von welcher Bedeutung mag das Hochland in Südafrika für die südlichen Aequatorialströme sein! Dass überhaupt in diesen Strömen der Hauptgrund der Temperatur-Vertheilung, in so fern sie bei gleicher Breite mit der geographischen Länge sich ändert, liegt, ist in den bisherigen Betrachtungen wohl hinlänglich angedeutet und es wird daher am passendsten sein, die nähere Gestalt der Isothermen hier am Schlusse der Betrachtung der Thermometeore und der durch sie bedingten Luftströme anzugeben. Wir folgen dabei der Bestimmung von Kämtz:

1) An den Küsten der grösseren Continente beträgt die mittlere Wärme des Aequators 22,1°, im Innern grosser Continente scheint sie etwas grösser zu sein und in Afrika bis 23,4° zu steigen.

2) Die Isotherme von 20° durchschneidet die Westküste

Amerikas nördlich von Acapulco, hebt sich schnell gegen Norden, geht durch die Insel Cuba, senkt sich sodann nach Süden und erreicht die Westküste Afrikas nördlich von den Inseln des grünen Vorgebirges, hebt sich sodann gegen Norden, geht durch Fezzan nach Abusheher, hierauf nördlich von Benares fort nach Calcutta und durchschneidet die Ostküste Asiens westlich von der Insel Luçon.

3) Die Isotherme von 16° geht mitten durch Californien, hebt sich schnell gegen Norden, erreicht in der Nähe von Charlestown die Ostküste Amerikas, die Westküste des alten Continents zwischen den canarischen Inseln und Madeira, hebt sich darauf etwas gegen Norden, läuft zwischen Creta und der ägyptischen Küste fort, geht in der Nähe von Bagdad vorbei und erreicht die Ostküste Asiens westlich von den Ludschu-Inseln in der chinesischen Provinz Tschekiang.

4) Die Isotherme von 12° durchschneidet die Westküste Amerikas in Neu-Californien nördlich von der Mission San Carlos de Monterey, läuft von hier ziemlich grade nach Osten, hebt sich dann ein wenig nach Norden und geht durch den südlichen Theil der Chesapeak Bai; von hier steigt sie gegen die Azoren und erreicht die Westküste Europas an der Grenze von Spanien und Portugal, läuft in der Nähe von Rom vorbei, scheint mitten durch das caspische Meer zu gehen, sich dann gegen Süden zu senken und erreicht die Ostküste Asiens in der nördlichen Hälfte der Insel Niphon.

5) Die Isotherme von 8° durchschneidet die Westküste Amerikas in Neu-Albion südlich von der Mündung des Columbiaflusses, senkt sich von hier nach Süden, geht südlich vom Michigan-See fort durch die Gebiete Illinois, Indiana und Ohio, und erreicht die Küste des atlantischen Oceans in der Nähe von New-York. Von hier hebt sie sich gegen Norden und hat in der Nähe von London ihren convexen Scheitel; sodann senkt sie

sich gegen Deutschland, läuft in der Nähe von Wien und Frankfurt fort, geht südlich von Astrachan vorbei und erreicht in der Wüste Schamo ihren convexen Scheitel, erhebt sich dann gegen die Ostküste Asiens, um mitten durch die Kette der Kurilen zu gehen.

6) Die Isotherme von 4° scheint durch Königinn Charlotte-Insel zu gehen, um sich von hier gegen Süden zu senken, läuft durch den nördlichen Theil des Michigan- und Huronen-Sees und erreicht die Ostküste Amerikas in der Nähe von Halifax; von hier hebt sie sich schnell nach Norden und erreicht die Westküste Norwegens in der Nähe von Drontheim, senkt sich von hier schnell nach Süden, läuft in der Nähe von Stockholm, Riga und Moskau vorbei, scheint sodann nördlich von Orenburg fortzugehen, in der Nähe von Kiachta ihren concaven Scheitel zu erreichen, sich von hier gegen die Küste des grossen Ocean zu heben und diese im südlichen Theil von Kamschatka zu erreichen.

7) Die Isotherme von 0° scheint die Westküste Amerikas zwischen dem Norton-Sunde und der Bristolbai nördlich von der Halbinsel Alaschka zu durchneiden, senkt sich schnell nach Süden, läuft zwischen dem obern See und der Hudsonsbai fort, und erreicht die Ostküste von Labrador an ihrem östlichen Vorsprunge nördlich von New-Foundland. Von hier hebt sie sich gegen Norden, geht durch Island und erreicht ihren convexen Scheitel im nördlichen Theile von Norwegen. Von hier senkt sie sich schnell nach Süden, läuft zwischen Uleåborg und dem weissen Meere fort, sodann nördlich von Wjätka nach Perm, senkt sich noch weiter östlich nach Süden, indem sie nördlich von Barnaul fortläuft, und scheint sich später sehr gegen die Ostküste Asiens zu heben und diese im nördlichen Theile von Kamschatka zu erreichen.

8) Die Isotherme von —4° scheint nördlich von der Behringsstrasse durch das nördliche Eismeer in einer Breite

von 76° zu gehen, darauf senkt sie sich schnell nach Süden, geht durch den Sklavensee südlich vom Fort Churchil in die Hudsonsbai, scheint sich hier wieder nach Norden zu heben, in etwa 59° nördlicher Breite die Ostküste Amerikas zu erreichen und in der Nähe von Spitzbergen ihren grössten Abstand vom Aequator zu haben, worauf sie sich schnell gegen Süden senkt, zwischen Nowaja-Semlia und dem weissen Meere die Nordküste des Festlandes erreicht, sich noch immer tiefer senkt, späterhin sich aber wieder hebt und zwischen den Mündungen der Indigerka und Kolyma die Küste des Eismeers wieder erreicht, um sich mit dem zuerst gedachten Arme zu verbinden.

Wir wenden uns nun zu den wässrigen Niederschlägen. Wasserdampf ist dem Physiker eine vollkommen durchsichtige, elastische Flüssigkeit. Wolke, Nebel ist nicht Dampf, sondern niedergeschlagener Dampf. Die Luft ist desto durchsichtiger, je weniger sie niedergeschlagenen Dampf enthält, nicht aber, je trockner sie ist. Denn Wasser in Form einer elastischen Flüssigkeit als Wasserdampf bildet mit Luft eine vollkommen durchsichtige Flüssigkeit: feuchte Luft; Wasser hingegen in flüssiger Form mit Luft innig vermengt, eine undurchsichtige, die wir Schaum, Nebel, Wolke, Dunst nennen. In einem bestimmten Raum voll Luft kann bei einer bestimmten Wärme nur eine bestimmte Menge Wasser als Dampf vorhanden sein, mehr nicht; diese Menge ist für jede Wärme verschieden und je grösser die Wärme, desto bedeutender. Ist hinreichend viel Wasser vorhanden, so wird sich der Raum mit dieser bestimmten Menge Dampf füllen, nachdem diess geschehen, die Verdampfung vollkommen aufhören, so viel auch Wasser flüssig zurückbleibe. Die Dampfbildung wird daher durch den über der Flüssigkeit sich befindenden Dampf gehindert, nicht aber durch den Druck einer andern elastischen Flüssigkeit, wie etwa der Luft, denn in einen luftvollen Raum geht genau so viel Wasser als Dampf als in einen luftleeren, nur findet in jenem die Dampfbildung langsamer statt als in diesem. War aber nicht genug Wasser zum Verdampfen vorhanden, so wird der Luftraum weniger Wasser enthalten als er enthalten könnte, d. h. mehr oder minder feucht sein. Den Grad dieser Feuchtigkeit geben nun unsre Hygrometer an, und zwar nennen wir relative Feuchtigkeit das Verhältniss der bei einer gewissen Wärme als Dampf vorhandenen Wassermenge zu der bei dieser Temperatur möglichen, absolute Feuchtigkeit hingegen die Wassermenge, welche als Dampf in einem Raum vorhanden ist, abgesehen von seiner Temperatur. Hat die Luft bei einer gewissen Wärme das Maximum der Feuchtigkeit erreicht, so bringt jede Abkühlung derselben einen Niederschlag hervor, d. h. es fällt so viel Dampf als Wasser heraus, dass die zurückbleibende Menge das dieser erniedrigten Wärme entsprechende Maximum ist. Jede Temperaturerhöhung macht hingegen feuchte Luft trockner. Mischen sich zwei vollkommen feuchte Luftmassen ungleicher Temperatur, so findet jedesmal ein Niederschlag statt, weil die bei der mittleren Temperatur nach der Mischung in den Raum als Dampf gehende Wassermenge geringer ist als das Mittel aus den beiden sich mischenden Mengen. Eine verdampfende Flüssigkeit kühlt ausserdem alle sie berührende Körper ab, die Körper hingegen, auf welchen ein Niederschlag geschieht, erwärmen sich.

Bei den atmosphärischen Niederschlägen wird es natürlich hauptsächlich darauf ankommen, die sie bedingende Temperaturerniedrigung nachzuweisen.

Die erste Form des Niederschlags ist die Wolke. In dem scheinbar unendlichen Wechsel ihrer Gestalten lassen sich doch gewisse Merkmale unterscheiden, nach welchen sie Howard classificirt hat. Während der *Cirrus,* unsre Federwolke, in langen feinen Streifen den vorher vollkommen klaren Himmel in den bedeutendsten Höhen überzieht, schwimmen die durch blendende Halbkugeln scharf begrenzten *Cumuli,* die echten Sommerwolken, von einander durch helle Zwischenräume blauen Himmels getrennt, langsam in weit tieferen Regionen. Am Abend erscheint der *Stratus*, eine lange Wolkenschicht, welche des Morgens in der Regel wieder verschwindet. Wird der aufsteigende Luftstrom so kräftig, dass er die Cirrus der Höhe erreicht, so ballen sich die Streifen in kleine Cumuli, die wir Schäfchen nennen, Howard's *Cirrocumuli* Der *Cumulostratus* ist ein grossgewordener Cumulus, der in der Mitte bereits verdunkelt, an den Rändern noch in blendenden Kuppen endigt. Er ist die eigentliche Gewitterwolke und erscheint in der Regel unter einer Bedeckung von *Cirrostratus*. Diess ist die Uebergangsform des Cirrus in allgemeine Trübung, in welcher besonders die grösseren Höfe erscheinen. Jede Wolkenform wird *Nimbus*, wenn sie sich in wirklichen Regen auflöst. Wolken, welcher Form sie auch angehören mögen, denkt man sich gewöhnlich als etwas Fertiges, Bestehendes, als eine Art von Magazine, in denen aller unten herabfallende Regen, Schnee und Hagel präparirt wird, die einen hinreichenden Vorrath von Electricität haben, welche sie durch Aneinanderreiben erhalten, um bei Gelegenheit Blitze herabzuschleudern, wenn sie aneinanderstossen den Donner erzeugen, von Bergen angezogen werden und, was das Merkwürdigste ist, mit allem diesem gewichtigen Inhalt in der Luft schwimmen. Geht man nun auf einen Berg in die Wolken, so findet man einen ganz gewöhnlichen Nebel, von allen jenen Herrlichkeiten nicht eine Spur. Man hätte sich den Weg ersparen können, denn eine Wolke ist eben nichts als Nebel, Nebel eine in der Nähe gesehene Wolke. Wer eine Wolke für etwas Bestehendes hält, der mag versuchen, sie in einer *Camera obscura* zu zeichnen, oder, wenn er das Talent hat, in Wolken Thier- und menschliche Gestalten zu sehen, darauf achten, wie oft er wie Polonius seinen Vergleich ändern muss. Niemand wird den Broden über einen Kessel heissen Wassers für etwas Bestehendes halten. Aber, sagt man, man sieht doch ein und dieselbe Wolke oft Tagelang auf der Spitze eines Berges liegen, hat nicht der Pilatus davon seinen Namen, dass er immer eine

Mütze trägt, ist nicht der Tafelberg am Kap dadurch berühmt geworden, zeigt nicht der Zobten in Schlesien dasselbe? Wer wird aber die weisse Schaumstelle in einem hellen Gebirgsbach von der Höhe gesehn für etwas Festes, auf dem Boden liegendes halten! Und ist die Wolke an der Spitze des Berges etwas anders? Der Bach ist die Luft, der Stein der Berg, der Schaum die Wolke. Zieht sie nicht fortwährend, wenn wir, wie Scoresby es auf dem Benlomont erkannte, den Berg ersteigen und sehen, ob sie wirklich so ruhig steht, als es von Unten scheint. Jene Beständigkeit ist daher nur scheinbar, eine Wolke besteht nur, indem sie entsteht und vergeht, sie ist kein Produkt, sondern ein Prozess. Eine Wolke ist feiner Regen. Aber, fragt man, mag er auch noch so fein sein, warum fällt er nicht? Der Rauch des Aetna fällt, so erzählt man, mit fallendem Barometer und steigt mit demselben, und was den Rauch undursichtig macht, ist ebenfalls schwerer als Luft. Wie weit Staub und Asche geführt werden, wie lange sie schweben, davon giebt es höchst auffallende Beispiele, warum nicht die feinen Nebelbläschen, aus denen die Wolke besteht? Ausserdem, wer sagt denn, dass sie nicht fallen; sie lösen sich nur wieder auf, wobei wir doch auch den *courant ascendant* berücksichtigen müssen, bei dessen Aufhören bei Sonnenuntergang die Wolken sich oft so schnell auflösen, indem sie in die unteren erwärmteren Luftschichten so rasch herabsinken, dass sie im Gebirge wirklich herabzustürzen schienen. Fällt der Regen tiefer, gelangen die grösser gewordenen Tropfen aber nicht bis zur Erde, so erhält die von der Seite gesehene Wolke jenes charakteristische streifige Ansehn, welches ein Vorbote nahen Regens ist. Das stärkste Gewitter, von der Seite gesehn, sieht aus wie eine auf den Boden liegende Wolke. Regen ist daher nichts anders als eine hohe auf dem Boden ruhende Wolke, unten durchsichtiger wegen der Vergrösserung und verminderten Anzahl der Tropfen, Nebel am Boden eine niedrige Wolke, Wolke in der Höhe ein lokaler Regen in einer Luftschicht, an deren Grenze das Niedergeschlagene sich wieder auflöst. Damit verschwindet alles Wunderbare der Wassermassen, die aus ihr herabstürzen. Das wenigste giebt die Wolke. Nicht sie regnet allein, sondern die ganze Luftsäule bis zum Boden. Wenn man im heftigen Regen einen Berg besteigt, so werden die Tropfen immer kleiner, oben finden wir nur Nebel. Dass im Sommer die Wolken höher ziehen als im Winter, wo sie so oft parterre sich finden, weiss jeder, und welcher Unterschied zwischen den Blasen werfenden Tropfen eines tüchtigen Sommerregens und den feinen Tropfen eines Regentages im Winter, welche so leicht in der Luft herumschweben, dass der Regenschirm wenig gegen sie schützt. Finden wir also, dass, je höher die Tropfen herabkommen, sie desto grösser sind, so sind zwei Dinge möglich, entweder enthalten die obern Luftschichten mehr Wasser als die untern, oder die Tropfen vergrössern sich im Fallen. Das erste ist nicht der Fall, denn die obern Luftschichten sind kälter und relativ trockner, wie Deluc's Stockknopf bewiesen, der jedesmal abfiel, wenn Deluc einen sehr hohen Berg bestiegen hatte, also muss das zweite stattfinden und diess zeigen alle Beobachtungen; denn von zwei in verschiedener Höhe aufgestellten Regenmessern findet sich im untern immer viel mehr Regen als im obern, so dass nach den Pariser Beobachtungen z. B. die letzten 86′ den 9ten Theil des ganzen Regens hergeben. Diese durch die sorgfältigsten Beobachtungen erwiesene Thatsache scheint im Widerspruch mit der Erfahrung, dass man im Gebirge auf den Bergen mehr Regenwasser sammelt als in den Thälern. Nach Thomson ist die Regenmenge in Glasgow 23″, 466′ höher im Gebirge zu Corbeth 42″, nach Schübler fallen 26″ in Tübingen, auf der Alp 1400′ höher in Göbingen 38″, in Pertshire zu Kinfauns Castle 24″, auf einem 600′ höhern Berge in der Nähe 39″. Doch bleibt das Verhältniss in einzelnen Jahren nicht dasselbe, wie folgende Tafel zeigt:

	Genf.		Bernhard.	
1826	21″	6,82‴	47″	10,08‴
1827	33	2,83	62	5,08
1828	28	8,56	31	6,39
1829	34	7,41	54	6,22
1830	32	3,42	46	0,23
1831	34	2,46	57	4,74
1832	19	4,89	31	6,39
1833	27	8,64	68	6,15
1834	22	10,21	55	5,58
1835	26	10,94	60	0,05
Mittel	28″	2,46‴	51″	6,28‴

Eben diese grossen Aenderungen des Verhältnisses in einzelnen Jahren beweisen, dass die Vergrösserung der Regenmenge in der Höhe der grössern Häufigkeit der Niederschläge, nicht den grösseren Tropfen eines und desselben Regens zuzuschreiben sei.

Fragen wir nun nach der Menge Wassers, welche als Dampf in der Atmosphäre vorhanden ist, so finden wir ein Abnehmen vom Aequator nach den Polen hin; der Druck der Dämpfe auf das Barometer beträgt nämlich am Aequator ohngefähr 10 Linien, in unserer Breite kaum noch 3. Eben so nimmt er an demselben Orte zu, von den kälteren Zeiten nach den wärmeren hin, ist also im Sommer bedeutender als im Winter, und um Mittag grösser als um Mitternacht. Durch Winde, welche aus wärmern Gegenden wehen, wird er erhöht, vermindert hingegen bei umgekehrter Richtung. Das aber, was als Schnee, Hagel, Regen, Thau sich niederschlägt, wird durch die Verdunstung wieder ersetzt, welche im Sommer grösser als im Winter, in den Aequatorialgegenden am bedeutendsten ist und nach den Polen hin abnimmt, ausserdem desto lebhafter ist, je trockner bei gleicher Wärme die darüber stehende Luft ist. Ueber die als wirklicher Regen herabfallenden Wassermassen macht man sich indess in der Regel eine falsche

Vorstellung. Der stärkste Sommerregen bringt im nördlichen Deutschland in 24 Stunden kaum ein Zoll Wasser hervor. Steigt die in 24 Stunden fallende Regenmenge auf $1\frac{1}{2}$, 2 bis 3 Zoll, so treten in der Regel die Flüsse aus ihren Ufern. In der kälteren Jahreszeit, wo das Erdreich gewöhnlich ohnehin schon viel Feuchtigkeit enthält. genügen oft schon 8 bis 9 Linien, um diese Erscheinung hervorzubringen, während dazu in der Mitte des Sommers bei trockner Witterung oft die doppelte bis dreifache Regenmenge erfordert wird. Im Winter giebt ein Regentag überhaupt viel weniger als im Sommer. Auch denkt man sich die in Form des Schnees herabfallende Menge Wasser gewöhnlich zu gross. Denn obgleich die Dichtigkeit des herabfallenden Schnees, nach der Temperatur bei welcher er fällt, sehr verschieden ist, so kann man doch im Mittel annehmen, dass etwa 14 Kubikzoll Schnee erfordert werden, einen Kubikzoll Wasser zu geben, wonach 2 Fuss Schnee noch nicht einer Wasserhöhe von 2 Zoll entsprechen. Tropische Regen sind freilich viel bedeutender. Denn, wäre die Anzahl der Regentage unter verschiedenen Breiten auch im Mittel dieselbe, so würde der Unterschied schon sehr gross werden, da Humboldt für die Tropen als jährliche Regenmenge 70″ findet, Toaldo's Zusammenstellung für Italien nur 43″, Dalton für England 33″ und Cotte von 41° bis 60° nördlicher Breite nur 24″ giebt, so dass man die mittlere Regenmenge im Allgemeinen auf 33″ schätzt. Aber die 88″ am Aequator fallen in 78 Tagen, während 16″ in Petersburg in 161 Tagen herabkommen. Daher haben wir von dem tropischen Regen keine Vorstellung. Levaillant's Beschreibungen sind hier wenigstens wohl nicht übertrieben. In Grenada auf den Antillen fallen 126″, auf Cap François in Domingo 120″, bei uns noch nicht 20″. Daher sagt ein englischer Offizier sehr bezeichnend von den westindischen Inseln: „nicht in Tropfen fällt der Regen, wie in Europa, sondern in Wasserfäden.“ Kapitain Roussin sah in Cayenne vom 14. Februar Abends 8 Uhr bis zum 15. Morgens 6 Uhr $10\frac{1}{4}''$ Regen fallen, die Hälfte der jährlichen Regenmenge in Paris. Aerger kann es bei der Sündfluth nicht gewesen sein. Vom 1. bis 24. Februar fielen daselbst 12′ 3″, so viel als in Paris in 8 Jahren. Wer wundert sich da noch, dass in Cayenne kein electrisches Experiment gelingt? Aber auch in Europa hat man einzelne Fälle einer ungewöhnlich grossen Regenmenge erlebt. Die furchtbaren Ueberschwemmungen, welche zu Ende Octobers 1824 im südwestlichen Deutschland so grosse Verheerungen anrichteten, wurden in Würtemberg durch eine Regenmenge veranlasst, welche in 36 Stunden 4,6″ betrug, ja an manchen Orten 6″ bis 7″. Am 25. October 1822 fielen in Genua 30″, am 20. Mai 1827 in Genf während eines dreistündigen Gewitters 6″, in Joyeuse am 9. October 1827 in 22 Stunden 29″. Abgesehn von der Entfernung vom Aequator hat die relative Lage des Ortes in Beziehung auf die Nähe der Gebirge oder Seen hier nun einen sehr wesentlichen Einfluss, den wir sogleich betrachten wollen, indem wir die Ursachen der Niederschläge etwas näher untersuchen.

Wenn eine Vermischung ungleich erwärmter Luftschichten nach früher entwickelten Gründen die Hauptquelle der Niederschläge sein muss, so können wir alle Niederschläge, welche nicht wie Thau, Reif, Glatteis am Boden selbst geschehen, auf 3 Klassen zurückführen. Sie entstehen nämlich

1) durch die Wirkung des Aufsteigens erwärmter Luftschichten,
2) durch die Vermischung ungleich warmer Winde,
3) durch die Zusammenwirkung beider Ursachen.

Jede Luftschicht wird an ihrer Stelle, abgesehen von Seitenbewegungen, von denen wir jetzt nicht sprechen, durch den Druck der darüber lastenden Atmosphäre zurückgehalten. Ihre Elasticität ist dann gleich dem Druck der darüber befindlichen Schichten. Wird durch Temperaturerhöhung ihre Elasticität gesteigert und zwar in grösserem Maasse als die der darüber befindlichen Schichten, so muss sie nothwendig aufsteigen. Indem sie sich aber erhebt, dehnt sie sich aus, da das Gewicht der auf ihr ruhenden Schichten immer mehr vermindert wird, je höher sie steigt. Luft kühlt sich aber durch Ausdehnung ab. Durch das Aufsteigen wird also die Luft kälter, daher relativ feuchter. Das unten in der heissen Luft verdampfte Wasser muss also oben sich allmählig wieder niederschlagen.

Diess gegenseitige Vermischen unten erwärmter aufsteigender und von oben herabsinkender kalter Luftschichten wird desto ungestörter eintreten, je mehr die Luft gegen Seitenbewegungen geschützt ist. Erst wenn die Winde schweigen, tritt die tägliche Periode in ihrer vollen Bedeutung hervor. An schönen ruhigen Sommertagen verschwindet des Morgens der Thaunebel der Wiesen, aber gegen Mittag erscheint er wieder als leichte Bedeckung in der Höhe. Daher ist Mittags der Himmel im Allgemeinen trüber als besonders des Abends, wo die in erwärmte Luft herabsinkenden Wolken sich auflösen, daher ist dann die Luft soviel durchsichtiger und deswegen Aussichten von Bergen um diese Zeit am schönsten. Wie viel häufiger sind selbst in der Ebene Gewitter Mittags als Morgens, wie regelmässig treten sie bei höchstem Sonnenstande besonders in Thälern hervor, wo der aufsteigende Strom, wie am Comersee und Lago Maggiore, durch hohe Bergwände gegen Seitenströme geschützt ist. Was ist das aber gegen die Regelmässigkeit der tropischen Regen. Da wo die Passate einander begegnen, ist die Regenzeit. In der ruhigen Luft bei der starken durch die senkrecht stehende Sonne erregten Hitze treten die täglichen Gewitter mit solcher Regelmässigkeit hervor, dass man sich, wie Caldcleugh erzählt, in manchen Gegenden Brasiliens nicht wie bei uns zum Kaffee oder Thee einladet, sondern vor und nach dem Gewitter. Im Verlauf der Regenzeit scheint die Stunde des Eintritts der täglichen Regen sich allmählig zu ändern. In Surinam wenigstens beginnen sie, nach einer Nachricht vom Jahre 1722, anfangs um 9 oder 10 Uhr Morgens und dauern bis 3 oder 4 Uhr, dann beginnen sie um 11, später um 1 oder 2, endlich gegen 3 oder 4 Uhr, wo sie dann plötzlich aufhören. Die Nacht regnet es sehr selten, bei Tagesanbruch ist zu allen Jahreszeiten der Himmel heiter. Doch müssen auch diese Erscheinungen wesentlich durch lokale Verhältnisse, besonders durch die Höhe über der Meeresfläche, modificirt werden können. Wenigstens erhielt Boussingault in Marmato vom October bis December 1827 am Tage 1,91″, in der Nacht 18,9″, also fast 10 Mal mehr des Nachts als bei Tage. Die Höhe von Marmato 5°27′ N.B. beträgt 4390 Fuss. Die eigentliche Regenzone liegt zwischen dem Aequator und 5° nördlicher Breite, zwischen den innern Grenzen der Passate. Ausserhalb derselben wechselt die Regenzeit mit der trocknen, je nachdem nämlich beim Verschieben der Erscheinung in den Jahreszeiten der Ort in die Passatzone aufgenommen wird, oder in jene ruhige Zone gelangt. Während nämlich in der nördlichen Hälfte der heissen Zone der NO-Passat im Winter unausgesetzt weht, erscheint an dem glänzenden dunkelblauen Himmelsgewölbe keine Wolke, da die Luft in immer wärmere Gegenden strömt, ihre Dampfcapazität also fortdauernd erhöht wird. So wie die Sonne aber weiter nach Norden heraufrückt, wird der Passat allmählig schwächer, die Atmosphäre verliert ihre dunkle Bläue und erhält ein milchweisses Anseln, endlich schweigt der Passat und einzelne, oft im Zenith sich bildende, gewöhnlich aber aus südlichen Gegenden aufsteigende Gewitterstürme *(Tornados)* erzeugen die furchtbarsten Niederschläge, einen Aufruhr der Elemente, der auch den unerschrockensten Matrosen erbeben macht, und der nur von den Tyfoons der chinesischen und indischen See übertroffen wird, welche in den sogenannten Wendemonaten plötzlich die Windstille unterbrechen, welche dem Umsetzen des Moussons in die gerade entgegengesetzte Richtung vorher geht. Den Gegensatz der Jahreszeiten in den Passatzonen beschreibt recht bezeichnend Schott vom Senegal: „die Regenzeit fängt an im Juli und endigt im October. Die im Juli eintretenden Winde sind immer mehr oder weniger südlich (wegen des Vortretens von Ober-

Guinea wird nämlich der SO-Passat als West-India-Mousson analog wie in Indien mehr nach Norden heraufgezogen), der Himmel ist mehrentheils bewölkt und theils Windstille. Die Nähe und Wirksamkeit der Sonne, die alsdann beinahe im Scheitelpunkte steht, verursacht eine gewaltige Hitze. Der Süden ist auch die Himmelsgegend, woher die sogenannten Tornados kommen. Die Atmosphäre ist dabei so feucht, dass Metalle verrosten, Seesalz und Zucker zerfliesst. Vom October bis Juli regnet es entweder gar nicht, oder doch äusserst selten.“ Noch bezeichnender aber ist es, dass die Indianer am Orinoco das Jahr in die Zeit der Sonnen und die der Wolken eintheilen.

Verschöbe sich in den Jahreszeiten die Erscheinung der Passate so weit herauf und herunter, dass jeder Ort der nördlichen heissen Zone entweder eine Zeitlang in die Gegend der Windstillen aufgenommen würde, oder ganz aus der Nordgrenze des Passates herausträte, so würde überall Regenzeit mit trockner Jahreszeit abwechseln. Diess ist aber für die in der Mitte zwischen den äussern und innern Grenzen der Passate liegenden Orte wenigstens nicht in allen Jahren der Fall. Daher kommt es, dass zwischen den Gegenden mit den eigentlichen tropischen Regen bei höchstem Sonnenstande und den an den Wendekreisen gelegenen mit subtropischen Regen bei niedrigstem Sonnenstande eine Zwischenzone mit sehr seltenen Niederschlägen entsteht, in welcher der Passat fast das ganze Jahr mit wenig veränderter Beständigkeit anhält. Die Feststellung dieser Verhältnisse verdanken wir der Reise Leopold von Buch's nach den canarischen Inseln, deren Ergebnisse das Verbindungsglied bilden zwischen Humboldt's Entdeckungen in der tropischen Zone und dem reichen Schatz früher vereinzelt stehender Erfahrungen, welche in unsern Breiten gesammelt worden waren.

Da im Sommer die Temperatur-Entwickelung am Boden am bedeutendsten ist, so wird natürlich das Aufsteigen der unten erwärmten Luftschichten dann am entschiedensten eingeleitet, besonders weil wegen der gleichmässig vertheilten Wärme die Seitenströmungen schwächer sind als im Winter. Daher rückt die Wolkenbildung immer höher hinauf. Humboldt nimmt die mittlere Höhe des dichten Gewölks unter den Tropen in Amerika 9000′ bis 10000′ an, während bei bewölktem Himmel in der Schweiz man sich oft schon bei 5000′ in dicke Wolken eingehüllt findet. An rauhen Regentagen erniedrigt sich die untere Wolkengrenze im südlichen Deutschland oft bis 2000′, ja sogar bis 1500′. Dahingegen ist die mittlere Höhe der Wolken überhaupt bedeutend höher, denn unter 100 an der schwäbischen Alp fand Schübler nur 4—6 unter 2400′, dahingegen Crostwaite im nördlichen England unter 5381 Wolken $\frac{3}{5}$. unter 3150′ und $\frac{1}{3}$ unter 2400′. Im Polarmeer endlich ist die unmittelbar das Meer berührende Luftschicht viel kälter als das Meer, und der Matrose im Mastkorb des Grönlandfahrers sieht über sich einen heitern Himmel und Masten ferner Schiffe aus dem Nebel hervorragen, welcher auf dem Verdeck so dicht ist, dass man nicht von einem Ende zum andern sehen kann.

Im Sommer ziehen dagegen Gewitter über den Montblanc, über das finstre Aarhorn und Schreckhorn, also oft höher als 10000′, welches freilich auffallend klingt. Denn so wie es von jedem Reisenden in Italien verlangt wird, den Pabst gesehen zu haben, so muss jeder, der auf einem Berge gewesen ist, ein Gewitter unter seinen Füssen erlebt haben. Es kommt wohl oft vor, dass man bei dem Ersteigen eines Berges des Morgens durch eine Wolkenschicht kommt, die von oben wie eine weisse Schneedecke die Landschaft verhüllt, und aus welcher einzelne Bergspitzen inselförmig hervorragen. Das sind aber aufsteigende Nebel, keine Gewitter, bald holen sie rasch aufsteigend uns wieder ein und verschwinden dann erst über uns. Hirten, welche das ganze Jahr auf der hohen Senne wohnen, wissen nichts von Blitzen unter ihren Füssen. Jene Erzählungen rühren daher in der Regel von Bewohnern der Ebene her, die wegen des ungewohnt erweiterten Gesichtskreises alles unter sich zu sehen glauben, was in ohngefähr gleicher Höhe neben ihnen ist, und sind um so verdächtiger, da fast nie berichtet wird, dass man in einem Gewitter gewesen ist, was doch viel häufiger vorkommen müsste.

Niederschläge des *Courant ascendant*, die bedeutendsten in Beziehung auf die Quantität des Niederschlages, können dann vorzugsweise nur eintreten, wenn keine horizontale Luftströme das ruhige Aufsteigen der am Boden erwärmten Luft unterbrechen. Daher finden wir sie lokal in von allen Seiten umschlossenen Thälern, in ihrer imposantesten Wirkung in der Regenzone und in der Nähe derselben, wo im Kampfe der gegeneinander wehenden Passate, auch abgesehn von der täglichen Periode, ein ununterbrochner steigender Luftstrom stattfindet. Minder bedeutend vielleicht in Beziehung auf die in gleicher Zeit herabfallende Regenmenge, aber viel häufiger, sind besonders in Gegenden ausserhalb der Tropen die Niederschläge durch das gegenseitige Verdrängen der Winde durcheinander, die wir jetzt betrachten wollen.

Wir beginnen auch hier mit der Wolkenform. Während der Cumulus durch die Wirkung des ungleich erhitzten Bodens auf die darauf ruhende Luftsäule entsteht, seine Bildung daher eine weniger bewegte Atmosphäre verlangt, werden die durch Vermischen der Winde entstehenden Niederschläge sich in zwei grosse Klassen von selbst unterscheiden, je nachdem nämlich ein wärmerer Wind durch einen kälteren verdrängt wird oder umgekehrt. Sollte diess nicht auch in der Wolkenform sich zeigen? Ich glaube es wohl. Der leichtere warme Wind fliesst an dem schwereren kalten Strom zuerst in die Höhe und herrscht daher früher in der Höhe. Sein Auftreten wird daher durch den Cirrus bezeichnet, welcher allmählig herabsteigend durch Cirrostratus in allgemeine Trübung übergeht. Der kalte Strom hingegen fällt zuerst unten stossweise ein, die Wolken ballen sich in compacten Massen, der Cumulostratus ist daher das Bezeichnende dieses Vorgangs. Cirrus und Cumulostratus sind daher reine Gegensätze, die beide in eine allgemeine Bedeckung übergehen können. Stratus ist häufig nur ein von fern gesehener bedeckter Himmel, der auch von einer Bergspitze ausgehen kann, an der er langgezogen zu verweilen scheint. Nimbus müsste die nebelartige Trübung genannt werden, welche besonders im Spätherbst entsteht, wenn ein warmer Südwind schnell in höhere Breiten dringt und seinen Wasserdampf dadurch, dass seine Dampfcapacität fortwährend abnimmt, allmählig verliert. Ihm stände dann der Cumulus als bezeichnendes Phänomen eines Polarstromes gegenüber. Diese einfachen Bedingungen würden H o w a r d gewiss nicht entgangen sein, hätten seine electrischen Vorstellungen ihm eine unbefangene Ansicht gestattet. So ist seine Terminologie zwar naturhistorisch zu brauchen, aber durchaus unphysikalisch.

In unseren Sommermonaten fällt in Deutschland die grösste Regenmenge herab, während in Sicilien, an den Südküsten Spaniens und Portugals und auf der Nordküste Afrikas bei herrschendem NO-Winde der Himmel fast dauernd heiter ist. Im October regnet es hingegen mit südwestlichen Winden dort, während auf den Canaren der Pic von Teneriffa sich immer tiefer von oben herab einhüllt. Endlich verschwindet auch dort der Passat, und die früher nur oben beobachteten SW-Winde herrschen den Winter hindurch am Spiegel des Meeres. Woher kommt dieses Fortrücken derselben Erscheinung? Doch wohl daher, dass die Gegend der Windstillen zwischen den Passaten im August, wenigstens im atlantischen Ocean, schon bei 13° nördlicher Breite beginnt, in den Wintermonaten erst bei 5°. Je weiter nördlich die Luft aufsteigt, desto weiter nördlich muss sie natürlich herabkommen. Denn wer zweifelt wohl noch, dass jene Regen durch den Aequatorialstrom erzeugt werden, welcher zu verschiedenen Zeiten des Jahres an verschiedenen Stellen den Boden fasst. Ist die kurze Regenzeit, die man im Frühjahr auf Minorca beobachtet, nicht ebenfalls ein Beweis davon, da auch in Italien in den Frühlingsmonaten entschieden ein zweites Maximum der Regenmenge, wenn auch unbedeutender als das im Herbst, sich zeigt. Nördlicher als die Stelle dieses Herabkommens, wo nach den eben entwickelten Gründen temporäre Regenlosigkeit vollkommen aufhört, finden wir natürlich eine weit grössere Abwechselung, den Kampf des Aequatorial- und des Polarstromes. Dieser mit niedriger Temperatur und deswegen hohem Barometerstand bringt, wenn er vollkommen vorherrscht, das heiterste Wetter, strenge Kälte im Winter, im Sommer hingegen jene angenehme trockne Luft, gekühlt durch einen leisen N.O.; jener mit höherer Temperatur und niedrigem Barometer macht besonders im Winter seinen südlichen Charakter geltend. Thauwetter, Landregen sind seine Begleiter. Der Uebergang beider Ströme in einander geschieht auf folgende Art: wird der südliche durch den nördlichen verdrängt, so tritt dieser zuerst unten ein, die Windfahne schwankt continuirlich zwischen S.W. und N.W.; fällt der N.W. ein, so steigt das Barometer sprungweise mit dichtem Schnee im Winter, mit einem Gewitter im Sommer, welches die Luft abkühlt. Denn je mehr der nördliche Strom die Oberhand gewinnt, desto stärker steigt das Barometer, desto entschiedner sinkt die Temperatur, während die Dichtigkeit der Dämpfe abnimmt, endlich bricht die Wolkendecke wie zerschnitten in lange breite Streifen, und am hellen Himmel erscheint keine Spur von Trübung, so lange die Windfahne Tage oft Wochenlang unverändert N.O. zeigt. Aber endlich beginnt das Barometer zu fallen und zeigt das Eintreten des Aequatorialstromes in der Höhe an, der zuerst als langgezogene Streifwolken sich am glänzenden Himmelsgewölbe abzeichnet, die man sehr passend Windbäume nennt und die sich allmählig zu jenem feinen Ueberzug verdichten, welcher dem Himmel ein milchweisses Ansehn giebt und der Bildung von Höfen um Sonne und Mond vorzugsweise günstig ist, die daher mit Recht für Anzeichen schlechten Wetters gelten. Im

Winter mässigt sich dann die Kälte, feiner Schnee fällt, endlich Regen, während die Windfahne durch O. und S. nach SW. geht. Im Sommer hingegen tritt der südliche Strom oft als ein heftiges, lange anhaltendes Gewitter ein, nach welchem, so schwer es ist, die Luft sich nicht abkühlt, welches dann erst geschieht, wenn der südliche Strom wieder durch den nördlichen verdrängt wird, d. h. mit einem Westgewitter. Im Frühling, wo die Temperatur in südlicheren Gegenden rasch steigt, während ein eisiger Winter noch die nördlichen Gegenden fesselt, ist das Uebereinanderwehen der Ströme am häufigsten. Heute scheint in der mildesten Luft die Natur erwachen zu wollen, aber vielleicht schon Morgen sind diese Frühlingslüfte verdrängt, und dichte Graupelschauer erinnern an die unfreundliche Zeit, die wir hinter uns zu haben glaubten.

Im Winter, wo eine gleichförmige Schneedecke alle Differenzen des Leitungs- und Ausstrahlungsvermögen des Bodens verwischt, tritt der Charakter jener Ströme im schroffesten Gegensatz hervor, dauernde Trübung wechselt mit dauernder Helle, der Uebergang ist nur durch langgezogene Cirri vermittelt. Nur zwischen Küste und See findet noch ein Gegensatz statt, und die ringförmig mit Schnee umgebenen Eisfelder des Polarmeeres verdanken diese Umwallung dem Andrang der warmen SW-Winde, deren Gewalt sich an den auf ihnen ruhenden luftigen Gletschern bricht, und welche endlich nach Stunden langem Kampf diese eisige Luft verdrängend, wenn sie bis ins Innere vordringen, keinen Wasserdampf abzusetzen haben, da sie im Kampfe ihn bereits ganz verloren. Aehnlich verhält sich natürlich jeder Seewind im Vordringen von der Küste ins Innere und deswegen regnet es weiter ins Land hinein immer weniger. Im Sommer aber kann der Boden nach oben wirken und modificirt auf diese Weise beide Ströme. Was über Wald und Wiese zur Wolke sich verdichtet, löst sich über der wärmeren Sandfläche wieder auf. Daher jene mannigfaltige Wolkenbildung, jene einzeln schwimmenden Cumuli, welche die Beleuchtung der Landschaft von der Höhe gesehn so abwechselnd machen. Wie freut man sich, wenn man im Frühling nach langer Entbehrung zum ersten Mal wieder ihre glänzenden Kuppen sich gebirgsartig am Horizont übereinanderthürmen sieht, sie sind ein untrügliches Zeichen, dass endlich die Kraft des Winters gebrochen ist. Das geübte Auge des Indianers liest am Himmel den Lauf der Flüsse ab, da wo Mangel an Bebauung des Bodens zu den natürlichen Unterschieden desselben keine künstlichen hinzugefügt hat, und es ist klar, wie eine kräftige Vegetation sich ihren Regen erzeugt, der sie umgekehrt wieder ernährt, wie eine leichtsinnige Vertilgung der Wälder oft die Fruchtbarkeit des Bodens unwiderbringlich vernichtet. Vor 1821 besass die Provence und namentlich das Vardepartement einen Reichthum an Bächen und Quellen. In diesem Jahre aber erfroren die Oelbäume, die durch ihre Menge gewissermassen Wälder bildeten, und im Jahr 1822 fing man an diese Bäume bis auf die Wurzel abzuhauen, von welcher Zeit an die Quellen versiegten und der Ackerbau schwierig ward. In Ober-Aegypten haben die noch vor 80 Jahren häufigen Regen aufgehört, seitdem die Araber die Bäume auf der Grenze des Nilthals gegen Libyen und Arabien hin umgehauen haben. Die entgegengesetzte Erscheinung beobachtet man in Unter-Aegypten, denn seit den unermesslichen Anpflanzungen durch den jetzigen Pascha sind in Alexandrien und Cairo, wo sonst Regen zu den grössten Seltenheiten gehörten, diese viel häufiger geworden. Daher erklärt sich das, was man in der Ebene Wetterscheiden nennt, die rein lokal, für Gewitter, Hagelschauer, überhaupt Erscheinungen des *Courant ascendant* von Bedeutung sind, welche aber keinen Landregen aufhalten werden.

Hier möchte nun auch der passendste Ort sein, an eine Erfahrung zu erinnern, für deren Vorhandensein in Europa mannigfache ältere Nachrichten sprechen, die aber in Amerika viel deutlicher hervortritt, dass nämlich die Vertheilung der Temperatur innerhalb der jährlichen Periode durch die

Cultur des Bodens zuletzt wesentlich modificirt werden kann. Das Resultat der Ausrottung der Wälder, der Austrocknung der Sümpfe, scheint hier wie dort eine Abstumpfung der Extreme zu sein, eine verminderte Sommerhitze und weniger strenge Winter. Es ist wohl vorzugsweise das Verkennen dieser Thatsache, welches die widersprechendsten Ansichten über Verschlechterung und Verbesserung des Klimas hervorgebracht hat.

Mächtiger noch als diese Differenzen des Bodens wirken Gebirgszüge, welche, indem sie wie ein Damm den Luftstrom hemmen und die Luft in höhere Gegenden an ihnen aufzusteigen zwingen, die Wolkenbildung begünstigen und damit die Niederschläge. In Joyeuse, 5000 Toisen südlich von dem 4500′ hohen Tanargue, der wie eine lothrechte Mauer von W. nach O. sich erhebt, fielen 1811 64″ Regen, während in dem 8 französische Meilen östlichern Viviers, wo die Luft ungehindert im Rhonethal weiter nördlich fortziehen kann, nur $37\frac{1}{2}$″ aufgefangen wurden. „Regnet es in Bergen“? ist ein Sprüchwort der Nordseefahrer, und warlich sie haben Recht so zu fragen Denn welcher Contrast zwischen 17″ jährlicher Regenmenge in Copenhagen und 83″ in Bergen. Wie gewaltig sind aber auch an diesen Küsten die Niederschläge, wo die hohen Gebirge so unmittelbar aus dem Meere aufsteigen, dass die Thalgründe davon erfüllt sind. Daher in Portugal, wo wir in Coimbra am westlichen Abhang der Sierra d'Estrella 111″ Regen finden, während in Lissabon die jährliche Menge nur 25″ beträgt, ebenso in Syrien an der Seeseite diese mächtigen Regengüsse, daher der bedeutende Gegensatz, durch welchen das Gate Gebirge auf der ostindischen Halbinsel die Koromandel- und Malabarküste unterscheidet, ein Gegensatz, der hier ein doppelter ist, während an den norwegischen und schwedischen Küsten nur ein einfacher. Denn die 87″ Regen in Bombay fallen bei den SW-Mussons vom Juni bis September. Die übrige Zeit des Jahres während des NO-Musson fängt vom October die Regenzeit auf Koromandel an, während in Bombay in 7 Monaten kaum 1″

Wasser fällt. Warum aber nördliche Winde hier reiche Niederschläge hervorbringen, liegt wohl darin, dass sie nichts anders als der an den Gebirgen herabkommende obere Aequatorialstrom sind, und hier gerade dieselbe Umkehrung der Strömung innerhalb des Jahres stattfindet, wie auf Inseln heisser Klimate bei den Land- und Seewinden in der täglichen Periode.

Wir haben bisher die Form des Niederschlages nicht berücksichtigt, noch die electrischen Erscheinungen, die sie begleiten. Dass eine Ableitung der meisten Erscheinungen möglich war, ohne auf die Electricität Rücksicht zu nehmen, ist ein Beweis, dass es wenigstens andere Erklärungen geben kann als durch sie. Warum wir den Regen nicht, wie Fourcroy meinte, als Produkt einer Verbrennung von Knall-Luft durch Electricität ansehen, liegt einfach darin, weil der eine Bestandtheil derselben, der Wasserstoff nämlich, in der Atmosphäre in so geringem Maasse vorhanden ist, dass erst neuerdings Boussingault eine Spur davon nachzuweisen vermochte, auch nicht oben in grösserer Menge vorhanden sein kann, weil eine leichtere Luft nicht auf einer schwereren schwimmt, wie tropfbare Flüssigkeiten auf einander, sondern sie sich gegenseitig durchdringen, so dass überall beide gefunden werden müssen. Da electrisirtes Wasser genau dieselbe Verdampfungskälte giebt als unelectrisirtes, so können wir die Kälte nach dem Gewitter nicht der Electricität zuschreiben. Das Steigen des Barometers bei demselben wollen wir eben so wenig aus einer durch Electricität gesteigerten Spannkraft der Dämpfe ableiten, da ihre Elasticität von electrisirtem Wasser dieselbe ist als von unelectrisirtem. Ueberhaupt erscheint die Gewitterbildung durch Electricität problematisch, da nach den Erfahrungen von Deluc unmittelbar vor dem Blitz oft nicht die geringste Spur von Electricität in der Gewitterwolke vorhanden ist. Durch Erfahrung erwiesen ist, dass die immer in der Atmosphäre vorhandene und täglichen periodischen Veränderungen unterworfene Electricität am stärksten hervortritt, je plötzlicher irgendwo in der Atmosphäre ein Niederschlag eingeleitet ist. Und wie lebhaft wird dieser immer erneuert in jeder Gewitterwolke. Hat nicht die Sprache für diese immer wiederholte Bildung ein eignes Wort: den Drang der Wetterwolke, fällt nicht mit jedem Blitze der Regen dichter herab, manchmal nur bei demselben, der doch früher in der Wolke sich erzeugt haben muss, entzündet sich nicht der Blitz immer da, wo die Wolke am dichtesten wird? Verwandelt sich je ein Landregen in Gewitter, oder ist nicht das erste Auftreten des dauernden Niederschlags ein Gewitter? Um die Bedingungen seiner Bildung zu finden, brauchen wir daher nur die Gründe aufzusuchen, durch welche ein rascher Niederschlag eingeleitet wird.

Wenn in eine erwärmte Luft plötzlich ein kalter Strom eindringt, so bildet sich eine Wolke. Man sah diess besonders auffallend einmal in Petersburg, wo es in einem überfüllten Saale plötzlich schneiete, als ein Offizier, um die Hitze zu mildern, ein Fenster einschlug. Gerade dasselbe geschieht im Winter, wenn in einem warmen S.W. plötzlich ein kalter N.W. einfällt, wo bei dichtem Schnee häufig lebhafte Blitze mit kurzen Donnerschlägen entstehen, nach welchen es heftig kalt wird, da der erzeugende Wind dann als NO. herrschend bleibt. Ganz analog sind die meisten Sommergewitter. Zuerst Windstille, weil der nördliche Strom dem südlichen entgegenkommt, der bisher wehte, und daher jenes peinliche Gefühl, welches wir durch drückende Luft bezeichnen, dann plötzliche Drehung des Windes durch W., manchmal mehrere Gewitter, jedes folgende dann nördlicher. Wenn hingegen ein lebhafter S.W. oder S.O. stürmisch eindringt, so entstehen Gewitter, welche statt Kälte erhöhte Wärme bringen, langsamer und am höchsten ziehen, da der schwere Nordstrom nur Schritt für Schritt weicht. Ein Gewitter, dessen Zug wir meilenweit verfolgen, ist also nicht eine fortschreitende Wolke, sondern ein fortschreitender Wind, der seinen Weg am Himmel dunkel abzeichnet.

Gebirgsgewitter entstehen auf doppelte Weise, entweder dadurch, dass an der Wand des Gebirges die warme Luft aufzusteigen gezwungen ist, besonders wenn der südliche Wind heftig weht, wo dann auf der Südseite das Gewitter sich bildet, oder dadurch, dass ein in einem Thalkessel ungestört sich entwickelnder *Courant ascendant*, wenn er über die Seitenwände hervortritt, von einem kalten Winde gefasst wird. Die zweite Entstehungsart zeigt sich unmittelbar in den Mittagsgewittern abgeschlossener Thäler. Die erste Bildung aber tritt deutlich hervor bei starkem Fallen des Barometers, wie z. B. am 24. December 1821, wo bei dem vordringenden südlichen Sturm an der Alpenkette die Luft entschieden staute, und dadurch jenseits das Barometer viel höher stand als diesseits, und am 2. Februar 1823, wo das Ansteigen der Luft sich dadurch kund gab, dass, weil in der Höhe ein südlicher heisser Wind herrschte, es am Fusse des Tanargue bei Joyeuse regnete, während es in grösserer Entfernung davon schneite. Für die *Courant ascendant*-Gewitter ist aber das auffallendste Beispiel das bei dem Ausbruch eines Vulkans regelmässig über der Feuersäule entstehende. Giebt es aber auch wohl einen lebhafteren *Courant ascendant* als die Feuersäule eines Vulkans, die bei dem Vesuv 11000′ hoch ist. Bei dem vulkanischen Ausbruch auf Lancerotte im Jahr 1731, wo man fast kein Gewitter kannte, erschien es sogleich bei dem ersten Ausbruch. Wird nun Jemand wohl meinen, dass ein Vulkan ausser Asche, Steine u. s. w. auch ein fertiges Gewitter auswerfe?

Sehen wir in allen bisher betrachteten Erscheinungen an mächtigen Niederschlägen, wie sie auch entstanden sein mögen, Electricität in bedeutender Intensität hervortreten und betrachten wir eben deswegen den Prozess des Niederschlags als die Quelle der Electricität, so wollen wir doch nicht leugnen, dass die electrischen Entladungen selbst in der Kette atmosphärischer Wirkungen ein wesentliches Glied sind. Es ist nicht unmöglich, dass durch sie jenes unveränderliche Verhältniss der gasförmigen Bestandtheile des Luftkreises erhalten wird, welches manchen Naturforschern als ein so unlösliches Problem erschienen ist, dass, um die Sache auf einmal abzumachen, sie von Verdauung gesprochen haben. Wenn wir erfahren, dass am 11. Juli 1819 ein Blitz in Chateauneuf-les-Moutiers 9 Menschen tödtete und 82 verwundete, so erstaunen wir über einen so mächtig mechanischen Effect. Bewundernswürdiger wäre es, wenn wir in diesen Explosionen die Wirkung einer Naturkraft erkennen könnten, welche als Gegengewicht andern Extremen gegenüber tretend, ein bewegliches Gleichgewicht ungestört zn erhalten vermöchte, welches ohne sie einmal gestört sich nicht wieder herstellen könnte.

Wenn meteorologisch Gewitter und Platzregen fast identisch sind, so fragt sich: wie entsteht an der rasch hervortretenden Wolke Electricität? Dass bei der Verdampfung diese wie Wärme gebunden, und im Niederschlag frei werde, ist nicht richtig, und somit fällt diese einfache Erklärung Volta's weg, denn es ist durch genaue Versuche mehrerer Physiker erwiesen, dass die Aenderung des Aggregatzustandes als solche keine Electricität erzeugt. Ob nun die Quelle der Electricität die Erhebung der Dämpfe als solche sei, wie Erman's Versuche wahrscheinlich machten, oder ob, wie Pouillet meint, die bei der Verdampfung stattfindende Absonderung des im Flüssigen aufgelösten Festen, in so fern dabei Electricität erscheint, als Quelle der atmosphärischen anzusehen sei, ob endlich die Vegetation sie entwickele, möchte wohl jetzt zu entscheiden zu früh sein. Es fehlt nicht an Ursachen, welche sie bedingen können, aber an entscheidenden Erscheinungen, welche die getroffene Wahl rechtfertigen. Auch ist es keinesweges nothwendig, dass die Entstehungsart derselben immer dieselbe sei. Wenigstens sind ihre Aeusserungen sehr verschieden. Ich habe einen Blitz in zerrissenen grauen Wolken auf blauen Himmelsgrund über mir gesehen, ohne einen Donner zu hören. Ein andermal hörte ich über eine Viertelstunde lang einen ununterbrochenen monoton fortrollenden Donner aus einer weisgrauen cumulostratusartigen Bedeckung, aus welcher nachher Hagel herabfiel, ohne irgend lebhafte Blitze wahrzunehmen. Waren diese beiden electrischen Entladungen gleicher Art oder könnte es nicht, ebenso wie wir in den Laboratorien auf sehr verschiedene Weise Electricität zu erregen vermögen, auch in der Atmosphäre mehrfache Bedingungen geben, unter welchen diese Erscheinungen eintreten?

Die Form des Niederschlags ist entweder fest oder flüssig. Ueber die wunderbare Mannigfaltigkeit der Schneekrystalle erstaunt man, wenn man Scoresby's Zeichnungen sieht. Gewöhnlich fällt bei einem Schneefall nur eine dieser Formen, selten mehrere. Ballt sich die Flocke in etwas erwärmtere Luft fallend zu einem kleinen Schneeball, so wird sie ein Graupelkorn. Ist diess noch mit einer durchsichtigen Eishülle umgeben, so nennen wir es Hagelkorn. Von beiden Formen unterscheidet sich eine dritte, welche bei plötzlichem Thauwetter nach starker Kälte sich zeigt und gewöhnlich nach einigen Minuten schon in Regen übergeht. Es sind dies runde ganz durchsichtige Eisstückchen, Wassertropfen aus dem oben schon herrschenden Thauwind, welche bei dem Durchfallen durch die untere noch nicht verdrängte kalte Luftschicht gefroren sind. Unter allen diesen Formen ist der Hagel die grösste. Körner von der Grösse eines Taubeneies, ja von der eines Hühnereies, von 12 Loth bis 1 Pfund Schwere sind mehrfach beobachtet worden. Durch das Auffinden zusammengeschmolzener Massen sind aber oft übertriebene Vorstellungen über die Grösse der Hagelkörner entstanden. Stücke von der Grösse eines Kürbis sollen im Jahr 1767 in Potsdam mehrere Ochsen getödtet haben. Diese durch beide Berliner Zeitungen verbreitete Nachricht durfte, obgleich an diesem Tage in Potsdam heitres Wetter gewesen, nicht desavouirt werden weil sie ausgesprengt worden war, um dem von Berlin ausgehenden Gerede über baldigen Krieg ein Ende zu machen.

Daher ist sie denn auch in viele Bücher übergegangen. Am 8. Mai 1802 soll in Ungarn beim Dorf Putzemischel während eines Hagelwetters ein Eisklumpen von 3′ Länge, 3′ Breite und 2′ Höhe gefallen sein, welchen 8 Männer nicht aufzuheben vermochten, und dessen Gewicht man daher auf 11 Centner schätzte. Damit sollte man meinen, sei die Grenze des Abentheuerlichen erreicht. Aber wie immer, wo es auf Zahlenangaben oder Raumgrössen ankommt, steht Indien in unerreichter Grösse da. In den letzten Zeiten der Regierung Tippoo Saheb's fiel nahe bei Seringapatam eine Eismasse von der Grösse eines Elephanten nieder.

Der Schnee fällt im Winter, Graupel *(gresil)* im Frühling, Hagel *(grêle)* im Sommer. Nun nimmt die Temperatur in der Atmosphäre auch von Oben nach Unten zu. Wird also das was oben Schnee ist vielleicht dann Graupel und in den untersten Schichten erst Hagel? Dass der Hagel im Fallen sich vergrössert, ist wahrscheinlich deswegen, weil er doch nicht die Verwüstung anrichtet, die, seine Grösse berücksichtigt, er anrichten müsste, fiele er von bedeutender Höhe herab. Dass die den Schneekern umgebende aus concentrischen Ringen bestehende Eisschicht anderen Ursprungs ist als der Schneekern, geht daraus hervor, dass man bei einem vulkanischen Ausbruch Hagel beobachtet hat, welcher Sand eingeschlossen enthielt statt des Schneekerns. Dass diese äussere Eishülle bei dem fast immer birnförmig gestalteten Hagel das unmittelbare Produkt eines Verdampfungsprozesses sei, ist die Ansicht von Leopold von Buch, nach welcher also Hagel in grösseren Höhen Wasser war. Wie deutlich sieht man diess aber im Gebirge. In Cressier über dem See von Neufchatel verhageln die Weinberge, während es in Lignières am Abhange des Chaumont 1200′ höher regnet. Im hoch liegenden Thal von Travers regnet es, im tieferen fällt Hagel. So in der Auvergne am Montd'or und Puy de Dome. Damit aber die Verdampfungskälte recht lebhaft werde, müssen die unteren Luftschichten unverhältnissmässig erwärmt, der *Courant ascendant* gegen Seitenströme geschützt sein. Daher ist der Hagel so lokal, ein schmaler verwüsteter Strich bezeichnet seinen Weg. Das wissen die Assecuranzcompagnien, welche für verschiedene Provinzen verschiedene Procente fordern. Manche Landgüter verhageln fast immer, andere dicht daneben bleiben frei. So lokal ist denn auch seine Bildung. Casalbero in der Provinz degl' Irpini in Neapel war gegen NW. von einem bewaldeten Bergrücken geschützt und frei von Hagelschlägen. Seitdem der Abhang beackert ist, hagelt es fast jedes Jahr. Denn so geringfügig die Ursache scheint, so bedeutsam kann sie werden. Eine feuchte Wiese kann eine Wolke erzeugen, ist diese auch noch so klein, in der feuchten heissen Luft vergrössert sie sich von selbst, indem in ihrem Schatten immer neue Dämpfe sich verdichten. Bei so lokalen Erscheinungen muss die Lokalität studirt werden, um ihre Bildung zu verstehen. Dadurch nur können Mittel gefunden werden, das Uebel zu vermeiden, nicht durch theoretisch aufgepflanzte Strohseile als Electricitätsableiter, ein Vorschlag, dessen Albernheit sich in Frankreich hinlänglich bewährt hat. Denn wie problematisch selbst nur die Mitwirkung der Electricität bei der Hagelbildung sei, geht unter andern daraus hervor, dass Rüppel von Abessinien berichtet, dass es dort oft hagle, aber nie bei Gewittern, bei welcher Notiz hoffentlich nicht, wie so häufig, Graupel mit Hagel verwechselt ist.

Die letzte Form des Niederschlags geschieht an der Erde selbst. Der lokale Nebel auf kleinen Binnenwässern entsteht dadurch, dass die über den Boden stärker erkältete Luft vom erhöhten Ufer herabfliesst und sich mit den wärmeren Schichten über dem Wasserspiegel mischt. Aus ähnlichen Gründen raucht ein schnell fliessender Fluss bei plötzlich eintretender Kälte, ehe er einfriert. Der Frostnebel der Polarmeere verdankt ähnlichen Ursachen seine Entstehung. Am Boden selbst geschieht der Niederschlag als Glatteis, wenn warme feuchte Luft über einen durch eine vorhergegangene Kälte abgekühlten Boden strömt, wo die Steine, wie wir sagen, schwitzen und ausschlagen. Die

Hauptbildung aber ist Thau und Reif. Der Boden ist dann durch Ausstrahlung erkaltet. Daher ist er in den heissen Klimaten in den hellen Nächten so ungeheuer, dass er, wie Russel von Aleppo, Ulloa von Lima erzählt, wie der stärkste Regen alle Bekleidung augenblicklich durchdringt. Daher bethaut eine Wiese stärker als ein beackertes Feld, da sie bei gleicher Grösse mehr Oberfläche darbietet und sich deswegen stärker erkältet. Daher thaut es unter Bäumen und in engen von hohen Mauern umgebenen Gärtchen nicht, weil hier die Himmelsansicht verdeckt ist, nur bei hellen Nächten, wo die ausstrahlende Wärme dem Boden nicht durch Reflexion von den Wolken zurückgeschickt wird, nicht, wenn der Himmel umzogen, wo der Boden nicht kälter wird als die Luft, und vorzugsweise bei ruhigem Wetter, weil dann die lokal erkältete Schicht nicht gleich wieder mit wärmeren gemischt wird. Alle Körper, welche wenig ausstrahlen, bethauen auch wenig, z. B. Metalle, und die leisesten Unterschiede des Ausstrahlungsvermögens kann man im Reif beobachten, der die rauhere Stelle bedeckt, die glättere frei lässt und an unseren Schlagbäumen den schwarzen Streifen manchmal mit Krystallen überzieht, während der weisse frei bleibt.

Als eine Art Gegensatz zu den wässerigen Niederschlägen können wir die sogenannten trocknen Nebel betrachten, an deren Bildung, da sie besonders in heissen Sommern sich zeigen, der Staub wahrscheinlich einen wesentlichen Antheil hat. Wird die Luft endlich feuchter, so wird sich der Wasserdampf an diesen herumschwebenden Staubtheilchen niederschlagen, die dann, schwerer geworden, sich herabsenken werden. So würde sich erklären, dass trockne Nebel Gewitter vertreiben, was dann soviel heissen würde als: so lange die Feuchtigkeit der Luft noch so gering ist, dass der Staub sich schwebend erhält, ist an kräftige Niederschläge nicht zu denken. Was aber vom Staub gesagt wurde, gilt in noch höherem Grade vom Rauch. Jeder kennt die hygroskopische Eigenschaft desselben. Tabackraucher wissen, wie mächtig sich der Dampf auf Wasserschalen ablagert, und dem Artilleristen ist bekannt, dass durch heftiges Kanoniren mancher Schlachttag, welcher düster anbrach, sich aufgehellt, manches Manoeuvre Sonnenhell geendet, welches trübe begonnen. Dürfen wir uns daher wohl wundern, dass keine Regen in Westphalen mehr zu Stande kommen, wenn der Moor angezündet worden, dass je intensiver der Haarrauch, desto unwahrscheinlicher die Niederschläge. Dieser Glaube ist aber auch an andern Orten verbreitet. Während des trocknen Nebels in Ostpreussen im Sommer 1826 antwortete mir jeder Bauer auf die Frage, woher kommt er, mit „die Wälder brennen in Schweden". Daher ist es wohl nicht ganz unwahrscheinlich, dass der berühmte Höherauch von 1783 mit den durch die furchtbaren Lavaströme auf Island entstandenen Bränden zusammenhing. Wenigstens scheint es passend, so lange terrestrischer Staub und Rauch zur Erklärung da ist, coelestischen noch auf sich beruhen zu lassen. Man braucht aber grade nicht in die afrikanischen Wüsten zu reisen, um die Ueberzeugung zu gewinnen, dass der Staub ein Meteor werden kann. Selbst in Berlin kann man davon eine recht lebhafte Vorstellung erhalten.

Wir wenden uns zu dem letzten Gebiet der eigentlich atmosphärischen Erscheinungen, den **Aenderungen des Drucks der Luft.**

Wenn eine bedeutende Entdeckung wie die des Barometers auf einmal den Kreis unseres Wissens von der Natur erweitert, so hofft man in der Freude über das Gefundene gewöhnlich, dass sich nun alle Räthsel lösen werden, mit denen die Natur uns umgiebt. Kaum weiss man, dass die Luft schwer sei, kaum hat man bemerkt, dass sie nicht immer mit gleichem Gewicht drücke, so heisst das Barometer auch schon Wetterglas. War jener Name übereilt? Aber wir finden noch heute Skalen, die oben mit „sehr schön" anfangen, durch „veränderlich" hindurchgehen und sich je tiefer desto mehr verschlimmern, ja wir lesen in den Zeitungen, dass das Barometer bis unter Erdbeben gesunken sei. Hier haben wir also ganz bestimmte Erscheinungen nach Zoll und Linien angegeben, Skalen als deren Nullpunkt man den Untergang der Welt schreiben könnte. Es fragt sich nur, wer diese Bestimmungen gegeben, wer dafür einstehen soll, dass sie richtig seien. Die Physiker? Aber in einem physikalischen Kabinet findet man Barometer ohne Wetterskalen und ein anständiger Mechanikus wird sich ungern dazu verstehen, eine zu verfertigen, ja sie sind so in Misskredit gekommen, dass man aus Spott vorgeschlagen hat, sie beweglich zu machen, um, wenn sie nicht den Erscheinungen entsprechen, beliebig nachzuschieben, bis alles wohl übereinstimme. Wie mag es nun wohl kommen, dass ein erkanntes Vorurtheil nicht frisch weg verworfen werde? Der Grund ist wohl ein doppelter; die Physiker wissen, dass ein Vorurtheil immer ein Urtheil sei, sie vermuthen also, dass etwas Wahres wohl zum Grunde liegen möge, die andern aber finden eine Genugthuung darin, mit der Reflexion über ihrem Barometer zu stehn, das so oft falsch gehe, so wie man sich amüsirt, wenn im Kalender gelindes Wetter eintritt, während man in der Wirklichkeit fast vor Kälte stirbt. Wir wollen auch hier die Erfahrung reden lassen.

Keine Beobachtungsreihe spricht entschieden dafür, dass der Druck der Atmosphäre dauernd ab- oder ununterbrochen zugenommen habe, obgleich an einigen Orten ein geringes Ansteigen, an andern eine geringe Abnahme bemerkt worden ist. Die Schwankungen geschehen vielmehr um ein constant scheinendes jährliches Mittel, welches geringen Veränderungen unterworfen ist, die in höhern Breiten grösser als in der Nähe des Aequators sind. In der tropischen Zone nimmt der Druck der Luft continuirlich ab von den kälteren Monaten zu den wärmeren hin, besonders da, wo Moussons herrschen und an der Grenze der Tropen, in der gemässigten Zone steht das Barometer in den Sommermonaten höher als im Frühling, in der kalten hingegen ist der Druck im Sommer am geringsten, im Frühling am bedeutendsten. Diese

Erscheinung findet ihre Ableitung in dem Einfluss der verschiedenen Windesrichtungen und in der Vertheilung des Druckes der Dämpfe, welche wir daher zunächst zu betrachten haben.

Das jährliche Mittel am Meeresspiegel ist in der kalten Zone wegen der geringen Elasticität des Wasserdampfes geringer als in andern Zonen. In der gemässigten Zone finden wir da, wo westliche Winde mit grosser Beständigkeit herrschen, besonders am Cap Horn, einen geringeren Druck, endlich innerhalb der tropischen Zone da, wo die Luft aufsteigt, also in der Nähe der Linie, einen niedrigern Barometerstand als an den äussern Grenzen der Passate, wo sie herabkommt. Wenn die Temperatur der Luft an einem bestimmten Orte stärker abnimmt als in der Umgebung, so ist klar, dass, indem die über dem Orte ruhende Luftsäule sich zusammenzieht, durch Zufluss in den obern Theilen der Atmosphäre die Quantität des Drückenden vermehrt werden wird. Daher werden die kälteren Winde auch die schwereren sein, wie es die Beobachtung zeigt. Da aber in vom Aequator entfernten Gegenden die Temperatur rascher abnimmt als innerhalb der Tropen, so werden die Veränderungen hier sehr gering sein, bedeutend in unsern Breiten, ebenso im Winter grösser als im Sommer, weil die Temperaturunterschiede dann bedeutender sind. Sie sind ausserdem innerhalb der Continente geringer als an den Küsten, weil natürlich auf der freien See alle Wirkungen der Luftströmungen reiner hervortreten müssen, die mannigfachen abgleichenden Hemmungen der Gebirgszüge und anderer lokaler Ursachen hier wegfallen. Aendert sich, wie in der Gegend der Moussons, die Windesrichtung einmal im Jahre, so wird das Barometer auch nur eine grosse Welle beschreiben, eben so wird in der Passatzone, bei dem Verschieben der ganzen Erscheinung in der jährlichen Periode, die verschiedene Mächtigkeit der beiden übereinander wehenden Ströme, welche an der Grenze bis zu einem vollkommnen Verdrängen des einen durch den andern ausartet, ähnliche periodische Veränderungen des Gesammtdruckes erzeugen. In der gemässigten Zone hingegen wird der tiefe Barometerstand des Aequatorialstromes häufiger abwechseln mit dem hohen des Polarstromes und das Instrument daher hier in vielen einzelnen Schwankungen begriffen sein. Je erhöhter die Temperatur des Aequatorialstromes ist, je niedriger die des Polarstroms, desto stärker werden ihre barometrischen Werthe sich unterscheiden. Daher sinkt das Instrument am tiefsten, wenn im Winter ein SW. Sturm mit heftigen Niederschlägen in höhere Breiten dringt, hingegen steht es am höchsten, wenn bei ruhigem NO. Wind eine lange Kälteperiode eintritt. Der Uebergang des südlichen in den nördlichen Strom geschieht durch eine Drehung durch West. Mit dem Eindringen dieses kälteren Windes steigt das Barometer mit häufigem Schnee im Winter, mit Graupelschauern im Frühling, mit einem Gewitter im Sommer. Daher das Sprüchwort: „neuer Schnee neue Kälte“, daher starke Abkühlung nach Westgewittern. Das Steigen zeigt zugleich das Ueberhandnehmen des trocknen kältern Stroms, der, wenn er durchgedrungen, schönes Wetter bringt. An der Skale steht deswegen oben: „schön, trocken.“ Das Ueberhandnehmen des in der Höhe der Atmosphäre zuerst eintretenden südlichen Stromes wird durch das Barometer schon bemerkt, wenn auch die Windfahne noch nichts davon weiss und noch ruhig Ost zeigt. Aus dem Fallen des Barometers schliesst man deswegen auf neue Trübung. Manchmal aber sinkt an dem Beobachtungsorte das Barometer ungewöhnlich tief, ohne dass ein stürmischer südlicher Wind bemerkt wird. Diess tritt dann ein, wenn der Polarstrom dem Aequatorialstrom gerade entgegenweht. Die Stürme sind dann in südlichern Gegenden, zwischen beiden Strömen aber, am Beobachtungsort nämlich, wie bei dem Begegnen der Passate eine windstille Gegend. Mit Unrecht wird das Barometer dann beschuldigt, es zeige falsch. Auf der südlichen Halbkugel sind die Verhältnisse ganz analog, nur mit dem Unterschied, dass dort der kälteste, trockenste und schwerste Wind der SO., der wärmste, feuchteste und leichteste Wind der NW. ist, und dass der Uebergang der einander verdrängenden Ströme die entgegengesetzte Drehung giebt, nämlich S. O. N. W. S., während sie auf der nördlichen S. W. N. O. S. ist. Dass aber die lokalen *Courant ascendant*-Niederschläge geringen Einfluss auf das Barometer haben, dass es daher unter den Tropen selbst während der Regenzeit wenig bewegt wird, leuchtet wohl ein. Es steht wohl auch in keiner Wetterskale: „Gewitter, Hagel.“ Die Unabhängigkeit von lokalen vulkanischen Ausbrüchen scheint ebenfalls erwiesen, wenn auch damit nicht gesagt sein soll, dass grosse erschütternde Umwälzungen ohne Zusammenhang mit der Atmosphäre sind, welcher aber bisher noch nicht erkannt ist.

Wenn im Allgemeinen also das Barometer fällt mit steigender Wärme, wenn es steigt bei Abnehmen derselben, so muss hierbei doch nicht an eine direkte Proportionalität gedacht werden, weil die Elasticität des Wasserdampfes mit der Wärme steigt, also eine theilweise Ausgleichung stattfindet. Daher sinkt zwar von den kälteren Tagesstunden nach den wärmeren hin das Barometer, aber die Zunahme der Elasticität des Dampfes verdeckt diese Veränderung theilweise, und statt einer Welle erscheint eine grössere am Tage und eine kleinere in der Nacht. Daher steht in unserm Sommer das Barometer nicht am tiefsten, weil der Wasserdampf, um mich so auszudrücken, das Luftthal ausfüllt, und ausserdem dann nördliche Winde häufiger wehen. In der kalten Zone hingegen, wo die Elasticität des Wasserdampfes nicht das zu ersetzen vermag, was die Luft durch Auflockerung am Druck verliert, beobachten wir auch jenes Sinken. Dass das Herausfallen des Wasserdampfes während eines Niederschlags den Druck vermindert, leuchtet eben so ein. Das Tieferstehen des Barometers bei Regen und Schnee kommt daher auf zwei Ursachen zurück: das Herausfallen des Wasserdampfes und der geringere Druck bei ganz oder theilweise vorwaltenden südlichen Winden.

Bei den bisherigen Betrachtungen haben wir uns mit

Ausnahme der Bemerkungen über die Erdwärme ganz innerhalb der atmosphärischen Erscheinungen selbst gehalten, und ausser der erwärmenden Wirkung der Sonne kein anderes *Agens* mit Bestimmtheit anerkannt. Fanden wir eine Rechtfertigung unsers Verfahrens darin, dass sich eine grosse Menge der verschiedenartigsten Phänomene einfach gruppirte, so möchte es nun wohl Zeit sein, uns zu fragen, ob denn nicht auch andere, wenn auch minder auffallend wirkende Ursachen einer vorurtheilsfreien Prüfung sich darbieten. Und da fällt uns zuerst der Mond ein, von welchem Lichtenberg sagte, er sei ein unhöflicher Nachbar, da er die Erde mit Steinen würfe.

Meteore, wie Aërolithen, deren Bildung in entfernten Regionen den Hypothesen weiten Spielraum lässt, deren plötzliches Erscheinen keine ruhige Beobachtung gestattet, können nur dann richtig abgeleitet werden, wenn die Natur selbst einmal gütig den Schleier lüftet, hinter welchen sie so gern ihre Geheimnisse verbirgt. Ob die Meteorsteine Mondsteine sind, ob Weltspähne, wie Chladni sie nannte, ob Niederschläge dessen, was sich aus den vulkanischen Essen der Erde erhebt, möchte jetzt bestimmen zu wollen, ein vergebliches Bemühen sein. Welches nun aber auch ihr Ursprung sein mag, so viel hat sich ergeben, dass sie, als Pendel angewendet, dieselbe Fallgeschwindigkeit zeigen als Steine terrestrischen Ursprungs, dass sie, ihrer chemischen Beschaffenheit nach, Gemenge mehrerer Mineralien in verschiedenen Verhältnissen sind, nämlich von Gediegeneisen, Schwefeleisen, Magneteisenstein, Olivin, Chromeisen, Zinnstein und mehrern Silicaten, und dass sie unter ihren bisher entdeckten 18 einfachen Bestandtheilen keinen enthalten, der nicht bereits auch auf der Erde gefunden worden wäre. Diese Bestandtheile sind nämlich: Eisen, Mangan, Nickel, Kobalt, Kupfer, Zinn, Kalium, Calcium, Natrium, Magnesium, Aluminium, Chrom, Kiesel, Kohle, Phosphor, Schwefel, Wasserstoff und Sauerstoff. Der Reichthum an Talkerde als vorwaltender Bestandtheil, die Seltenheit der Kieselerde und ein unbedeutender Gehalt an Silicaten von Thonerde und Alkali, unterscheidet sie aber von terrestrischen Bergarten, in welchen gerade die letzteren nebst Kieselerde vorwalten. Stimmen in den angegebenen unterscheidenden Kennzeichen die meisten Aërolithen mit einander überein, so muss es um so mehr auffallen, dass einige derselben, besonderns die von Stannern, Jonzac und Juvenas, bei einer geringen Menge Talkerde sehr viel Kieselerde, aber kein gediegenes Eisen enthalten. Sie sind ausserdem ein Agregrat von deutlich unterscheidbaren Mineralien, nämlich von Labrador und Pyroxen und etwas nickelfreiem Magnetkies, und unter ihnen schliesst sich besonders das von Juvenas nahe an den Dolerit vom Meisner an. Man sieht aus dem eben Angeführten, dass die Meteorsteine schon mehr von ihrem Charakter verrathen haben, als sich mit einem strengen Incognito verträgt, doch noch zu wenig, um ihren Geburtsort mit Bestimmtheit angeben zu können. Denn während die gegen die Grösse der Feuerkugel, aus welcher sie beim Zerplatzen derselben mit Detonation herauszufallen scheinen, verhältnissmässig geringe Masse der Steine anzudeuten scheint, dass sie einem plötzlichen Condensationsprozess ihre Entstehung verdanken, bei welchem vielleicht keine intensive Wärmeentwickelung stattfand, da sie, obgleich sie manchmal glühend herabkommen, doch nur an der Oberfläche geschmolzen erscheinen, hat man andrerseits in der Aehnlichkeit ihrer Zusammensetzung, in dem metallischen Eisen, weches sie durchsetzt, in der Struktur ihrer Masse, Beweise für ihren lunarischen Ursprung gefunden, ja sogar zwei vulkanische Eruptionsstellen auf der Mondoberfläche für beide obenerwähnte Klassen bestimmt.

Welches nun aber auch der Prozess sei, dem sie ihre Entstehung verdanken, ihr Erscheinen ist unabhängig von der Jahres- und Tageszeit, ebenso von der geographischen Lage des Ortes, an welchem sie herabfallen. Wir konnten daher in der früheren Betrachtung füglich von ihnen absehn und sie als Fremdlinge behandeln. Diess ist nicht in demselben Grade mit den Sternschnuppen der Fall, welche durch ihr jetzt erwiesenes periodisches Erscheinen, durch die bewundernswürdige Regelmässigkeit, mit welcher ein himmlischer Feuerregen die Nächte des zwölften, dreizehnten und vierzehnten Novembers erleuchtet, anzudeuten scheinen, dass der Weltenraum, welchen wir uns gewöhnlich als absolut leer und indifferent, höchstens als ein schwach widerstehendes Mittel denken, nicht ohne gestaltende Kraft sei. Aus correspondirenden von Brandes mehrfach wieder-aufgenommenen Beobachtungen hatte sich schon ergeben, dass die Höhe dieser Meteore sehr verschieden ist und grösser als man sich gewöhnlich vorstellt. Die kleinen schnell gradlinig fortschiessenden sind näher, die grössern, welche langsam fortziehend und Funken streuend eine nur kurze Zeit stehende Spur hinterlassen, bewegen sich in Höhen von 30 bis gegen 100 Meilen. Obgleich ihre Bahnen scheinbar willkührlich liegen, so fand sich doch schon bei diesen Untersuchungen, dass die grössere Anzahl der Sternschnuppen sich dem Sinn der Bewegung der Erde entgegen bewegt, ihr Ursprung also ausserhalb der Atmosphäre zu suchen ist. Diess fand noch entschiedener bei dem Fall von Sternschnuppen statt, welcher am 13. November 1833. auf einem Flächenraum von 100000 Quadratmeilen von Cuba bis Boston Bewunderung und Schrecken verbreitete. Denn die 200000 Sternschnuppen, einige bis zur scheinbaren Grösse einer sechszölligen Kugel und mit stehenden Spuren von 100′ Länge, schienen im Allgemeinen von einem Punkt auszugehen, oder ihre Bahnen rückwärts verlängert diesen zu treffen. Dieser Punkt hatte eine feste Lage gegen die Sterne, nahm also an der Rotation der Erde nicht Theil. Nach einer von Encke unternommenen Berechnung ging am 13. November 1833 um 9 Uhr Greenw. bürgerlicher Zeit, wo die Erscheinung ihr Maximum erreichte, die Bewegung der Erde auf den Punkt im Weltraume, dessen gerade Aufsteigung 113°55′ und nördliche Abweichung 14°20′ war. In der Richtung der Bewegung lag also der Punkt der Erdoberfläche, dessen westliche Länge 43°20′, dessen nördliche Breite 14°20′ war, für jede Stunde früher ein 15° östlicherer Punkt in derselben Breite, da diese sich innerhalb eines Tages nur um 19′ veränderte. Auch schon früher sind am 12. und 13. November 1684, 1781, 1791, 1799, 1803, 1813, 1818, 1819, 1820, 1822, 1824, 1825 auffallende Sternschnuppen und Feuerkugeln wahrgenommen worden. Von diesen Erscheinungen war die von 1799 so bedeutend, dass, während grosse Feuerbälle, welche, von 2 bis 5 Uhr Morgens Büschel von 2 Grad im Durchmesser werfend, unaufhörlich den Luftkreis von Cumana durchkreuzten, wo sie Humboldt's Aufmerksamkeit erregten, sehr viele Feuerkugeln bis 1′ im Durchmesser von den Missionären in Neu-Herrnhut und Lichtenau in Grönland gesehen wurden, in Isterstädt bei Weimar aber geschlängelte weisse Strahlen und Sternschnuppen. Da nun das Phänomen von 1833 in der Nacht vom dreizehnten und vierzehnten November in den Jahren 1834, 1835, 1836 sich in schwächerem Grade wiederholt hat, so werden wir wohl entschieden zu der Ansicht geführt, dass es Phänomene giebt, welche unabhängig von den atmosphärischen Prozessen der Erde in ihrem Luftkreis sichtbar werden, wenn die durch die störenden Einflüsse der andern planetarischen Körper in den einzelnen Jahren nicht ganz gleiche Bewegung der Erde gerade nach einem bestimmten Punkte des Raumes gerichtet ist, der wenn sie in demselben eine bestimmte Stelle einnimmt. Und so wollen wir denn auch dem Monde, an dessen Umlauf sich periodisch wiederkehrende Erscheinungen gesteigerten und verminderten atmosphärischen Druckes zu knüpfen scheinen, nicht einen mitwirkenden Einfluss geradezu absprechen, wenn wir auch noch nicht die Weise erkannt haben, in welcher er, der Erreger der Meere, in unserm luftigen Reiche waltet.

Die äussere Grenze der Atmosphäre, zu welcher wir uns erhoben haben, ist nach den Ansichten vieler, der Sitz eines der glänzendsten Phänomene, welches da, wo die Natur in eisiger Kälte zu erstarren scheint, am grossartigsten sich entfaltet, wir meinen das Nordlicht. Dass es an der Achsendrehung der Erde Theil nimmt, also ein atmosphärisches Phänomen ist, haben Biot's genaue Beobachtungen bewiesen, seine Höhe ist aber vielleicht überschätzt worden, indem man verschiedene an verschiedenen Orten gesehene Bogen für einen gehalten. Dass der Nordlichtsbogen ohngefähr über den magnetischen Meridian gespannt erscheint, dass die Säulen, welche von ihm ausgehen, in der Corona da zusammentreffen, wo das Südende einer im Schwerpunkt aufgehängten Magnetnadel hinweist, führt uns mit Dalton nach den Regeln der atmosphärischen Perspective zu dem Schluss, dass die leuchtenden Säulen, welche das Phänomen bilden, der Richtung einer frei schwebenden Magnetnadel parallel sind. Diese Beobachtungen würden allein schon die Vermuthung rechtfertigen, dass irgend ein Zusammenhang zwischen dem Mondschein und der magnetischen Vertheilung auf der Oberfläche der Erde stattfinden müsse, wenn nicht die während desselben eintretenden unruhigen Schwingungen der Nadel und die zugleich merkbaren Störungen der magnetischen Intensität noch entschiedener darauf hindeuteten. Und so wären wir denn aus den Höhen des Luftkreises wieder zur Erde zurückgeführt und durch einen Umweg zu der Ueberzeugung gelangt, dass der Erdkörper nicht bloss der todte Träger eines ausser ihm sich gestaltenden Lebens sei, sondern dass er selbst in das bewegte Spiel atmosphärischer Veränderungen thätig mit eingreift. Diess spricht sich aber auch darin aus, dass die magnetische Vertheilung ebenfalls Veränderungen unterworfen ist, welche die tägliche und jährliche Periode befolgen.

Von Morgens 8 Uhr, wo die horizontal aufgehängte Magnetnadel am weitesten östlich steht, bewegt sich dieselbe bis gegen 2 Uhr, der wärmsten Stunde des Tages, rasch nach West und geht dann mit einer geringen Unterbrechung bis 1 Uhr Morgens allmählig bis zu ihrem östlichsten Stande zurück. Wie bei den barometrischen Schwankungen folgt dieser ersten Schwingung eine zweite nur etwa 7 Stunden dauernde, welche, nicht an so bestimmte Stunden als die erste geknüpft, mehr als ein unbestimmtes Schwanken erscheint und so unbedeutend ist, dass die Nadel fast als ruhig angesehen werden kann. In der Zeit, in welcher die Temperatur ihren mittlern Stand erreicht, geht die Nadel durch den Meridian, also in den Sommermonaten früher als in den Wintermonaten. Zugleich ist die Grösse der täglichen Schwingung in den heissern Monaten entschieden bedeutender als in den kältern, wie diess bei allen übrigen atmosphärischen Veränderungen, welche eine tägliche Periode befolgen, der Fall ist. Stellt man an demselben Tage an der Länge nach sehr verschiedenen Orten Beobachtungen an, so zeigt sich zwischen den zu gleicher Uhrzeit stattfindenden Bewegungen dieser verschiedenen Orte der auffallendste Paralellismus, so dass man sich die Erscheinung so denken kann, als wenn ein leiser Ostwind mit der Sonne die Erde umkreise, welcher die Nordenden der Nadeln eine nach der andern nach Westen führt, die, nachdem die Sonne durch den Meridian des Ortes hindurchgegangen ist, sich selbst überlassen wieder langsam nach ihrem frühern Stande zurückgehen, bis die Sonne des folgenden Tages sie von Neuem erregt. Canton hat eine durch ihre Einfachheit ansprechende Erklärung dieser Erscheinung gegeben. Unter der Voraussetzung, dass die magnetische Wirkung auf die Nadel am Beobachtungsort von allen Theilen der Erde ausgeht, wird, da diese wie jede magnetische Kraft durch Temperaturerhöhung geschwächt wird, in den Morgenstunden die Anziehung der östlich gelegenen Punkte auf das Nordende vermindert, dieses also nach Westen hin sich bewegen. In den Nachmittagsstunden hingegen wird durch die steigende Temperatur der westlichen Gegenden die Anziehungskraft dieser vermindert, während die östlichen sich allmählig abkühlenden Gegenden ihre frühere Intensität wieder erhalten, die Nadel daher zu ihrem frühern Stande zurückkehren. Da nun, wie wir oben gesehen haben, die täglichen Wärmeänderungen nur bis in die Tiefe von einigen Fuss eindringen, so muss die Oberfläche der Erde selbst einen wesentlichen Antheil an der magnetischen Kraftäusserung der Erde haben, was aber natürlich nicht so zu verstehen ist, als ob die magnetischen Veränderungen in der Tiefe, wo die Temperatur constant wird, aufhören. Durch die in den Freiberger Schachten angestellten Beobachtungen wird ausserdem diess entschieden widerlegt.

Aber nicht nur in den Veränderungen, sondern auch in der mittlern Vertheilung der magnetischen Kraft zeigt sich ein unabweisbarer Zusammenhang mit den thermischen Verhältnissen der Erdoberfläche. Die magnetischen Pole der Erde sind auch ihre kältesten Punkte, die Linien gleicher Erdwärme zugleich die Linien gleicher magnetischer Kraft; überall, wo die Temperatur auf der Erde abnimmt, steigt ihre magnetische Intensität. Ja ich glaube, dass man diesen von Hansteen zuerst festgestellten Thatsachen noch die Bemerkung hinzufügen kann, dass eine momentane Störung der Temperatur-Vertheilung auf der Oberfläche der Erde auch eine gleichzeitige magnetische bedingt. In der Nacht vom 19. zum 20. December 1829 sah ich während eines in Schottland sichtbaren Nordlichts in Berlin die Nadel in der allergrössten Unruhe. Es fiel dabei eine für diese Zeit ungewöhnliche Masse Schnee so dicht, wie ich es selten beobachtet habe, womit eine Kälteperiode von ungewöhnlicher Dauer begann. An demselben Tage sank die Temperatur in Kasan von — 6° auf — 18°, das Thermometer stand den andern Morgen — 22,6°, am 26sten — 31°, so dass das Quecksilber im Freien gefroren sein soll. Es ist wohl nicht unwahrscheinlich, dass eine so plötzliche Erkältung eines so grossen Theils der Oberfläche der Erde auf die magnetische Vertheilung einen Einfluss äussern könne, ja es scheint das glänzende Nordlicht am 18. October 1836 ebenfalls mit einer für die Jahreszeit intensiven Kälte verbunden gewesen zu sein, welche, von den convexen Scheiteln der Isothermen nach Süden über Europa sich ausbreitend für eine kurze Zeit diese Curven so modificirt zu haben scheint, als wenn der amerikanische Kältepol uns plötzlich näher gerückt wäre. Dass das Nordlicht als solches selbst aber nicht der Grund der magnetischen Störung sei, geht einfach daraus hervor, dass man diese Störung schon um dieselbe Zeit an den vorhergehenden Tagen bemerkt, ehe das Nordlicht selbst sichtbar wird. Die eine Seite des Phänomens ist also das Leuchten, die andere die Schwingungen der Nadel, welche letztere sich ohngefähr wie ein atmosphärisches Electrometer verhält, dessen Divergenz auch die gesteigerte Spannung der Electricität anzeigt, ehe diese so gross geworden ist, dass der Funke überspringt. Es ist daher ebenso wenig auffallend, dass die Nadel auch an dem Orte schwankt, über dessen Horizont das Nordlicht nicht erscheint, als dass sie an den Orten, wo diess stattfindet, lange vorher schwankt. Was die Nadel auf einem weiten Raume instantan in Bewegung setzt, mag da leuchtend hervorbrechen, wo die Störung der magnetischen Intensität am gewaltsamsten ist. Der Mittelpunkt dieses magnetischen Erschütterungskreises scheint dabei kein fester zu sein, sondern, wie es besonders aus einer Vergleichung der Störungen am 19. December 1829 und 4. März 1830 hervorzugehen scheint, bald hier bald dorthin zu fallen. Damit würde nun von selbst der Einwurf beseitigt, den man gegen die beinahe erfahrungsmässig constatirte geringe Höhe mancher Nordlichter gemacht hat, welche man deswegen sehr gross annahm, weil man ihre Wirkung auf Hunderte von Meilen entfernte Orte sonst nicht erklären zu können glaubte.

Ueber die Natur des Leuchtens des Nordlichts hat man sich sehr verschiedene Vorstellungen gebildet. Davy dachte es sich als ein electrisches und führte für seine Ansicht einen von ihm angestellten electromagnetischen Versuch an, bei welchem zwischen den in Kohlenspitzen endenden Polen einer galvanischen Säule ein leuchtender Strom entsteht, welcher eine darunter befindliche Nadel ablenkt und in unruhige Schwingungen versetzt. Diese Erklärung verliert dadurch alle Wahrscheinlichkeit, dass die Nadel, wie wir schon anführten, oft Tagelang früher gestört wird, ehe das Leuchten des Nordlichts beginnt. Faraday hat daher dieses Leuchten als ein magneto-electrisches Phänomen bezeichnet und wenn wir bedenken, dass ein in einer Spirale befindlicher Magnet, wenn durch Erwärmen oder Abkühlen seine Intensität geändert wird, in derselben einen Strom erzeugt, so werden wir leicht diese Ansicht als die zunächst einfachste anerkennen. Bei Erscheinungen, welche so selten genau beobachtet werden können, werden wir aber wohl noch lange zwischen mehr oder minder wahrscheinlichen Vermuthungen zu wählen haben.

Wichtiger für unsre jetzige Betrachtung ist, dass uns die Gesammtheit der Erscheinungen des tellurischen Magnetismus auf einen Widerspruch aufmerksam macht, dessen Lösung, wenn sie gegeben wäre, uns einen Schritt weiter in der Erkenntniss der verschiedenen Seiten des Gesammtlebens der Erde führen würde. Finden wir nämlich, dass die jetzige Vertheilung des Magnetismus auf der Oberfläche der Erde sich nahe an die jetzige Vertheilung der Wärme auf derselben anschliesst, so scheint es nothwendig anzunehmen, dass diess auch ehemals stattgefunden habe. Nun wissen wir aber, dass alle magnetischen Verhältnisse selbst in dem kurzen Zeitraume von 200 Jahren sich wesentlich verändert haben. Gilt dasselbe auch von der thermischen Vertheilung, dürfen wir den Spruch Salomon's: „es giebt nichts Neues unter der Sonne“ als Motto über die Ergebnisse unserer meteorologischen Untersuchungen schreiben, oder müssen wir die jetzt auf der Erde wahrgenommenen physischen Verhältnisse als geschichtlich hervorgegangene anerkennen?

Wenn man ein Rad, an dessen Speichen Gewichte verschieblich sind, herumdreht, so wird, um dieselbe Drehungsgeschwindigkeit hervorzubringen, eine grössere Kraft erfordert werden, wenn die verschieblichen Gewichte den Umfang des Rades berühren, als wenn sie nahe am Mittelpunkt zusammengeschoben sind. Bleibt die bewegende Kraft in beiden Fällen dieselbe, so wird im ersten Falle die Drehung langsamer sein als im letztern. Als eine solche constant fortwirkende Kraft kann die Trägheit angesehen werden, vermöge welcher die Erde einmal rotirend fortrotirt. Eine Temperaturerhöhung wird durch Volumenvergrösserung die Massen vom Mittelpunkt entfernen, eine Verminderung sie ihm nähern. War die Erde früher kälter, so musste sie schneller rotiren, der Sterntag also kürzer sein, war sie wärmer, so muss das Entgegengesetzte stattgefunden haben. Nimmt man als mittlere thermische Ausdehnung der Substanzen, aus denen die Erde besteht, $\frac{1}{100000}$ für einen Centesimalgrad, so würde bei einer Temperatur-Veränderung von 1° sich die Rotationsgeschwindigkeit um $\frac{1}{500000}$, die Länge des Sterntages sich also um 1,7 Secunde geändert haben. Aus den Mondesbeobachtungen weiss man aber, dass diese Veränderung seit Hipparch nicht $\frac{1}{100}$ Secunde betragen haben kann. Man kann also schliessen, dass die jetzige Temperatur des Erdkörpers sich von der, welche sie vor 2000 Jahren hatte, nicht um $\frac{1}{170}$ eines Centesimalgrades unterscheidet. Es ist aber einleuchtend, dass selbst bei einer erwiesenen Constanz der Wärme des ganzen Erdkörpers sehr grosse Unterschiede in der Vertheilung der Wärme durch die Masse desselben früher haben stattfinden können, ja dass diess selbst jetzt noch der Fall sein kann. Darüber werden wir uns nur Gewissheit verschaffen, wenn wir alle Ursachen erkannt haben, durch deren Zusammenwirken die Temperatur der Erde bedingt wird. Es kommt daher auf die Feststellung dieser an.

Peron dachte sich die Erde als einen an der Oberfläche kaum etwas aufgethauten Eisklumpen, Fourier als eine glühende Kugel durch Ausstrahlung nur an der Oberfläche erhärtet, Davy als eine Masse, auswendig an der Sonne erwärmt, im Innern durch chemische Zersetzungen geheitzt, Poisson als einen Reisenden im Weltraume, der sich noch der glücklichen Zeiten seiner Wanderschaft in wärmeren Gegenden erinnert, jetzt, wo er in eisig kalten wandelt, die er später wieder zu verlassen hofft, Prevost als einen über dem Feuerherd (der Sonne) so lange herumgedrehten Braten, dass auch das innere Fleisch zuletzt gahr geworden ist. Das sind freilich verschiedene Ansichten. Sind sie alle gleich berechtigt, sind einige derselben vielleicht schon widerlegt?

Der Annahme von Peron, welche sich nur auf Beobachtungen der Temperaturabnahme in den Meeren gründete, stehen alle über die Zunahme der Wärme im festen Erdkörper erhaltene Resultate widersprechend gegenüber. Das Raisonnement von Prevost gegen eine der Erde eigenthümliche Wärme lässt sich jetzt ebenfalls nicht mehr halten, so ansprechend es auch anfänglich erscheint. „An Spiess gestecktes Fleisch, sagt er, welches das Feuer des Heerdes erwärmt, bietet diesem Feuer wechselweise verschiedene Theile seiner Oberfläche dar. Von der einen Seite erhitzt es sich durch die Strahlen des Feuers, von der andern erkaltet es durch seine eigene Strahlung. Die Wirkung einer oder zweier Umdrehungen ist klein, beinahe unmerklich. Es gehört Zeit dazu, damit das Feuer durchdringe. Endlich aber saturirt es die ganze Masse und erhält sie bei einem gewissen Grade der Wärme, welche durch die Wirkung zweier entgegengesetzter Ursachen hervorgebracht wird, die ihre Maxima erreicht haben. Wenn zu dieser Epoche auf der Oberfläche dieser Masse befindliche vernünftige Wesen von einer verhältnissmässigen Grösse die Grade ihrer Temperatur beobachten könnten, so würden sie bald erkennen, dass ihre Erde gegenwärtig eine eigene vom Feuer unabhängige Wärme besitzt, denn sie würden bemerken, dass der Unterschied zwischen den Temperaturen ihrer Tage und Nächte nicht sehr gross ist. Sie würden sich hernach versichern, dass die Strahlen des Feuers während einer Umdrehung nicht vielmehr als ihre äusserste Rinde durchdringen. Diese Erscheinung liegt in der von ihnen zuerst bestimmten eignen Wärme der Erde, denn da diese im Innern sich langsam fortpflanzt, so verstreut sie sich des Nachts ebenfalls sehr langsam, nur die oberste Rinde erkaltet und allein von dieser durch den Heerd ersetzten Wärme giebt das Thermometer Rechenschaft. Die innere Wärme scheint beinahe gar keinen Verlust zu erleiden, weil sie sich durch fast immer gleiche Wechsel auf demselben Grad erhält. Diese Beobachter würden beinahe dieselben thermometrischen Erscheinungen wahrnehmen als die sind, welche die Oberfläche der Erde darbietet, und demungeachtet würden sie Unrecht haben, wenn sie daraus schlössen, die Wärme ihres Wohnorts sei von der des Heerdes unabhängig. Sie kommt ganz vom Heerde, und wenn das Feuer des letztern erlöschte, würde sie sich ganz verstreuen."

Der Anwendbarkeit dieses Beispiels tritt die Erfahrung der nach Innen steigenden Wärme gegenüber, denn durch eine äussere Wärmequelle als alleinige Ursache der Erdwärme könnte unter der Schicht veränderlicher Temperatur nur eine nach Innen constant bleibende Wärme entstehen. Da diese nirgends vorhanden ist, so hat Fourier die Temperatur-Verhältnisse des gesammten Erdkörpers unter folgenden Gesichtspunkten zusammengefasst:

„Unser Sonnensystem nimmt eine Stelle ein in dem Universum, dessen sämmtliche Punkte eine constante Temperatur haben, die durch die Licht- und Wärmestrahlen, welche alle Gestirne aussenden, bestimmt wird. Diese Temperatur des planetarischen Himmels ist ein wenig geringer als die Temperatur der Polargegenden der Erdkugel. Die Erde würde nur diese Temperatur haben, wenn nicht zwei Ursachen da wären, welche sie erwärmten, die erste: die innere Wärme, welche der Erdkörper bei seiner Bildung besass, und von welcher nur ein Theil sich verstreut hat; die zweite: die fortwährende Einwirkung der Sonnenstrahlen, welche auf der Oberfläche die Unterschiede der Klimate bedingt. Die innere primitive Wärme, welche sich noch nicht verstreut hat, äussert sich nur unbedeutend an der Oberfläche, zeigt sich aber durch ein Steigen der Temperatur in den tiefen Schichten. Diese Temperatur wird nicht zu allen Zeiten dieselbe bleiben, sondern progressiv abnehmen, es wird aber eine lange Reihe von Jahrhunderten erfordert werden, damit sie auf die Hälfte ihres jetzigen Werthes gebracht werde. In sehr grossen Tiefen kann die primitive Wärme jetzt noch die grösste bis jetzt gemessener Tempèratur übersteigen. Was den in den obern Schichten periodischen, in der Tiefe constanten Einfluss der Sonne betrifft, so ändert sich derselbe nicht mehr. Die Wärme, welche in den Aequatorialgegenden eindringt, ist genau compensirt durch die, welche in den Polargegenden entweicht. Die Erde giebt also dem Himmelsraume alle Wärme wieder, die sie von der Sonne empfängt, und dazu einen Theil ihrer eigenen."

Anders erklärt Poisson die Temperaturzunahme nach Innen; nicht einer primitiven Erdwärme will er sie zuschreiben, sondern der in verschiedenen Zeiten ungleichen Intensität der Astralwärme.

„Wenn man, sagt er, von einem Punkte der Oberfläche der Erde in irgend einer Richtung eine gerade Linie unbegrenzt fortzieht, so wird sie zuletzt immer einen sichtbaren oder unsichtbaren Stern treffen. Die Erde befindet sich also in einem Raume, welcher von allen Seiten von einer geschlossenen Hülle begrenzt wird, und welcher ausserdem von einem äusserst lockern Aether erfüllt ist. Obgleich die Dimensionen dieser Sternenhülle unermesslich sind, so würde diess dennoch die wärmende Wirkung derselben auf den Erdkörper weder hindern noch verringern, wenn der Aether nichts von der durchgehenden Wärme absorbirte. Wenn die Sternhülle überall die nämliche Temperatur besitzt, so wird ein Thermometer an irgend einem Orte innerhalb dieser Hülle, abgesehen von dem Absorptionsvermögen des Aethers, immer dieselbe Temperatur zeigen. In diesem Falle wird die Erde diese Temperatur annehmen, welche sich aber durch die Einwirkung der Sonne noch steigern wird. Allein die Voraussetzung einer gleichen Temperatur aller Theile der

Sternhülle ist durchaus unwahrscheinlich, wenn man bedenkt, dass die Sterne, wenigstens die meisten, wie die Sonne eine eigne durch besondere Ursachen unterhaltene Wärme besitzen, welche durch die wechselseitige Strahlung sich nicht abgleicht. Auch hat man sich den Aether wohl nicht ohne Absorptionskraft zu denken. Wie verschieden unter sich nun aber auch die Mengen der von den einzelnen Theilen der Sternhülle ausgesandten Wärme sein mögen, so ergiebt sich doch daraus für jeden Ort in dieser Hülle, und für einen Körper wie die Erde an einem solchen Ort eine gewisse unveränderliche und bestimmte Temperatur. Diese Temperatur wird im Innern dieser Hülle nicht überall dieselbe sein, sondern an verschiedenen Orten verschieden. Wegen der Kleinheit des Durchmessers der Erdbahn gegen die Dimensionen der Sternhülle giebt diess zu keinen Veränderungen innerhalb der jährlichen Periode Veranlassung. Anders verhält es sich aber mit der langsamen Bewegung des Planetensystems im Weltraum. Bei derselben nähert sich die Erde gewissen Sternen, entfernt sich von andern und tritt mit neuen Gestirnen in Wärmeaustausch. Denken wir uns nun, die Erde habe bei dieser Bewegung so lange in einem Theile des Himmelsraumes verweilt, dass sie in ihrer ganzen Masse dessen Temperatur angenommen. Wenn sie hierauf in eine andere Region übergeht, deren Temperatur minder hoch ist, so wird sie erkalten, und bis ihre ganze Masse diese neue Temperatur angenommen hat, wird die ihrige von der Oberfläche bis zum Mittelpunkte wachsen. Das Gegentheil wird stattfinden, wenn sie in eine Gegend von höherer Temperatur als die ursprünglich angenommene übergeht. Wenn aber abwechselnd höhere und niedere Temperaturen des Himmelsraumes einander in Zeiträumen folgen, welche nicht so gross sind, dass die ganze Masse des Erdballs jede neue Temperatur annehmen kann, so entstehen daraus mehr oder minder rasche Zunahmen und Abnahmen der Temperatur, welche sich nur bis zu einer gewissen Tiefe erstrecken werden. Diese Betrachtungen liefern eine sehr natürliche und einfache Erklärung der auf der Erde jetzt beobachteten Temperaturzunahme nach Innen. Die Erde befindet sich nämlich gegenwärtig in Folge der Bewegung unsers Planetensystems in einer Gegend des Himmelsraumes, deren Temperatur weniger hoch ist als die der Region, wo sie sich in früheren Zeiten befand.“

Vergleicht man diese verschiedenen Ansichten mit einander, so sieht man, dass in den beiden letztern, nämlich in der von Fourier und Poisson, die Möglichkeit noch stattfindender sehr bedeutender Temperatur-Aenderungen des Erdkörpers gegeben ist, nur dass bei Fourier diese Aenderung stets in einem Sinne geschieht, während sie hingegen bei Poisson auch in entgegengesetzter Weise eintreten kann. Ein Gleiches gilt von den chemischen Theorien der Erdwärme, da der chemische Prozess, welchem die Erdwärme ihre Entstehung nach dieser Ansicht verdankt, nicht immer mit gleicher Lebhaftigkeit eingeleitet sein wird. Aber selbst die, welche wie Prevost annehmen, dass die Sonnenwärme allein das erzeugende Prinzip sei, werden die Möglichkeit von Säcularvariationen nicht ableugnen, sie werden daran erinnern, dass die nicht immer gleiche Intensität der Feuerquelle sie hervorbringen kann. Schon Herschel meinte, dass, wenn Sonnenflecken sichtbar sind, die Wärmeentwickelung eine andere sein könne als zu der Zeit, wo keine wahrgenommen werden. Wäre es nun nicht denkbar, dass ausser jenen vorübergehenden Wechseln eine Zu- oder Abnahme der Wärmeentwickelung innerhalb längerer Perioden stattfinde, dass im Laufe von Jahrtausenden auch Helios altert, dass er uns jetzt schon nicht mehr in der jugendlichen Frische als den Griechen erscheint? Von solchen Vermuthungen absehend, wollen wir uns lieber fragen, ob selbst bei unveränderter Wärmeentwickelung des Centralkörpers seine Einwirkung auf die Planeten immer dieselbe bleibe, da die Stellungs- und Bewegungsverhältnisse beider gegen einander nicht zu allen Zeiten dieselben sind.

Stände die Rotationsachse der Erde genau senkrecht

auf der Ebene ihrer Bahn um die Sonne, so würden, da die Mittagshöhe der Sonne für jeden Ort der Erde im ganzen Jahr unverändert dieselbe bliebe, alle Jahreszeiten verschwinden, alle Tage genau gleich lang werden, ausserdem die Temperatur des Aequators auf Kosten einer Temperaturerniedrigung aller übrigen Breiten sich erhöhen. Verminderte sich die Neigung der Ekliptik gegen den Aequator fortwährend, so würden die klimatologischen Verhältnisse sich jenem hypothetisch angenommenen Zustande nähern, die Wendekreise allmählig eine immer schmalere heisse Zone abschliessen, bis sie endlich im Aequator zusammenfielen. Geschehen diese Veränderungen hingegen periodisch, eine Zeitlang in dem einen Sinne, später in dem entgegengesetzten, so wird sowohl die Vertheilung der mittleren Temperatur auf der Erde, als ihre Oscillationen in der täglichen und jährlichen Periode ähnlichen periodischen Schwankungen unterworfen sein. Aus den astronomischen Beobachtungen wissen wir, dass die Mittagshöhe der Sonne vor 2000 Jahren am längsten Tage eine halbe Sonnenbreite grösser war, als wir sie jetzt beobachten, am kürzesten Tage um eben so viel kleiner. Diess Element kann daher uur einen geringen Einfluss gehabt haben. Da nun aus den theoretischen Untersuchungen über die planetarischen Bewegungen folgt, dass diese Veränderung der Neigung der Ekliptik gegen den Aequator periodisch und der Grösse nach in sehr engen Grenzen eingeschlossen ist, so dass die in einer Reihe von Jahrhunderten wenig verminderte Neigung später um eben so viel wieder zunehmen wird, so werden wir annehmen müssen, dass durch diese Ursache wenigstens kein erheblicher Unterschied der Erdwärme erzeugt werden könne.

Aber es giebt noch andere astronomische Elemente, welche bei dem uns vorliegenden Problem eine Berücksichtigung verdienen. In den ersten Tagen des Januar ist die Erde der Sonne am nächsten, in den ersten Tagen des Juli ist sie am weitesten von ihr entfernt. Es wird eine Zeit kommen, wo das Umgekehrte stattfinden wird. Je näher die Erde der Sonne ist, desto mehr empfängt sie Wärmestrahlen von ihr, desto grösser ist aber auch ihre Winkelgeschwindigkeit in ihrer Bahn. Da nun die Insolation in demselben Verhältniss zunimmt, in welchem die Dauer ihrer Wirkung wegen der vermehrten Winkelgeschwindigkeit abnimmt, so sieht man leicht ein, dass in verschiedenen, aber gleichdauernden Abschnitten der jährlichen Periode die von der Sonne auf die Erde fallende Wärmemenge dieselbe ist. Abgesehen von der sehr langen Zeit, welche vergehen wird, ehe in dieser Beziehung die nördliche und südliche Halbkugel ihre Rollen mit einander vertauscht haben, wird selbst das Extrem auf die mittlere Temperatur des Erdkörpers keinen Einfluss äussern können. Auch kann derselbe in Beziehung auf die Vertheilung der Wärme in der jährlichen Periode, wenn er überhaupt stattfindet, nur nach sehr langen Zeiträumen merklich werden.

Während die grosse Achse der elliptischen Erdbahn stets dieselbe bleibt, ändert sich ihre Excentricität. Die Ellipse, welche die Erde beschreibt, öffnet sich jetzt immer mehr zu einer Kreisform, daher muss die auf die Erde fallende Wärmemenge von Jahr zu Jahr geringer werden. Sie konnte einst viel bedeutender sein, wenn die Ellipse sehr flach war. Aber diese Veränderung geschieht so langsam, dass sie zunächst nur eine theoretische Bedeutung hat.

Aus den bisherigen Erörterungen geht hervor, dass, wenn die Temperatur des Erdkörpers in den letzten Jahrhunderten sich geändert hat, diese Veränderungen nicht den geringfügigen Aenderungen der Stellung und Bewegung der Erde in Beziehung auf die Sonne zuzuschreiben sind. Die unveränderte Länge des Sterntages bewies aber, dass diese Veränderungen, welcher Art sie auch gewesen sein mögen, nicht die Temperatur des ganzen Erdkörpers betreffen. Es könnten daher nur Aenderungen der Vertheilung der Wärme in dem Erdkörper oder auf der Oberfläche desselben sein, auf welche, als bedingende Ursachen, wir die Veränderungen der magnetischen Vertheilung zurückzuführen hätten.

Die Wirkung der Wärme auf den Magnetismus der Erde wird verschieden ausfallen, je nach der Art, wie dieser Magnetismus an der Erde entsteht oder entstanden ist. Denn ein electromagnetischer Drath wird anders von der Wärme afficirt, als ein magnetisirter Stahlstab. Ist der tellurische Magnetismus der letztern Art, so wird er überall mit steigender Temperatur abnehmen, ja vollkommen verschwinden, wenn diese eine gewisse Grenze überschreitet. Umschliesst eine erstarrte Rinde einen noch glühenden Erdkern, so kann dieser nicht magnetisch sein. Hatte auch die Oberfläche einst diese Temperatur, so muss sie ebenfalls unmagnetisch gewesen sein. Eine weitere Frage ist dann, wodurch sie, als sie erstarrte, magnetisch geworden.

Nimmt die in den obern Schichten nach Innen steigende Temperatur in grössern Tiefen wieder ab, so kann innerhalb der äussern magnetischen Rinde eine zweite oder mehrere sich finden. Gleicht sich dieser mehrfach wiederkehrende Unterschied gesteigerter und abnehmender Temperatur in demselben Erdhalbmesser allmählig ab, so werden an der Oberfläche Veränderungen der magnetischen Vertheilung eintreten können, ohne von merklichen Veränderungen der Temperatur begleitet zu sein. Nimmt man einmal an, dass die Temperatur-Verhältnisse des Erdkörpers durch die Stelle, welche das Planetensystem im Weltraume einst einnahm, bedingt worden sind, so kann man auch an einen alten Glauben der Alchymisten sich erinnern, welche den Grund des Magnetismus der Erde im Gestirn des Bären suchten.

Der polarisirende Einfluss der verschiedenen Stellen des Himmelsraumes kann dann sehr verschiedene Vertheilungen hervorgebracht haben, welche zugleich durch die Temperatur-Verhältnisse der auf einander folgenden Räume modificirt wurden.

Wie viele Ansichten man sich in Beziehung auf den Zusammenhang zwischen Temperatur-Vertheilung und magnetischer Vertheilung auch noch bilden mag, sie werden immer auf zwei sich zurückführen lassen, es geht entweder alle magnetische Wirkung von der äussern Rinde aus, wie es Moser annimmt, wo dann die Magnetnadel ein wahres Thermometer für die Temperatur der Oberfläche ist, oder die magnetische Vertheilung wird bedingt durch die Vertheilung der Wärme in der ganzen Masse des Erdkörpers; dann wird die Magnetnadel ein Differential-Thermometer für das Verhältniss der Oberflächenwärme zur innern. Im Sinne der ersten Ansicht sind die seit Jahrhunderten wahrgenommenen Veränderungen der magnetischen Vertheilung eine Widerlegung der an dem unempfindlichen Thermometer scheinbar hervortretenden Constanz der Temperatur, im Sinne der zweiten würde uns die Magnetnadel auf thermische Veränderungen im Innern der Erde aufmerksam machen, welche an der Oberfläche unmerklich sind. Sind die magnetischen Veränderungen, wenn auch in sehr langen Zeiträumen, periodisch, so wird eine stets in einem Sinne erfolgende Temperaturänderung, also z. B. eine constante Erkaltung als bedingendes Element minder wahrscheinlich werden, hingegen Gleichförmigkeit der magnetischen Aenderung auf eine gleichmässig fortschreitende Aenderung der bedingenden Ursache schliessen lassen.

Die, welche mit Ampère electromagnetische oder thermomagnetische durch die Sonne erregte Ströme als Ursache des Magnetismus der Erde bezeichnen, werden bei den Säcularvariationen desselben nachzuweisen haben, warum die Richtung dieser Ströme bei unveränderter Stellung der Erde gegen die Sonne sich ändert. Sehen sie hingegen, wie Seebeck es gethan, die vulkanischen Gürtel als Abkühlungspunkte des dort mit der Atmosphäre in Berührung tretenden heissen Innern der Erde an, so haben sie zu erörtern, in welchen Conflict die vulkanische Thätigkeit mit der solaren Wirkung tritt. Mit der grössten Leichtigkeit löst Steinhäuser das Problem. Nach ihm sind die magnetischen Verhältnisse der Erde temporäre Berichte über die Reiseroute eines in der hohlen Erdkugel sich bewegenden kleinen magnetischen Trabanten, eines namenlosen Verwandten von Typhon, jenes unsichtbaren Planeten, den Gerdum im Jahr 1809 durch seinen Einfluss auf die Witterung entdeckte.

Daraus, dass der Weinbau keine höhere Jahreswärme als 17° erträgt, Datteln bei niederer Temperatur als 18° nicht mehr reifen, kann man schliessen, dass ein Land, in welchem Wein und Datteln zugleich gedeihen, nicht kälter als 17° und nicht wärmer als 18° sein kann. Das gilt jetzt von Palästina, es galt schon zu Moses Zeiten von ihm. Hier hätten wir also durch Aussage eines natürlichen Thermometers einen Beweis der unveränderlichen Temperatur eines Landes seit den frühesten Zeiten historischer Ueberlieferung. Strabo berichtet, dass die Cevennen in Gallia Narbonensis die nördliche Grenze des Oelbaums bildeten. Diess ist aber heute noch der Fall. Nach Theophrast konnten von der in Griechenland aus Persien eingeführten *Cordia myxa* nur in Cypern geniessbare Früchte erhalten werden, nicht nördlicher, ebenso wie in unsern Tagen. Die mittlere Wärme von Rom ist nach den neueren Beobachtungen 12,4°. Plinius erwähnt Myrthen und Lorbeern in der Ebene von Rom, welche mindestens eine mittlere Temperatur von $10\frac{1}{2}$° bis $11\frac{1}{2}$° verlangen. Sie konnte aber auch nicht viel höher sein, denn er führt ausserdem an, dass die Lorbeern in Toscana wie in der Umgegend von Rom manchmal vor Kälte ausgehen. Varro setzt die Weinlese bei Rom zwischen den 21. September und den 23. October. Sie fällt jetzt im Durchschnitt vieler Jahre auf den zweiten October. Die Ebenen Italiens sind zu warm, um das Wachsthum hochstämmiger Tannen zu gestatten, sie finden sich daher nur in einer bedeutenden Höhe auf den Appeninen. Schon Plinius und Virgil berichten dasselbe.

Fragen wir aber, ob nicht vielleicht grade in dem Zeitraume, in welchem sich die magnetische Vertheilung auf der Oberfläche der Erde erfahrungsmässig bedeutend verändert hat, nachweisbare Temperatur-Aenderungen einzelner Orte stattgefunden haben, so tritt uns selbst bei wirklich angestellten Thermometerbeobachtungen ein Umstand störend entgegen, der nämlich, dass ein in Beziehung auf den Thaupunkt richtig construirtes Thermometer im Laufe der Zeiten durch Zusammenziehung der Kugel diesen um einen, ja um anderthalb Grad erhöht, so dass es von Zeit zu Zeit wieder von Neuem berichtigt werden muss, eine Thatsache, die man leider erst in unsern Tagen durch Bellani kennen gelernt hat. Aus der grossen Reihe der in den Kellern der Pariser Sternwarte angestellten Beobachtungen sind daher nur zwei von Messier im Jahr 1776 brauchbar, weil er ausdrücklich anführt, dass das unter seinen Augen gefertigte Thermometer erst einige Tage früher berichtigt worden sei. Sie geben 9,5 als mittlere Temperatur, genau wie im Jahr 1826. An diese Bestimmung lässt sich eine zweite anschliessen. Die Auffindung einer grossen Anzahl Thermometer der Academia del Cimento hat es möglich gemacht, die von Raineri von 1655—1677 angestellten Beobachtungen auf die Réaumur'sche Skale zu übertragen. Die Schwankungen geschehen jetzt noch in etwas engeren Grenzen um dasselbe Mittel wie damals. Während also die Magnetnadel von Veränderlichkeit spricht, deutet das Thermometer auf beständig. Wer hat Recht? Es wird wohl am passendsten sein, die Beantwortung dieser Frage unsern Nachkommen zu überlassen

Ueber die von der Windesrichtung abhängigen Veränderungen des Druckes, der Temperatur und der Feuchtigkeit der Atmosphäre.

I.

Mittlere Vertheilung des Druckes, der Wärme und der Feuchtigkeit in der Windrose.

1) Die barometrische Windrose.

(Pogg. Annal. 11. 545.)

Die Abhängigkeit des Barometerstandes von dem zur Zeit der Beobachtung herrschenden Winde hat sich so ohne Ausnahme bestätigt, dass es passend scheint, den Barometerstand als eine Function der Windesrichtung anzusehen. Bezeichnet man also mit $b^{(m)}$ den Barometerstand, welcher einem Winde entspricht, der, vom Nullpunkte der Theilung der Windrose gezählt, von diesem um den Bogen $m.\frac{2\pi}{n}$ entfernt ist, so wird allgemein

$$b^{(m)} = u + u' \sin\left(m\frac{2\pi}{n} + U'\right) + u'' \sin\left(m.\frac{4\pi}{n} + U''\right) + \ldots$$

wo $u\ u' \ldots U'\ U'' \ldots$ Constanten sind, deren wahrscheinlichste Werthe aus den n gleichweit von einander abstehenden barometrischen Mitteln, die für die Winde $0. \frac{2\pi}{n}\ \frac{4\pi}{n} \ldots \frac{n-1}{n}\pi$ aus den Beobachtungen gefunden sind, bestimmt werden müssen. Hat man nur die 8 Hauptwinde unterschieden, und bezeichnet man die für sie gefundenen barometrischen Mittel mit 0.1.2...7, so werden nach der Bessel'schen Interpolationsformel die nach der Theorie der kleinsten Quadrate bestimmten Constanten durch folgende Gleichungen gegeben:

$$u = \frac{0+1+2+\ldots,7}{8}$$

$$u' \sin U' = \tfrac{1}{4}[0-4+(1-3-5+7)\cos 45^\circ]$$

$$u' \cos U' = \tfrac{1}{4}[2-6+(1+3-5-7)\cos 45^\circ]$$

$$u'' \sin U'' = \tfrac{1}{4}(0-2+4-6)$$

$$u'' \cos U'' = \tfrac{1}{4}(1-3+5-7)$$

$$\ldots\ldots = \ldots\ldots\ldots\ldots\ldots$$

etc.

$$b^{(m)} = u + u' \sin(m\,45^\circ + U') + u'' \sin(m\,90^\circ + U'') + \ldots$$

eine Formel, welche für $m=0$, $m=1$ . . . $m=7$ wieder die Beobachtungen genau darstellen würde, wenn alle periodischen Glieder bis zur Wiederkehr entwickelt würden, was unmöglich unsere Absicht sein kann, da wir ja das den Beobachtungen zum Grunde liegende einfachere Gesetz finden, nicht aber die Unregelmässigkeit der einzelnen Beobachtungen wieder darstellen wollen. Die grössere oder geringere Abweichung der durch die Formel berechneten Werthe von den beobachteten, wird dabei zeigen, ob diese sich einem einfacheren Gesetze bereits nähern, oder ob längere Beobachtungsreihen dazu erforderlich sind. Schaffen diese die grösseren Abweichungen noch nicht hinweg, so wird diess zeigen, dass Zwischenbeobachtungen in kleineren gleichen Intervallen der Windrose nöthig sind, um diese Abweichungen als lokale Eigenthümlichkeiten zu rechtfertigen und den Gang derselben näher zu bestimmen. Zugleich wird man sich zur Berechnung solcher Formeln nur längerer Beobachtungsreihen bedienen, da die gefundenen Resultate nur dann die wahrscheinlichsten sind, wenn der den einzelnen Windmitteln beizulegende Werth derselbe ist. Diess wird aber nur dann stattfinden, wenn die Anzahl der Beobachtungen, aus denen die Mittel gezogen sind, für alle Winde gleich ist. Da aber ein Wind viel häufiger vorkommt als ein anderer, so kann dieser Anforderung nicht genügt werden. Je grösser aber die Anzahl aller Beobachtungen ist, desto weniger werden die den einzelnen Mitteln beizulegenden Werthe differiren, desto sicherer also das Resultat werden.

Zur Bestimmung der Maxima und Minima erhalten wir die Gleichung

$$\frac{d.\,b^{(m)}}{dm} = 0 = u' \cos(m\,45^\circ + U') + 2u'' \cos(m\,90^\circ + U'')$$

Die von Leopold von Buch aus den Beguelin'schen Beobachtungen berechneten Mittel geben, wenn man nämlich für Nord $m=0$ für NO $m=1$ .... setzt, für Berlin folgende Relation zwischen Wind und Barometer:

$$b^{(m)} = 335''',1875 + 1''',6908 \sin(m\,45^\circ + 68^\circ 51') + 0''',5292 \sin(m\,90^\circ + 265^\circ 24')$$

Vergleichen mit den Beobachtungen erhalten wir

Wind	beobacht.	berechn.	Untersch.	Anzahl
N.	336''',32	336''',237	+0''',08	429
NO.	336,62	336,691	—0,07	576
O.	336,36	336,325	+0,03	635
SO.	334,55	334,546	+0,00	460
S.	333,06	333,083	—0,02	398
SW.	333,61	333,599	+0,01	935
W.	335,13	335,105	+0,02	1091
NW.	335,85	335,914	—0,06	862

Das Barometer scheint nur bis auf 0''',5 getheilt gewesen zu sein. Die Annäherung der Formel auf mehr als 0''',1 ist also sehr gross. Dass bei den drei auf einander folgenden Winden NW., N., NO. die Differenzen am grössten sind, liegt in der ungenauen Unterscheidung der Winde, die bei dem raschen Uebergange in einander grade da leicht möglich ist.

Die von Burkhardt aus 27jährigen Beobachtungen von Messier berechneten Mittel geben für Paris:

$$b^{(m)} = 336''',10625 + 1''',24955 \sin(m\,46^\circ + 68^\circ 22') + 0''',277 \sin(m\,90^\circ + 244^\circ 24')$$

Wind	beobacht.	berechn.	Untersch.	Anzahl
N.	337''',00	337''',070	−0''',07	1589
NO.	337,28	337,156	+0,12	2432
O.	336,61	336,751	−0,14	735
SO.	335,78	335,708	+0,07	1170
S.	334,72	334,731	−0,01	1319
SW.	334,82	334,841	−0,02	3630
W.	335,93	335,871	+0,06	1265
NW.	336,71	336,698	+0,01	1560

Hier sind die Differenzen bedeutender, 0''',0625 der mittlere Fehler, bei Berlin nur 0''',038, aber die abwechselnden Zeichen zeigen, dass von keiner lokalen Störung die Rede sein kann, dass sie nur entstanden sind durch die sehr ungleiche Anzahl der Beobachtungen auf der Ostseite der Windrose. Offenbar sind zu wenig Ost unterschieden, denn für die Jahre 1816—1825 erhielt ich N. 300, NO. 329, O. 170. Auffallend aber ist die nahe Uebereinstimmung der Constante U', auf die ich später zurückkommen werde.

Hat man 16 Winde unterschieden, so werden, wenn man das für Nord gefundene Mittel mit 0, das für NNO. mit 1 . . . ., das für NNW. mit 15 bezeichnet, die Gleichungen zur Bestimmung der Constanten der Formel folgende:

$$u = \frac{0 + 1 + 2 + \ldots . 15}{16}$$

$$u' \sin U' = \tfrac{1}{8}[0 - 8 + (1 - 7 - 9 + 15) \cos 22\tfrac{1}{2}^\circ$$
$$+ (2 - 6 - 10 + 14) \cos 45^\circ + (3 - 5 - 11 - 13) \cos 67\tfrac{1}{2}^\circ]$$

$$u' \cos U' = \tfrac{1}{8}[4 - 12 + (1 + 7 - 9 - 15) \cos 67\tfrac{1}{2}^\circ$$
$$+ (2 + 6 - 10 - 14) \cos 45^\circ + (3 + 5 - 11 - 13) \cos 22\tfrac{1}{2}^\circ]$$

$$u'' \sin U'' = \tfrac{1}{8}[0 - 4 + 8 - 12$$
$$+ (1 - 3 - 5 + 7 + 9 - 11 - 13 + 15) \cos 45^\circ]$$

$$u'' \cos U'' = \tfrac{1}{8}[2 - 6 + 10 - 14$$
$$+ (1 + 3 - 5 - 7 + 9 + 11 - 13 - 15) \cos 45^\circ]$$

$$b^{(m)} = u + u' \sin(m\, 22^\circ 30' + U') + u'' \sin(m\, 45^\circ + U'')$$

Zur Bestimmung der Maxima und Minima

$$\frac{d.b^{(m)}}{dm} = 0 = u' \cos(m\, 22^\circ 30' + U') + U') + 2u'' \cos(m\, 45^\circ + U'')$$

Aus den 10jährigen in den Annales de Chemie et de

Physique bekannt gemachten Beobachtungen in Paris von 1816 — 1825 erhielt ich für das in Millimeter getheilte

Barometer

Jährl. Mittel $b^{(m)} = 755{,}9284 + 3{,}4988 \sin(m\,22°30' + 80°9') + 0{,}3355 \sin(m\,45° + 356°21')$

ohne Regen $b^{(m)} = 756{,}3909 + 3{,}1791 \sin(m\,22°30' + 81°1') + 0{,}3549 \sin(m\,45° + 359°10')$

Winter $b^{(m)} = 756{,}8354 + 4{,}8874 \sin(m\,22°30' + 81°24') + 0{,}5678 \sin(m\,45° + 43°46')$

Frühling $b^{(m)} = 754{,}7479 + 3{,}7946 \sin(m\,22°30' + 80°42') + 1{,}1041 \sin(m\,45° + 347°56')$

Sommer $b^{(m)} = 755{,}8573 + 3{,}3537 \sin(m\,22°30' + 77°17') + 0{,}6828 \sin(m\,45° + 344°22')$

Herbst $b^{(m)} = 756{,}3042 + 2{,}7752 \sin(m\,22°30' + 71°2') + 0{,}8267 \sin(m\,45° + 249°26')$

Die aus diesen Formeln berechneten Werthe ergeben dann, verglichen mit den beobachteten, folgende Tafeln (die angegebene Anzahl der Beobachtungen bezieht sich auf den Wind; die Anzahl der Barometerbeobachtungen, aus denen die Mittel bestimmt sind, ist immer die vierfache der angegebenen, da das Barometer viermal täglich abgelesen wurde):

M i t t e l.

Wind	beobacht.	berechn.	Untersch.	Anzahl
NNO.	759,2946	759,5640	— 0,2694	66
NO.	59,5213	59,1240	+ 0,3973	329
ONO.	57,9398	58,0525	— 0,1137	86
O.	57,1450	56,5483	+ 0,5967	170
OSO.	53,6565	54,9405	— 1,2840	53
SO.	53,7379	53,5793	+ 0,1586	221
SSO.	53,5849	52,7207	+ 0,8638	59
S.	52,5609	52,4598	+ 0,1011	438
SSW.	52,1081	52,7362	— 0,6281	137
SW.	53,2810	53,4024	— 0,1214	635
WSW.	54,5743	54,3081	+ 0,2662	155
W.	55,1655	55,3513	— 0,1858	555
WNW.	56,8328	56,4729	+ 0,3599	114
NW.	57,9849	57,6079	+ 0,3770	281
NNW.	57,5847	58,6323	— 1,0475	54
N.	59,8832	59,3542	+ 0,5290	300

Ohne Regen.

Wind	beobacht.	berechn.	Untersch.	Anzahl
NNO.	759,7614	759,7293	+0,0321	64
NO.	59,5729	59,3172	+0,2557	327
ONO.	58,1	58,3058	— 0,2058	85
O.	57,6687	56,8925	+0,7762	161
OSO.	53,9079	55,4005	— 1,4916	49
SO.	54,3187	54,1666	+0,1521	208
SSO.	54,4453	53,4252	+1,0201	52
S.	53,4758	53,2456	+0,2302	361
SSW.	52,7059	53,5475	— 0,8416	118
SW.	53,9297	54,1744	— 0,2447	541
WSW.	55,3829	54,9852	+0,3977	129
W.	55,8136	55,8997	— 0,0861	478
WNW.	57,1873	56,8867	+0,3006	104
NW.	58,4015	57,9054	+0,4961	256
NNW.	57,5011	58,8474	— 1,3463	53
N.	60,0819	59,5258	+0,5561	282

Winter.

Wind	beobacht.	berechn.	Untersch.	Anzahl
NNO.	762,5986	762,1474	+0,4512	14
NO.	61,1513	61,1793	— 0,028	88
ONO.	58,8812	59,3721	— 0,4909	18
O.	57,4957	57,1734	+0,3223	42
OSO.	52,4738	55,0936	— 2,6198	12
SO.	53,6135	53,5250	+0,0825	72
SSO.	54,9626	52,6383	+2,3243	21
S.	53,6349	52,3957	+1,2392	106
SSW.	50,7658	52,6588	— 1,8930	49
SW.	53,8099	53,3117	+0,4982	162
WSW.	53,8492	54,3231	— 0,4739	33
W.	55,2493	55,7118	— 0,4625	122
WNW.	58,1634	57,4418	+0,7216	23
NW.	59,4481	59,3256	+0,1225	56
NNW.	58,54	61,0081	— 2,4681	10
N.	64,7271	62,0607	+2,6664	55

Sommer.

Wind	beobacht.	berechn.	Untersch.	Anzahl
NNO.	758,9013	759,4970	— 0,5957	14
NO.	58,8313	59,3504	— 0,5191	88
ONO.	58,4573	58,3864	+ 0,0709	15
O.	56,6611	56,7796	— 0,1185	46
OSO.	52,7428	54,9526	— 2,2098	8
SO.	53,6493	53,4086	+ 0,2407	21
SSO.	52,4131	52,5223	— 0,1092	8
S.	52,8627	52,4019	+ 0,4608	69
SSW.	54,0231	52,8872	+ 1,1359	24
SW.	53,4667	53,6795	— 0,2128	163
WSW.	55,0079	54,5184	+ 0,4895	53
W.	56,1666	55,3030	+ 0,8636	183
WNW.	56,6104	56,0924	+ 0,5180	39
NW.	57,6045	56,9910	+ 0,7135	82
NNW.	58,6605	58,0021	+ 0,6584	15
N.	57,6589	58,9442	— 1,2853	92

Frühling.

Wind	beobacht.	berechn.	Untersch.	Anzahl
NNO.	758,2748	759,0589	— 0,7841	32
NO.	59,2002	58,9091	+ 0,2911	94
ONO.	56,8604	57,6636	— 0,8032	32
O.	57,5049	55,5919	+ 1,9130	39
OSO.	52,6990	53,2451	— 0,5461	22
SO.	49,9828	51,4539	— 1,4711	47
SSO.	50,76	50,6068	+ 1,1532	8
S.	52,4284	50,7724	+ 1,6560	106
SSW.	51,3590	51,6699	— 0,3109	31
SW	51,7236	52,7461	— 1,0225	142
WSW.	54,0057	53,6644	+ 0,3413	38
W.	54,0211	54,3655	— 0,3144	127
WNW.	55,9232	55,0181	+ 0,9051	29
NW.	55,6935	55,8825	— 0,1890	71
NNW.	56,3231	57,0566	+ 0,7335	18
N.	59,2064	58,2618	+ 0,9446	48

Herbst.

Wind	beobacht.	berechn.	Untersch.	Anzahl
NNO.	757,9421	758,2538	— 0,3162	6
NO.	59,4747	58,4507	+ 1,0240	59
ONO.	58,4079	58,1421	— 0,0342	21
O.	56,9937	57,9598	— 0,9661	43
OSO.	57,5329	56,8898	+ 0,6431	11
SO.	55,7894	65,4043	+ 0,3851	81
SSO.	53,7214	53,9300	— 0,2086	22
S.	51,9232	52,9653	— 1,0421	157
SSW.	53,4123	52,8447	+ 0,5676	33
SW.	53,9073	53,5769	+ 0,3304	168
WSW.	55,3019	54,8503	+ 0,4516	31
W.	54,7748	56,1968	— 1,4220	123
WNW.	57,0264	57,2240	— 0,1976	23
NW.	59,5394	57,7849	+ 1,7545	72
NNW.	57,3132	57,9944	— 0,6812	11
N.	57,8054	58,0949	+ 0,7105	49

So gross auch die Differenzen in den verschiedenen Jahreszeiten sind, so zeigen doch die berechneten Werthe, dass die Gesammtheit der beobachteten Mittel, der Unregelmässigkeit der einzelnen ungeachtet, für ein continuirliches Abnehmen der Barometerstände vom höchsten Stande aus nach dem niedrigsten hin auf beiden Seiten der Windrose spricht. Diese Differenzen würden kleiner sein, wenn für jeden der 4 täglich beobachteten Barometerstände auch die dabei beobachtete Windesrichtung angegeben wäre, aber sie werden dennoch bleiben, denn die ungleiche Vertheilung der Anzahl der Winde in den einzelnen Jahren, aus denen das Mittel von 10 Jahren abgeleitet ist, die ungenaue Unterscheidung der Winde selbst, die Unmöglichkeit, an der Windfahne, welche nur die untere Strömung der Luft angiebt, die zur Zeit der Beobachtung herrschende Windesrichtung zu beobachten, sind hinreichende Gründe dafür, das einfache Naturgesetz zu verdecken und in dem abgeleiteten Resultate Willkürlichkeiten zu zeigen, von denen die Natur selbst nichts weiss.

Setzen wir in den Beobachtungen für das jährliche Mittel statt der offenbar unrichtigen Werthe von OSO., SSO., NNW. die verbesserten Werthe der Formel

OSO.	SSO.	NNW.
54,9405	52,7207	58,6323

so erhalten wir als verbesserte Formel für das jährliche Mittel

$$b^{(m)} = 756{,}0202 + 3{,}6686 \sin(m\,22^\circ 30' + 79^\circ 27') + 0{,}2325 \sin(m\,45^\circ + 329^\circ 18')$$

Verglichen mit den Beobachtungen:

Wind	beobacht.	berechn.	Untersch.
NNO.	759,2946	759,6667	— 0,3721
NO.	59,5213	59,2453	+ 0,2760
ONO.	57,9398	58,2461	— 0,3063
O.	57,1450	56,8106	+ 0,3244
OSO.	54,9405	55,2032	— 0,2627
SO.	53,7379	53,7450	— 0,0081
SSO.	52,7207	52,7199	+ 0,0098
S.	52,5609	52,2949	+ 0,2660
SSW.	52,1081	52,4884	— 0,3803
SW.	53,2810	53,1949	+ 0,0861
WSW.	54,5743	54,2448	+ 0,3295
W.	55,1655	55,4672	— 0,3017
WNW.	56,8328	56,7224	+ 0,1104
NW.	57,9849	57,8956	+ 0,0893
NNW.	58,6323	58,8699	— 0,2376
N.	59,8832	59,5081	+ 0,3751

Diese Formel schliesst sich schon nahe an die Beobachtungen an. Da der Coefficient des zweiten periodischen Gliedes, verglichen mit dem des ersten, sehr klein ist, so wird der Barometerstand innerhalb der Windrose nahe von der Form sein

$$b^{(x)} = a + c \sin x$$

wo c eine Constante ist, die mit der geographischen Breite wächst.

2) Die thermische Windrose.

Wie verhält sich nun die Vertheilung der Wärme zu der des Druckes? Bekanntlich steht das Barometer bei den Winden am höchsten, die aus kälteren Gegenden wehen, daher auf der nördlichen Halbkugel mit nördlichen, auf der südlichen mit südlichen. Aber die directen Beobachtungen zeigen für einen und denselben Ort die gegenseitige Abhängigkeit der barometrischen und thermischen Werthe der Winde so undeutlich, dass Ramond (Mém. de l'Instit. 1808 p. 126) das Paradoxon aufstellte: „*on peut dire, que le baromètre est plus thermomètre, que le thermomètre même.*“ Natürlich ist diesem vortrefflichen Physiker der Grund nicht entgangen, warum die thermischen Windmittel den barometrischen schlecht entsprechen. Denn jede Temperatur ist bedingt durch die Windesrichtung, die Tages- und Jahreszeit, und eliminiren wir auch durch Ziehung des Mittels aus 24 Stunden die täglichen Veränderungen, so bleibt sie noch abhängig von der Windesrichtung und Jahreszeit. Die Constanten der Formeln sind also abhängig von der Sonnenlänge, sie sind periodische Functionen, für welche die Periode das Jahr ist. Sind nun die Veränderungen, welche die Temperatur innerhalb dieser Periode erleidet, grösser als die von der Lage in der Windrose abhängigen, so kann eine ungleiche Vertheilung der Anzahl der Winde in den einzelnen Zeiten des Jahres die wirklich stattfindenden Temperaturdifferenzen der Winde in den aus allen Beobachtungen gezogenen Mitteln vollkommen verdecken. Bei der Berechnung derselben muss also Rücksicht genommen werden auf die Zeit im Jahre, zu welcher die Beobachtungen angestellt sind, und da wir die Vertheilung der Winde in den verschiedenen Zeiten des Jahres nicht gleichförmig machen können, so werden wir uns doch der Wahrheit mehr nähern, wenn wir innerhalb kleinerer Intervallen als das Jahr, z. B. der einzelnen Monate, die Temperatur-Verhältnisse der Winde bestimmen, und das aus den 12 monatlichen Mitteln eines

Windes bestimmte jährliche Wärmemittel als die diesem Winde entsprechende Temperatur ansehen. Dabei begehen wir nur den Fehler, dass wir innerhalb eines Monats die Temperatur als unveränderlich setzen, da wir sonst die Temperatur als durch das ganze Jahr unveränderlich ansehen. Aber ein neuer Grund der Störung liegt darin, dass mit Westwinden der Himmel gewöhnlich bedeckt ist, mit Ostwinden heiter. Die gleichzeitigen Barometer- und Thermometerbeobachtungen sind aber bei Tage angestellt. Verglichen wir diese mit einander, so würden wir Temperaturen erhalten, in denen sich die Unterschiede geltend gemacht haben, welche Bedeckung und Helle in den Gang der Temperatur bei Tage hineinbringen. Bekanntlich ist aber die Wirkung eines bedeckten Himmels in der Nacht grade die entgegengesetzte. Wir werden also diese Störungen eliminiren, wenn wir aus dem täglichen Maximum und Minimum die Temperatur eines Windes bestimmen. Wie nothwendig diese Rücksichten sind, wird daraus hervorgehen, dass die so berechneten Temperatur-Verhältnisse sich an die barometrischen sehr gut anschliessen, und in ihrem gesetzmässigen Gange wenig zu wünschen übrig lassen. Auch für die barometrischen Mittel müsste die Vertheilung der Winde im Jahre berücksichtigt werden, aber die monatlichen Mittel zeigen noch so grosse Unregelmässigkeiten, ausserdem sind die gesetzmässigen periodischen Veränderungen, welche der barometrische Werth eines Windes innerhalb des Jahres erleidet, verglichen mit denen des thermischen so klein, dass, was man durch diese Art der Berechnung gewinnen würde, aufgewogen wird durch die Unsicherheit, welche die in kleineren Intervallen geringere Anzahl der Beobachtungen in die barometrischen Werthe hineinbringt.

Aus den monatlichen Mitteln erhalten wir für die Jahrszeiten und das Jahr in Centesimalgraden folgende Temperatur-Verhältnisse (für die fehlende OSO. Beobachtung im Juli ist das Mittel aus dem vorhergehenden und folgenden Monate = 20,44° interpolirt. Diese Mittel selbst aber differiren nur um 0,09°):

Wind	Jahr	Winter	Frühling	Sommer	Herbst
NNO.	9,12	—0,75	8,16	20,95	8,09
NO.	9,03	— 0,48	9,43	18,19	8,99
ONO.	9,75	+0,26	9,92	19,11	9,71
O.	10,06	0,50	9,98	20,27	9,50
OSO.	11,68	3,29	10,38	20,44	12,59
SO.	11,55	2,20	11,69	20,15	12,15
SSO.	11,01	2,92	9,97	18,16	12,97
S.	11,88	4,82	11,35	18,35	13,01
SSW.	12,28	6,20	11,50	18,55	12,88
SW.	11,87	6,31	10,79	17,55	12,88
WSW.	11,27	4,30	11,19	17,15	12,43
W.	10,87	5,23	10,25	17,03	10,95
WNW.	10,19	4,35	9,16	16,65	10,63
NW.	9,81	3,56	8,76	16,81	10,09
NNW.	9,69	2,28	8,72	18,19	9,58
N.	9,92	1,69	8,51	19,47	9,99

Sowohl im jährlichen Mittel als in den einzelnen Jahreszeiten, den Sommer ausgenommen, zeigt sich eine auffallende Uebereinstimmung des Ganges der Temperatur und der Vertheilung des Druckes in der Windrose. Die kälteren Winde erheben das Barometer über das Mittel, die wärmeren erniedrigen es unter dasselbe. Im Winter, wo die Temperaturdifferenzen am grössten sind, sind es auch die der barometrischen Werthe der Winde, selbst in den einzelnen Monaten lässt sich diess verfolgen. Ja was als Unregelmässigkeit bei OSO. und SSO. hervortrat, erscheint nun bedingt durch die Störung des thermischen Ganges, die wir aber, da sie auf die am seltensten beobachteten Winde fällt, nur als zufällig anzusehen haben. Nur im Sommer vermag die durch den directen Sonnenschein am Boden erregte Wärme jenen gesetzmässigen Gang zu verdecken, das nach Süden hängende Thermometer wird daher, ausserdem geschützt vor dem kühlenden Einflusse der nördlichen Winde, aber vollkommen ausgesetzt der Verdampfungskälte der häufigen Niederschläge auf der Westseite, auf der SO-Seite am höchsten stehen, auf der W-Seite am niedrigsten. Dass aber diese Erscheinung nur in der

Nähe des Bodens stattfindet, dass in Beziehung auf die mittlere Temperatur der Atmosphäre das Barometer Recht hat, indem es bei NO. am höchsten steht, zeigen die Beobachtungen auf höheren Bergen. Denn für einen entschiedenen Sommermonat, den Juli, erhielt ich aus den Beobachtungen auf dem St. Bernhard

	Sonnenaufgang.		Nachmittag 2 Uhr.		
	SW.	NO.	SW.	NO.	
1822	4,85°	3,01°	9,42°	5,86°	Réaum.
1823	4,12	0,62	8,09	4,31	
1824	5,88	3,76	11,12	8,85	

Aus den Pariser Beobachtungen erhalten wir als Relation zwischen Temperatur und Windesrichtung in Cent.:

Jahr $t^{(m)} = 10{,}6238^\circ + 1{,}2672^\circ \sin(m\,22^\circ 30' + 252^\circ 59')$
$+ 0{,}194^\circ \sin(m\,45^\circ + 168^\circ 25')$

Winter $t^{(m)} = 2{,}9175^\circ + 2{,}7762^\circ \sin(m\,22^\circ 30' + 214^\circ 38')$
$+ 0{,}2272^\circ \sin(m\,45^\circ + 190^\circ 1')$

Frühling $t^{(m)} = 9{,}985^\circ + 1{,}2490^\circ \sin(m\,22^\circ 30' + 263^\circ 37')$
$+ 0{,}3172 \sin(m\,45^\circ + 308^\circ 7')$

Herbst $t^{(m)} = 11{,}0163^\circ + 1{,}8924^\circ \sin(m\,22^\circ 30' + 253^\circ 53')$
$+ 0{,}3411^\circ \sin(m\,45^\circ + 153^\circ)$

Sommer $t^{(m)} = 18{,}5638^\circ + 1{,}5342^\circ \sin(m\,22^\circ 30' + 359^\circ 39')$
$+ 0{,}2872 \sin(m\,45^\circ + 94^\circ 23')$

Die daraus berechneten Werthe ergeben, verglichen mit den beobachteten folgende Tafel, bei welcher wie bei der barometrischen Windrose zu bemerken ist, dass die Windesrichtung in den ersten fünf Jahren 1816—1820 die mittlere des ganzen Tages ist, in den letzten fünf Jahren 1821—1825 hingegen die Mittags beobachtete

Wind	Jahr. berechn.	Jahr. Untersch.	Herbst. berechn.	Herbst. Untersch.	Winter. berechn.	Winter. Untersch.	Sommer. berechn.	Sommer. Untersch.	Frühling. berechn.	Frühling. Untersch.
NNO.	9,2556°	—0,136°	9,0303	—0,940	+0,3995	—1,15	19,3218	+0,628	8,7471	—0,587
NO.	9,3147	—0,284	9,0554	—0,065	—0,0351	—0,445	19,6144	—0,424	9,2049	+0,225
ONO.	9,6556	+0,094	9,5108	+0,199	+0,0730	+0,187	19,7565	—0,646	9,6966	+0,223
O.	10,2140	—0,154	10,3361	—0,836	0,6127	—0,173	19,8116	+0,458	10,0956	—0,116
OSO.	10,8517	—0,828	11,3321	+1,258	1,5971	+1,693	19,8008	+0,639	10,3697	+0,01
SO.	11,4085	+0,141	12,2343	—0,084	2,6417	—0,442	19,6828	+0,467	10,5689	+1,121
SSO.	11,6633	—0,653	12,8193	—0,151	3,5313	—0,611	19,3850	—1,225	10,7637	—0,794
S.	11,8745	+0,005	12,9892	+0,021	4,4558	+0,364	18,8596	—0,509	10,9767	+0,373
SSW.	11,7786	+0,501	12,7915	+0,089	5,0631	+1,137	18,1798	+0,370	11,1469	+0,353
SW.	11,5527	+0,317	12,3694	+0,511	5,4243	+0,886	17,4694	+0,090	11,1567	—0,367
WSW.	11,2682	+0,012	11,8730	+0,557	5,5014	—1,201	16,9351	+0,215	10,9032	+0,287
W.	10,9546	—0,085	11,3867	—0,437	5,2413	—0,011	16,7432	+0,287	10,3734	—0,123
WNW.	10,6095	—0,419	10,9113	—0,281	4,6103	—0,26	16,9528	—0,303	9,6763	—0,561
NW.	10,2193	—0,409	10,4061	—0,316	3,6407	—0,081	17,4886	—0,678	9,0095	—0,249
NNW.	9,8081	—0,118	9,8621	—0,282	2,4643	—0,184	18,1786	+0,011	8,5763	+0,144
N.	9,4511	+0,469	9,3532	+0,537	1,3002	+0,039	18,8408	+0,629	8,4943	+0,010

Fast in allen Formeln sind die Differenzen von S. und SW. stark positiv, die Temperatur dieser Winde ist also höher, als sie nach den thermischen Verhältnissen der übrigen Winde sein sollte. Es scheint also durch südliche Winde eine fremde Wärme herbeigeführt zu werden. Da für das jährliche Mittel der Coëfficient des zweiten periodischen Gliedes sehr klein ist, so erhält man schoneine grosse Annäherung, wenn man sich mit dem ersten begnügt. Es wird dann

$$t^{(m)} = a' + c' \sin (m\,22^\circ 30' + 252^\circ 59')$$
$$= a' - c' \sin (m\,22\tfrac{1}{2}^\circ + 72^\circ 59')$$

Für das Barometer fanden wir aber nach der ersten Formel

$$b^{(m)} = a + c \sin (m\,22^\circ 30' + 80^\circ 9')$$

Es wird also, da ein Unterschied von 7° hier sehr unbedeutend ist, näherungsweise anzunehmen sein, dass, wenn

$$t^{(x)} = a' + c \sin (x + \alpha),$$
$$\text{dann } b^{(x)} = a - c \sin (x + \alpha),$$

dass also der Druck nach demselben Gesetze abnimmt, nach welchem die Temperatur sich erhöht.

Aus den Pariser Beobachtungen erhalten wir für die Lage und den Werth der Extreme folgende Tafel, aus welcher man sogleich sieht, dass diese Extreme in der Windrose einander nicht grade gegenüber liegen. Wir werden aber bei den folgenden Untersuchungen, um unnöthige Weitläuftigkeiten zu vermeiden, annehmen, dass diess bei SW. und NO. stattfinde, so also, dass das thermische Maximum und barometrische Minimum beide auf SW., das thermische Minimum und barometrische Maximum beide auf NO. fallen. Wir werden die Verbindungslinie dieser beiden Punkte (welche strenger genommen also eine gebrochene Linie wird) die Achse der Windrose, die westliche Hälfte (von SW. durch W. und N. bis NO.) die Westseite, die östliche Hälfte (von NO. durch O. und S. bis SW.) die Ostseite der Windrose nennen, welche Bezeichnungen auf die wirkliche Lage der Maxima und Minima in dem jährlichen Mittel und in den Jahreszeiten angewendet in der folgenden Tafel ihre nähere Bestimmung finden.

B a r o m e t e r. (Mill.)

	Maximum	Lage	zwischen	Minimum	Lage	zwischen	Unterschied
Jahr	759,572	18° 58′	N. — NNO.	752,4592	178° 51′	b. S.	7,1128
Winter	762,2412	13 9	N. — NNO.	752,3943	178 27	S.	9,8469
Frühling	759,2187	31 10	NNO. — NO.	750,5495	164 19	SSO.	8,6692
Sommer	759,5371	29 46	NNO. — NO.	752,3623	172 18	SSO. — S.	7,1748
Herbst	758,8577	55 32	NO. — ONO.	752,7196	194 14	S. — SSW.	6,1481

T h e r m o m e t e r. (Cent.)

	Maximum	Lage	zwischen	Minimum	Lage	zwischen	Unterschied
Jahr	11,8745°	179° 37′	S.	9,2437°	29° 8′	NNO. — NO.	2,6308°
Winter	5,5117	241 53	SW. — WSW.	— 0,0616	51 39	NO. — ONO.	5,5733
Frühling	11,1801	215 11	SSW. — SW.	8,4802	353 44	N. — NNW.	2,6999
Sommer	19,8151	97 29	O. — OSO.	16,7431	269 15	W.	3,072
Herbst	12,9906	178 5	S.	8,9905	32 35	NNO. — NO.	4

Das barometrische jährliche Mittel fällt auf 101° 35′ und 276° 22′
- thermische - - - - 112° 9′ und 276° 37′

Auf der Westseite der Windrose fällt also das thermische und barometrische Mittel bis auf einen Unterschied von einigen Minuten zusammen. Dasselbe gilt für das thermische Maximum und barometrische Minimum. Das thermische Maximum, das im Winter WSW. ist, wird im Frühling SW., im Sommer OSO. beinahe O., und geht im Herbst bis S. zurück. Hingegen fällt die grösste Kälte im Winter bis unter NO., im Frühling bei NNW., im Sommer bei reinem West, im Herbst auf ONO. Der Einfluss der Differenz zwischen Land und See ist nicht zu verkennen. Analoge Veränderungen zeigen sich für die barometrischen Extreme, welche die gegebene Tafel beurtheilen lässt, und die die gezeichneten Windrosen (Fig. 1. 2. 3. 4. 5.) noch anschaulicher machen. Zur Beurtheilung des Ganges des Barometers in der Windrose ist es gut, die Differenzen der auf einander folgenden Werthe zu berechnen oder nach den berechneten Werthen selbst sich Curven zu zeichnen. Für das Barometer kann man sie als Ordinaten auf den Kreis tragen, dessen Radius die mittlere Barometerhöhe des Ortes ist.

3) Die atmische Windrose.

Um die Vertheilung der Elasticität des Wasserdampfes in der Windrose zu erhalten, habe ich die von Daniell vom September 1819 bis August 1822 zu London mit seinem Hygrometer angestellten Beobachtungen berechnet, indem ich dabei die von Daniell (*Ess. and Observ.* p. 157 2te Aufl.) berechnete Elasticitäts-Tabelle zum Grunde legte. Natürlich ist für jede einzelne Beobachtung des Hygrometers die Elasticität bestimmt worden, nicht aber die dem mittleren Thaupunkt entsprechende.

Bezeichnet p den Druck der trocknen Luft, e die Elasticität des Wasserdampfes, B den Barometerstand, x den von dem Nullpunkt der Windrose in ihr gezählten Winkel, so ist, wenn

$$p^{(x)} = a + a' \sin(x + \alpha') + a'' \sin(2x + \alpha'')$$
$$e^{(x)} = b + b' \sin(x + \beta') + b'' \sin(2x + \beta'')$$
$$B^{(x)} = c + c' \sin(x + \gamma') + c'' \sin(2x + \gamma'')$$

die dritte Gleichung aus den beiden ersten unmittelbar gegeben. Es ist nämlich:

$$c = a + b$$
$$c' \cos\gamma' = a' \cos\alpha' + b' \cos\beta'$$
$$c' \sin\gamma' = a' \sin\alpha' + b' \sin\beta'$$
$$c'' \cos\gamma'' = a'' \cos\alpha'' + b'' \cos\beta''$$
$$c'' \sin\gamma'' = a'' \sin\alpha'' + b'' \sin\beta''.$$

Die Daniell'schen Beobachtungen gaben in englischem Maass folgende Mittel *):

	Trockne Luft.	Elast. d. Dampf.	Atmosphäre.	Anzahl.
NO.	29″,716	0″,304	30″,020	402
O.	29 ,674	0 ,334	30 ,008	240
SO.	29 ,463	0 ,414	29 ,877	333
S.	29 ,314	0 ,436	29 ,750	207
SW.	29 ,370	0 ,418	29 ,788	666
W.	29 ,474	0 ,379	29 ,853	654
NW.	29 ,547	0 ,334	29 ,881	519
N.	29 ,633	0 ,316	29 ,949	264

Die hieraus berechneten Formeln sind (x von N. als Nullpunkt nach O. gezählt).

$$p^{(x)} = 29'',52387 + 0'',18314 \sin(x + 58°16')$$
$$+ 0'',05373 \sin(2x + 290°43')$$
$$e^{(x)} = 0'',36687 + 0'',06675 \sin(x + 254°58')$$
$$+ 0'',01172 \sin(2x + 123°41')$$
$$B^{(x)} = 29'',89075 + 0'',12089 \sin(x + 49°10')$$
$$+ 0'',04239 \sin(2x + 287°9').$$

Vergleicht man nun die hieraus berechneten Werthe mit den beobachteten, so erhält man:

---

*) Pogg. Annal. 16. 285.

	Berechnete Werthe.			Unterschied der beobach. und berechneten Werthe.		
	Trockne Luft.	Elast. d. Dampfes.	Atmosphäre.	Trockne Luft.	Elast. d. Dampfes.	Atmosphäre.
NO.	29″,7211	0″,3027	30″,0238	−0″,005	+0″,001	−0″,004
O.	29 ,6704	0 ,3398	30 ,0103	+0 ,004	−0 ,006	−0 ,002
SO.	29 ,4628	0 ,4066	29 ,8694	0 ,000	+0 ,007	+0 ,007
S.	29 ,3179	0 ,4109	29 ,7588	−0 ,004	−0 ,005	−0 ,009
SW.	29 ,3646	0 ,4180	29 ,7827	+0 ,005	0 ,000	+0 ,005
W.	29 ,4778	0 ,3744	29 ,8522	−0 ,004	+0 ,005	+0 ,001
NW.	29 ,5469	0 ,3401	29 ,8871	0 ,000	−0 ,006	−0 ,006
N.	29 ,6293	0 ,3123	29 ,9417	+0 ,004	+0 ,001	+0 ,008

Da die berechneten Werthe von den beobachteten nie um ein Hunderttheil eines englischen Zolls abweichen, so kann man annehmen, dass jene Gleichungen die Abhängigkeit des Druckes der Luft, der Elasticität des Wasserdampfes und des Barometerstandes von der Windesrichtung nahe darstellen.

Bei dieser Berechnung habe ich nicht auf die ungleiche Vertheilung der Anzahl der Winde innerhalb der Jahreszeiten Rücksicht genommen, weil die Anzahl aller Beobachtungen zu gering war. Der Einfluss, welchen jene auf das Resultat hat, ist ein doppelter, indem nämlich der relative Werth der Windmittel selbst sich ändert, ausserdem aber der Gang der täglichen Veränderungen, für welche die Beobachtungen corrigirt werden müssen. Wie gross jener Einfluss sei, wird aus den folgenden Tafeln sich leicht beurtheilen lassen.

Trockne Luft.

	Winter.	Frühling.	Sommer.	Herbst.
NO.	29″,745	29″,747	29″,657	29″,718
O.	29 ,742	29 ,708	29 ,526	29 ,670
SO.	29 ,406	29 ,485	29 ,491	29 ,476
S.	29 ,485	29 ,357	29 ,209	29 ,006
SW.	29 ,459	29 ,454	29 ,282	29 ,268
W.	29 ,722	29 ,438	29 ,366	29 ,361
NW.	29 ,707	29 ,585	29 ,505	29 ,423
N.	29 ,782	29 ,631	29 ,569	29 ,605

Dampfatmosphäre.

	Winter.	Frühling.	Sommer.	Herbst.
NO.	0″,197	0″,279	0″,408	0″,336
O.	0 ,194	0 ,364	0 ,488	0 ,338
SO.	0 ,270	0 ,385	0 ,542	0 ,433
S.	0 ,316	0 ,399	0 ,599	0 ,435
SW.	9 ,322	0 ,369	0 ,543	0 ,459
W.	0 ,288	0 ,345	0 ,487	0 ,396
NW.	0 ,242	0 ,298	0 ,441	0 ,341
N.	0 ,213	0 ,286	0 ,421	0 ,292

Barometrischer Druck.

	Winter.	Frühling.	Sommer.	Herbst.
NO.	29″,942	30″,026	30″,065	30″,054
O.	29 ,936	30 ,072	30 ,014	30 ,008
SO.	29 ,676	29 ,870	30 ,033	29 ,909
S.	29 ,801	29 ,756	29 ,808	29 ,441
SW.	29 ,781	29 ,823	29 ,825	29 ,727
W.	30 ,010	29 ,783	29 ,853	29 ,757
NW.	29 ,949	29 ,883	29 ,946	29 ,764
N.	29 ,995	29 ,917	29 ,990	29 ,897

Anzahl der Beobachtungen.

	Winter.	Frühling.	Sommer.	Herbst.
NO.	36	33	35	30
O.	22	23	15	20
SO.	26	27	31	27
S.	17	18	17	17
SW.	61	57	50	54
W.	56	56	57	49
NW.	37	40	44	52
N.	16	22	27	23

Wenn auch eine dreijährige Beobachtungsreihe zu kurz ist, um den aus ihr abgeleiteten Bestimmungen vollkommene Sicherheit zuzuschreiben, so zeigt doch die Vertheilung der Elasticität des Wasserdampfes innerhalb der Windrose selbst in den vierteljährlichen Mitteln eine solche Regelmässigkeit, dass sie einiges Vertrauen zu verdienen scheinen.

In Beziehung auf die Vertheilung des Druckes der trocknen Luft in der Windrose ist es auffallend, dass die

Mittel für S. SW. W. NW. vom Winter an das ganze Jahr hindurch continuirlich abnehmen, dann vom Herbst zum Winter plötzlich zunehmen. Aber dieses Resultat scheint sehr unzuverlässig, da, wenn man die Windmittel in jeder Jahreszeit unter einander vergleicht, besonders im Winter grosse Unregelmässigkeiten in der Vertheilung sich zeigen, welche in den barometrischen Werthen natürlich ebenfalls bemerklich sind. Diese Unregelmässigkeiten sind gewiss nicht constante durch die Lage von London bedingte lokale Abweichungen, sie haben einen zufälligen Grund darin, dass unter den zur Berechnung benutzten Jahren sich das Jahr 1821 befindet, dessen Winter durch das auffallende Minimum im December so ausgezeichnet war. Da nun während desselben am häufigsten NW. und SO. abwechselten, so haben diese Winde zu niedrige Mittel erhalten.

Um nun beurtheilen zu können, in wiefern sich auch die vierteljährlichen Mittel einer regelmässigen Vertheilung nähern, wie sie die jährlichen zeigten, habe ich aus ihnen folgende Formeln abgeleitet:

Jahreszeiten.

Winter. $p^{(x)} = 29'',631 + 0'',17804 \sin(x + 89°15') + 0'',05426 \sin(2x + 294°48')$

$e^{(x)} = 0'',25525 + 0'',06664 \sin(x + 232°24') + 0'',01188 \sin(2x + 81°32')$

$B^{(x)} = 29'',88625 + 0'',13094 \sin(x + 107°) + 0'',04479 \sin(2x + 303°10')$

Frühling. $p^{(x)} = 29'',55062 + 0'',17135 \sin(x + 53°38') + 0'',05132 \sin(2x + 309°40')$

$e^{(x)} = 0'',34062 + 0'',05969 \sin(x + 274°2') + 0'',01061 \sin(2x + 214°26')$

$B^{(x)} = 29'',89125 + 0'',13171 \sin(x + 36°38') + 0'',05145 \sin(2x + 297°49')$

Sommer. $p^{(x)} = 29'',45062 + 0'',18970 \sin(x + 56°49') + 0'',03187 \sin(2x + 243°26')$

$e^{(x)} = 0'',49112 + 0'',08641 \sin(x + 266°11') + 0'',01381 \sin(2x + 125°24')$

$$B^{(x)} = 29'',94174 + 0'',12196 \sin(x + 36^\circ 30') + 0'',02816 \sin(2x + 217^\circ 47')$$

Herbst. $$p^{(x)} = 29'',44087 + 0'',27562 \sin(x + 52^\circ 56') + 0'',10723 \sin(2x + 281^\circ 42')$$

$$e^{(x)} = 0'',37875 + 0'',07642 \sin(x + 254^\circ 51') + 0'',00554 \sin(2x + 341^\circ 34')$$

$$B^{(x)} = 29'',81962 + 0'',20672 \sin(x + 45^\circ) + 0'',11012 \sin(2x + 284^\circ 12')$$

Die hieraus für die 8 Hauptwinde berechneten Werthe habe ich in den folgenden Tafeln zusammengestellt.

Trockne Luft.

	Winter.	Frühling.	Sommer.	Herbst.
NO.	29'',7813	29'',7528	29'',6220	29'',7356
O.	29 ,6826	29 ,6917	29 ,5830	29 ,7120
SO.	29 ,4840	29 ,4921	29 ,4260	29 ,3811
S.	29 ,4037	29 ,3731	29 ,2634	29 ,1159
SW.	29 ,5262	29 ,4140	29 ,2507	29 ,1896
W.	29 ,6779	29 ,4885	29 ,3753	29 ,3797
NW.	29 ,7325	29 ,5436	29 ,5037	29 ,4572
N.	29 ,7597	29 ,6419	29 ,5809	29 ,5558

Dampfatmospäre.

	Winter.	Frühling.	Sommer.	Herbst.
NO.	0'',1909	0'',2928	0'',4181	0'',3177
O.	0 ,2028	0 ,3508	0 ,4741	0 ,3605
SO.	0 ,2621	0 ,3944	0 ,5560	0 ,4115
S.	0 ,3198	0 ,3942	0 ,5886	0 ,4508
SW.	0 ,3231	0 ,3710	0 ,5482	0 ,4503
W.	0 ,2842	0 ,3424	0 ,4857	0 ,4005
NW.	0 ,2449	0 ,3043	0 ,4422	0 ,3355
N.	0 ,2142	0 ,2750	0 ,4162	0 ,3032

Barometrische Werthe.

	Winter.	Frühling.	Sommer.	Herbst.
NO.	29'',9722	30'',0455	30'',0401	30'',0533
O.	29 ,8854	30 ,0425	30 ,0571	30 ,0725
SO.	29 ,7461	29 ,8866	29 ,9821	29 ,7926
S.	29 ,7235	29 ,7673	29 ,8520	29 ,5667
SW.	29 ,8493	29 ,7850	29 ,7989	29 ,6399
W.	29 ,9621	29 ,8309	29 ,8620	29 ,7802
NW.	29 ,9774	29 ,8479	29 ,9459	29 ,7926
N.	29 ,9739	29 ,9242	29 ,9970	29 ,8590

II.

Das Drehungsgesetz des Windes.

Man hat bei der Untersuchung der meteorologischen Erscheinungen zu verschiedenen Zeiten ganz verschiedene Gesichtspunkte festgestellt. Früher suchte man die äussersten Grenzen der Veränderungen zu bestimmen, welche sie nach der Erfahrung vieler Jahrhunderte nicht zu überschreiten vermögen. Man hielt die Begrenzung des Problems für seine Lösung. Bald aber sah man ein, dass z. B. die Temperatur-Verhältnisse eines Ortes wenig dadurch bezeichnet würden, dass man die grösste Winterkälte und die bedeutendste Hitze im Sommer aufzeichnete. Es war ein wesentlicher Schritt, dass, statt für die Temperaturcurve eines Ortes die grösste und kleinste Ordinate anzugeben, man sich entschloss sie zu quadriren. Die Frage nach dem mittleren Zustand der Atmosphäre, um welchen die Schwankungen ihrer Temperatur, ihres Druckes und ihrer Feuchtigkeit geschehen, bezeichnet einen viel höhern Standpunkt der Wissenschaft als den ihres ersten Stadiums. Die Natur einer Curve wird aber nicht durch die Grösse der Fläche bestimmt, welche sie abgrenzt, denn sonst gäbe es kein isoperimetrisches Problem; zu ihrer nähern Determination gehört eine Gleichung zwischen veränderlichen Grössen. Eben so wenig ist die Aufgabe der Meteorologie gelöst, wenn man bei den Mitteln stehen bleibt, denn das Wesentliche der atmosphärischen Erscheinungen ist eben, dass die Mittel nicht unmittelbar in die Erscheinung treten, sondern dass ein fortdauernder Kreislauf einander gegenseitig bedingender Veränderungen stattfindet. So gross aber ist auf diesem Gebiete die Herrschaft der Mittel gewesen, dass Untersuchungen über tägliche und jährliche Veränderungen sich nur dann haben Eingang verschaffen können, wenn sie den Zweck aussprachen, dadurch Methoden anzugeben, durch welche man die mittleren Zustände auf die bequemste und richtigste Weise berechnen könne. Es ist z. B. allerdings eine wesentliche Seite der Keppler'schen Gesetze, dass sie ein Mittel an die Hand geben, die relativen mittleren Abstände der Planeten vom Centralkörper zu finden. Der Nerv dieser Gesetze ist aber nicht ein so einseitiger Zweck, er ist vielmehr darin zu suchen, dass durch sie die Natur der wirkenden Kraft und zwar ganz bestimmt wird.

Was von den periodischen Veränderungen gesagt wurde, gilt in noch viel höherem Grade von den Störungen derselben, von den sogenannten unregelmässigen Veränderungen. Man kann allerdings zu klimatologischen Resultaten ohne Berücksichtigung derselben gelangen, welcher Abstand ist aber zwischen dem so erhaltenen abstracten Bilde der Vertheilung der physischen Qualitäten auf der Oberfläche der Erde zu der lebensvollen Wirklichkeit meteorologischer Erscheinungen. Das Studium dieser kann freilich erst beginnen, wenn die Gesetze jener wenigstens in grossen Umrissen bereits erkannt sind. Wenn es sich aber darum handelt ein Gebäude aufzuführen, so muss man es nicht für vollendet halten, wenn das Erdgeschoss zu Stande gebracht ist. Ein Fundament hat nur Werth durch das Haus, dem es zur Grundlage dienen soll, und die auf seine solide Construction verwendete Mühe war Zeitverschwendung, wenn nicht über ihm sich ein Gebäude erhebt, dessen grossartige Verhältnisse auf die Tüchtigkeit seiner Grundmauern schliessen lassen.

Die grössere oder geringere Schwierigkeit, die Gesetze der periodischen Veränderungen gesondert von den der unregelmässigen zu erkennen, wird davon abhängen, in welchem Verhältniss die Grösse der Störungen zu der Grösse der mittleren Werthe steht. In dieser Beziehung zeigt sich ein bedeutender Unterschied zwischen den astronomischen und meteorologischen Erscheinungen. Denkt man sich die

Planetenbahnen genau auf einer Charte verzeichnet, so würde nur eine mikroskopische Betrachtung uns zeigen, dass die Hand etwas gezittert hat, welche sie gezeichnet. Es war daher nur durch die Vervollkommnung der optischen Hülfsmittel möglich, selbst bei dem grossen Maafsstab, in welchem jene Curven in der Wirklichkeit ausgeführt sind, die Abweichungen von der einfachen Gestalt, welche Keppler ihnen zuschrieb, zu erkennen. Ganz anders ist es mit den meteorologischen Erscheinungen. Die Unterschiede in dem Druck der Luft an verschiedenen Punkten der jährlichen und täglichen Periode, sind bei verschiedenen Durchgängen durch dieselben viel grösser als die periodischen Veränderungen selbst. Daher ist hier die Auffindung der periodischen Veränderungen oft die schwierigste Aufgabe. Man hat sie für die letzte gehalten.

Dass die sogenannten unregelmässigen Veränderungen vorzugsweise durch die Windesrichtung bedingt werden, ist in Beziehung auf die Temperatur der Atmosphäre so unmittelbar gegeben, dass keiner daran zweifelt. Die Grösse des Einflusses zu bestimmen, ist aber schwierig. Wir haben im zweiten Abschnitt versucht, durch Elimination der täglichen und jährlichen Veränderungen diess zu leisten. Was den erhebenden oder deprimirenden Einfluss der Winde auf den Barometerstand betrifft, so ist derselbe bereits von Otto von Guerike und von Mariotte erkannt worden, doch erst im Jahr 1775 hat Horsley eine barometrische Windrose berechnet. Der Grund, warum man viel früher barometrische als thermische Windrosen berechnet hat, liegt einfach darin, dass die periodischen Veränderungen des Barometers gering sind, die thermischen hingegen so bedeutend, dass ohne Elimination derselben berechnete thermische Werthe der Winde Zahlen geben, von denen man eben nichts weiter sagen kann, als dass sie unrichtig sind. Handelte es sich bei der Elasticität des Wasserdampfes nur darum, der Ueberzeugung, dass sie mit von der Windesrichtung bedingt werde, Eingang zu verschaffen, so würde die Berechnung einer atmischen Windrose sehr unnöthig sein, denn wer zweifelt daran. Die Aufgabe ist aber, diese Werthe quantitativ zu bestimmen. Das ist, so weit es die Beobachtungen gestatteten, im dritten Abschnitt geschehen.

Die Kenntniss der mittleren Vertheilung der Wärme, des Druckes und der Feuchtigkeit in der Windrose führt aber noch nicht zum Verständniss der Veränderungen des Barometers, Thermometers und Hygrometers. Dazu ist als unerlässliches Mittelglied nothwendig, dass man wisse, in welcher Weise die verschiedenen Windesrichtungen in einander übergehen. Wir wollen zunächst die Nothwendigkeit eines hierin sich aussprechenden Gesetzes theoretisch ableiten, dann die directen Beobachtungen als empirische Belege für seine Existenz anführen. Die im folgenden Abschnitte daraus theoretisch abgeleiteten Regeln für die barometrischen, thermischen und hygrometrischen Veränderungen werden, in so fern sie als ebenso viele Resultate der Erfahrung sich darstellen, indirecte Beweise für das Gesetz selbst sein, welche wir durch die im vierten Hauptabschnitt gegebene Theorie der Hydrometeore noch zu verstärken denken.

1) Theoretische Ableitung des Drehungsgesetzes *).

Alle Physiker, welche eine Theorie der Winde zu geben versucht haben, sind bei der Erörterung der regelmässigen Erscheinungen unter den Tropen stehen geblieben, welches ihnen gewiss nicht verdacht werden kann, da es passend ist, in einer sehr verwickelten Aufgabe den einfachsten Fall zuerst zu betrachten. Anderseits muss es aber auffallen, dass seit 1685, in welchem Jahre Halley seine Theorie der Passate bekannt machte, also seit 150 Jahren, kein Schritt weiter zu einer allgemeinen Lösung der Aufgabe geschehen ist. Der Zweck des Folgenden ist, nachzuweisen, dass die Erscheinungen der Passate, der

*) Pogg. Ann. 36. 321.

Moussons und die verwickelten Windverhältnisse der gemässigten und kalten Zonen nothwendige und einfache Folgen derselben physikalischen Grundbestimmungen sind.

Die Rotationsgeschwindigkeit der einzelnen Punkte der Oberfläche der Erde verhält sich wie die Halbmesser der Parallelkreise, unter welchen sie liegen, sie nimmt also zu von den Polen, wo sie Null ist, bis zum Aequator, wo sie am grössten ist. Im Zustande der Ruhe nimmt die Luft Theil an der Drehungsgeschwindigkeit des Ortes, über welchem sie sich befindet. Wenn sie daher durch Temperaturdifferenz oder irgend eine andere Ursache ein Bestreben erhält, in einem Parallelkreise zu fliessen, so wird die Drehung der Erde durchaus keinen Einfluss auf sie äussern, weil die Punkte der Oberfläche, zu welchen die strömende Luft gelangt, genau dieselbe Drehungsgeschwindigkeit haben, als die Punkte, welche sie verlassen hat. Wird aber Luft durch irgend eine Ursache von den Polen nach dem Aequator getrieben, so kommt sie von Orten, deren Rotationsgeschwindigkeit gering ist, nach Orten, an welchen sie grösser ist. Die Luft dreht sich also dann mit einer geringeren Geschwindigkeit nach Osten, als die Orte, mit welchen sie in Berührung kommt, sie scheint daher nach entgegengesetzter Richtung, d. h. von Ost nach West zu fliessen. Die Ablenkung des Windes von der anfänglichen Richtung wird desto grösser sein, je mehr sich bei gleichbleibender fortrückender Bewegung die Drehungsgeschwindigkeit des Ausgangspunktes unterscheidet von der Drehungsgeschwindigkeit des Ortes, an welchem der Wind beobachtet wird, d. h. je grösser der Unterschied der geographischen Breite beider Orte ist. Daraus folgt:

1) auf der nördlichen Halbkugel gehen Winde, welche als Nordwinde entstehen, bei dem allmäligen Fortrücken durch NO. immer mehr in Ost über.

Denken wir uns nun Orte

$A\ A_{,}\ A_{,,}\ A_{,,,}\dots$
$B\ B_{,}\ B_{,,}\ B_{,,,}\dots$
$C\ C_{,}\ C_{,,}\ C_{,,,}\dots$
$D\ D_{,}\ D_{,,}\ D_{,,,}\dots$

so gelegen, dass von den unter demselben Meridian liegenden A, B, C, D der Ort A der nördlichste und D der südlichste ist, von den in demselben Parallel A, $A_{,}$, $A_{,,}$, $A_{,,,}$ gelegenen A der westlichste, $A_{,,,}$ der östlichste, und die ganze zwischen $AA_{,,,}$ und $DD_{,,,}$ enthaltene Luftmasse durch irgend eine Ursache von Norden nach Süden in Bewegung versetzt, so wird, wenn die von $CC_{,,,}$ ausgegangene Luft noch ziemlich als Nord in dem Parallel $DD_{,,,}$ ankommt, die von $BB_{,,,}$ abgegangene schon als Nordost eintreffen, während die von $AA_{,,,}$ ankommende noch mehr als Ostwind erscheinen wird. Für ienen in $DD_{,,,}$ befindlichen Beobachter wird also die Windfahne sich allmälig von Nord durch Nordost nach Ost gedreht haben.

2) auf der südlichen Halbkugel gehen Winde, welche als Südwinde entstehen, bei dem allmäligen Fortschreiten durch SO. immer mehr in Ostwinde über.

Bezeichnen daher

$d\ d_{,}\ d_{,,}\ d_{,,,}\dots$
$c\ c_{,}\ c_{,,}\ c_{,,,}\dots$
$b\ b_{,}\ b_{,,}\ b_{,,,}\dots$
$a\ a_{,}\ a_{,,}\ a_{,,,}\dots$

Orte, von denen die unter dem Parallelkreis $aa_{,,,}$ liegenden die südlichsten sind, die im Parallel $dd_{,,,}$ die nördlichsten, so wird ein in $dd_{,,,}$ befindlicher Beobachter die Windfahne von Süd durch Südost allmälig in Ost übergehen sehen.

Ist auf der nördlichen oder südlichen Halbkugel auf diese Art ein östlicher Wind entstanden, so wird dieser die Parallelen $DD_{,,,}$ und $dd_{,,,}$ durchlaufen, ohne irgend von der Rotation der Erde modificirt zu werden.

Dauert die Ursache, welche die Luft nach dem Aequator trieb, fort, so wird der entstandene Ostwind hemmend auf den Strom wirken. Durch ein Hemmen der Strömung wird die Luft bald die Rotationsgeschwindigkeit des Ortes annehmen, über welchen sie sich befindet, sie wird zu demselben in einen Zustand relativer Ruhe treten. Bei fortdauernder Tendenz nach dem Aequator zu strömen, werden also sich genau dieselben Erscheinungen wiederholen, welche wir eben betrachtet haben.

Wir wollen nun annehmen, dass, nachdem Polarströme eine Zeit lang geherrscht haben, Aequatorialströme eintreten.

In der nördlichen Halbkugel wird ein eintretender Südwind den mehr oder weniger östlich gewordenen Polarstrom durch eine Drehung im Sinne O. SO. S. verdrängen, in der südlichen der als Nordwind eintretende Aequatorialstrom den mehr oder minder östlich gewordenen Polarstrom aus O. durch NO. in Nord verwandeln.

In dem Parallel $DD_{,,,}$ der nödlichen Erdhälfte wird also die bisher beobachtete Veränderung im Ganzen sein:

N. NO. O. SO. S.

in dem Parallel $dd_{,,,}$ der südlichen Erdhälfte hingegen grade die entgegengesetzte:

S. SO. O. NO. N.

Luft, welche von dem Aequator nach den Polen abfliest, kommt von Orten mit grösserer Drehungsgeschwindigkeit nach Orten hin, welche sich langsamer nach Ost bewegen. Daraus folgt:

3) auf der nördlichen Erdhälfte geht ein südlicher Wind bei seinem Fortschreiten allmälig immer mehr durch SW. in West über;

4) auf der südlichen Erdhälfte geht ein nördlicher Wind bei seinem Fortschreiten allmälig immer mehr durch NW. in West über.

Bezeichnen $D\ D_{,}\ D_{,,}\ D_{,,,}\ldots$
$E\ E_{,}\ E_{,,}\ E_{,,,}\ldots$
$F\ F_{,}\ F_{,,}\ F_{,,,}\ldots$
$G\ G_{,}\ G_{,,}\ G_{,,,}\ldots$

Orte der nördlichen Hemisphäre, von denen die im Parallelkreis $GG_{\prime\prime\prime}$ die südlichsten sind, so wird, wenn die ganze zwischen $DD_{\prime\prime\prime}$ und $GG_{\prime\prime}$ befindliche Luftmasse sich von Süden nach Norden in Bewegung setzt, ein in $DD_{\prime\prime\prime}$ befindlicher Beobachter, wenn er die von $EE_{\prime\prime\prime}$ ankommende Luft noch ziemlich als Süd erhält, die von $FF_{\prime\prime\prime}$ eintreffende mehr als SW., die aus $GG_{\prime\prime\prime}$ mehr als West beobachten.

Bezeichnen eben so:

$$g\ g_{\prime}\ g_{\prime\prime}\ g_{\prime\prime\prime}\ldots$$
$$f\ f_{\prime}\ f_{\prime\prime}\ f_{\prime\prime\prime}\ldots$$
$$e\ e_{\prime}\ e_{\prime\prime}\ e_{\prime\prime\prime}\ldots$$
$$d\ d_{\prime}\ d_{\prime\prime}\ d_{\prime\prime\prime}\ldots$$

Orte der südlichen Halbkugel, und zwar $gg_{\prime\prime\prime}$ die nördlichsten, $dd_{\prime\prime\prime}$ die südlichsten, so wird, wenn die Luft zwischen beiden Parallelen sich nach dem Südpole in Bewegung setzt, ein in $dd_{\prime\prime\prime}$ befindlicher Beobachter, wenn er die Luft aus $ee_{\prime\prime\prime}$ noch als Nord erhielt, die aus $ff_{\prime\prime\prime}$ mehr als NW., die aus $gg_{\prime\prime\prime}$ mehr als West beobachten.

Ein West wird in beiden Hemisphären auf neue Aequatorialströme hemmend wirken und sie zu relativer Ruhe bestimmen. Bei fortdauernder Tendenz nach dem Pole hin wird also die Erscheinung sich immer wiederholen, bis neue Polarströme den West in der nördlichen Hemisphäre durch NW. in N., in der südlichen durch SW. in Süd verwandeln werden.

Diess giebt:

für die nördliche Halbkugel die Veränderung

S. SW. W. NW. N.

für die südliche Halbkugel hingegen

N. NW. W. SW. S.

Aus der Gesammtheit der betrachteten Erscheinungen folgt also:

A) In der nördlichen Erdhälfte dreht sich der Wind, wenn Polarströme und Aequatorialströme mit einander abwechseln, im Mittel im Sinne S. W. N. O. S. durch die Windrose, und zwar springt er zwischen S. und W., und zwischen N. und O. häufiger zurück als zwischen W. und N., und zwischen O. und S.

B) In der südlichen Erdhälfte dreht sich der Wind, wenn Polarströme und Aequatorialströme mit einander abwechseln, im Mittel im Sinne S. O. N. W. S. durch die Windrose, und zwar springt er zwischen N. und W., und zwischen S. und O. häufiger zurück als zwischen W. und S., und zwischen O. und N.

Daraus folgt:

a) wo in der tropischen Zone nur Polarströme an der Oberfläche herrschen, giebt es gar keine vollständige Drehung, sondern eine der Entfernung des Beobachtungsortes von der äusseren Grenze des Stromes proportionale unveränderte Ablenkung, welche sich nur etwas modificirt durch die Veränderung jener Grenze in den Jahreszeiten. Diess sind die Passate;

b) wo in der tropischen Zone, durch die eigenthümliche Vertheilung des Festen und Flüssigen, im Jahr einmal ein südlicher Strom mit einem nördlichen abwechselt, giebt es nur eine Drehung im ganzen Jahr. •Diess sind die Moussons;

c) in den gemässigten (und vielleicht auch in den kalten) Zonen, wo Aequatorialströme fortwährend mit Polarströmen abwechseln, dreht sich der Wind im Mittel, und zwar öfters, in einem bestimmten Sinne durch die Windrose, in der nördlichen Halbkugel aber grade im entgegengesetzten Sinne als in der südlichen. Diess ist die Erscheinung, welche ich das Gesetz der Drehung nenne.

Man sieht also, dass die Windverhältnisse der Tropen der einfachste Fall des Drehungsgesetzes sind.

Die vorhergehende Erörterung ist durchaus unabhängig von der Art, wie wir uns die Entstehung der Bewegung der zwischen den betrachteten Parallelen enthaltenen

Luftmasse denken, ob gleichzeitig in allen Punkten desselben Meridians, oder successiv durch Saugen oder Stossen. Es ist auch ganz gleichgültig, ob die entstehenden Ströme in Nord und Süd einander gegenüberliegen, oder ob sie mehr oder minder unter einander und gegen den Meridian geneigt sind. Ich halte eben deswegen die Namen, nördlicher Strom und südlicher Strom, für die naturgemässen, um ihre Bezeichnung von den Veränderungen, welche die Jahreszeiten und Localursachen in ihrer Richtung hervorbringen können, unabhängig zu machen.

2) Empirische Belege für das Drehungsgesetz.

Die Passate und Moussons sind ein so auffallendes Phänomen, dass man ihre Existenz nicht zu beweisen braucht. Etwas anderes ist es mit dem Drehungsgesetz.

Als ich vom September 1826 an in Königsberg die Richtung des Windes mit dem Barometer verglich, bemerkte ich sogleich ein auffallendes Phänomen. Ich sah nämlich auf 10° R. reducirt

Tag.		8 U. Vor.	Mittag.	10 U. A.	Wind.	Himmelsansicht.
Sept.	25	335''',84	335''',81	338''',53	- W.	cumuli
	26	340 ,55	341 ,27	342 ,18	W-N.	bedeckt
	27	342 ,74	342 ,76	342 ,11	NO.	hell
	28	341 ,94	341 ,63	341 ,22	O.	—
	29	340 ,74	340 ,34	340 ,67	O.	—
	30	341 ,06	340 ,65	340 ,53	O.	—
October	1	340 ,34	340 ,28	340 ,21	OSO.	—
	2	340 ,51	340 ,27	340 ,00	SO.	—
	3	339 ,52	338 ,77	337 ,45	S.	cirri
	4	336 ,48	336 ,66	335 ,69	S.	fein bezogen
	5	335 ,49	335 ,35	335 ,29	S.	Regen
	6	336 ,46	337 ,44	339 ,23	W.	bedeckt

Während also das Barometer eine Welle beschrieb, hatte sich der Wind vollkommen regelmässig durch die ganze Windrose gedreht. Drehungen in demselben Sinne, nämlich

S. W. N. O. S.

habe ich später zu allen Jahreszeiten beobachtet, aber am auffallendsten zeigen sie sich im Winter. Wenn der SW., immer heftiger wehend, endlich vollkommen durchgedrungen ist, erhöht er die Temperatur bis über den Thaupunkt; es kann daher nicht mehr schneien, sondern es regnet, während das Barometer seinen niedrigsten Stand erreicht. Nun dreht sich der Wind nach West, und der dichte Flockenschnee beweist eben so gut den einfallenden kälteren Wind, als das rasch steigende Barometer, die Windfahne und das Thermometer. Mit Nord heitert sich der Himmel auf, und mit NO. tritt das Maximum der Kälte und des Barometers ein. Aber allmälig beginnt diess zu fallen, und feine Cirri zeigen durch die Richtung der Streifen bei ihrem Entstehen den oben eingetretenen südlichern Wind, den das Barometer schon bemerkt, wenn auch die Windfahne noch nichts davon weiss und noch ruhig Ost zeigt. Doch immer bestimmter verdrängt der südliche Wind den Ost von oben herab, bei entschiedenem Fallen des Quecksilbers wird die Windfahne SO., der Himmel bezieht sich allmälig immer mehr, und mit steigender Wärme verwandelt sich der Schnee mit SO. und S. bei SW. wieder in Regen. Nun geht es von Neuem an und höchst charakteristisch ist der Niederschlag auf der Ostseite von dem auf der Westseite gewöhnlich durch eine kurze Aufhellung getrennt. Einmal bekannt mit der Erscheinung, wenn sie am reinsten hervortritt, ward es mir leicht, sie auch in den unregelmässigsten Veränderungen wieder zu erkennen, ja diese selbst, ein häufiges Zurückspringen des Windes besonders auf der Westseite einfach abzuleiten. Hieraus ergab sich also, dass hier wenigstens alle Winde Wirbelwinde im Grossen waren (ich habe Drehungen von 1—22 Tagen gesehen), dass die Drehung innerhalb dieses Wirbels hier im Mittel immer in demselben Sinne geschah.

Ich suchte nun nach, ob dieselbe Erscheinung auch an andern Orten beobachtet worden sei und fand bei einer Durchsicht älterer und neuerer Schriften mannigfache hierauf sich beziehende Wahrnehmungen, welche aber, weil sie eines strengen Beweises ermangelten, immer unbeachtet geblieben sind. Die Uebereinstimmung in den Beschreibungen des Phänomens in einem Zeitraum von beinahe drittehalb hundert Jahren spricht aber, wie mir scheint, für ihre Richtigkeit; auch ist es nicht wahrscheinlich, dass Männer, welche so verschiedenen Nationen und Verhältnissen angehörten, als Bacon, Mariotte, Sturm, Forster, le Gentil, Don Ulloa, Toaldo, Poitevin, Romme einander copirten, indem sie dieselbe Wahrnehmung berichten, besonders wenn man bedenkt, dass in den Werken von Muschenbroek, Nollet, Sauri und Saussure sich nichts darüber findet, ja dass Deluc und Cotte, welche Mariotte's Beobachtung gelegentlich anführen, sie in den Thatsachen, welche sie als sicher verbürgen, weglassen.

Die einzelnen Beobachtungen sind in chronologischer Folge:

A. Nördliche Halbkugel.

→ S. SW. W. NW. N. NO. O. SO. →

1. England 1600 *(Baco de Verulam historia naturalis et experimentalis de ventis.)* „Wenn der Wind, sagt er im Abschnitt *successiones ventorum*, sich der Bewegung der Sonne gemäss, das ist, von Morgen gegen Mittag, von Mittag gegen Abend u. s. w. verändert, so geht er selten zurück, oder wenn er es thut, so geschieht es nur auf kurze Zeit. Wenn er sich aber in der entgegengesetzten Richtung, nämlich von Morgen gegen Mitternacht, von Mitternacht gegen Abend u. s. w. verändert, so kehret er immer gern zu dem vorigen Punkte zurück; wenigstens thut er es, ehe er ganz in dem Kreise herumgegangen ist. Wenn der Südwind zwei oder drei Tage geweht hat, so wird jählings nach ihm der Nordwind wehen, aber wenn der Nordwind eben so viele Tage hintereinander weht, so wird der Südwind nicht eher entstehen, als bis der Ostwind vorher eine Weile geweht hat.“

2. Frankreich um 1700 *(Mariotte de la nature de l'air p. 160.)* „Wenn der Nord und Nordost aufhört, so

herrscht häufig nach ihm der Ost; diesem folgen dann der Süd und Südwest.

Süd und Südwest folgen in den gemässigten Zonen und besonders in Frankreich in der Regel dem Ost. Die Winde in Frankreich gehen nämlich in der Regel von Ost durch Süd nach Südwest, dann nach West, Nord und Nordost, und sie machen selten eine ganze Drehung im entgegengesetzten Sinne.“

3. Deutschland 1722 (Sturm *Physica electiva sive hypothetica t. 2. p.* 1206). „Doch nicht ganz ohne bestimmte Regel ist die Veränderung der unregelmässigen Luftströmungen. Nach vieljährigen Beobachtungen und den, die wir eben jetzt, wo wir diess schreiben, angestellt haben, finden wir, dass darin ein gewisser periodischer Kreislauf sich zeigt, so nämlich, dass am häufigsten und in der Regel nach dem Westwind der Nordwind weht, dass diesem nachher der Ostwind folgt, nach welchem der Südwind erscheint, welcher sich wiederum allmälig in den Westwind verwandelt, wobei die zwischenliegenden Striche nicht übersprungen werden, so dass sehr selten die entgegengesetzte Ordnung befolgt wird, indem der Wind (wenn er nämlich zufällig von Westen sich wieder nach Süden gewendet hat) kaum einmal über die Grenzen des Ostwindes hinaus zurückgeht. So viel fehlt zu einem ganzen Kreislauf im entgegengesetzten Sinne, während der andere sehr häufig, ja mehrfach in einem Monat durchlaufen wird. Auf diese Weise hätten wir denn einen Weg gefunden, anf welchem wir ohne weitere Hülfsmittel kommende Witterungsänderungen wenigstens für die nächstfolgenden Tage vorherwissen, ja ohne häufige Fehler zu begehen, vorhersagen können, welches wir alles durch vielfache Versuche bestätigt gefunden haben.“

4. Italien 1774 (*Toaldo la meteorologia applicata all' agricultura p.* 62). In der That, wenn kein Hinderniss vorhanden ist, machen die Winde den Kreislauf um den Horizont mit der Sonne.

5. Südliches Frankreich *(Pottevin Climat de Montpellier p. 65)*. Wenn die Winde aus Süd und Südost mit Heftigkeit geweht und Regen herbeigeführt haben, so durchlaufen sie die Striche SW. und W. und endigen als Nordwest, welcher schönes Wetter herbeiführt. Die Nord- und Nordostwinde gehen oft durch Ost hindurch und werden dann von Seewinden gefolgt (S. SO.). Sehr selten geht der Nord direct nach Nordwest: doch geschieht es manchmal; in der Regel durchlaufen diese Winde den Horizont, indem sie durch Ost hindurchgehen.

6. Nördliche gemässigte Zone des atlantischen Oceans *(Romme Tableaux des vents, des marées et des courants* 1. *p.* 56*)*. Nach dem Bericht eines englischen Capitains von der ostindischen Compagnie sind von dem Parallel von 30° N. bis zur kalten Zone die auf diesem Meere herrschenden Winde West und Westsüdwest. Er bemerkt ausserdem, dass ein stürmischer Nord oder Nordwest, welcher in einer Windstille schliesst, dann von einem Südwinde gefolgt wird, welcher Regen bringt und, wenn er stürmisch wird, sich nach West, Nordwest und Nord wendet. Werden die letztern Winde heftig, so wenden sie sich mitunter nach Nordost, wehen dann einige Tage lang, oder schliessen mit einer Windstille, auf welche dann wieder ein Südwind folgt. Neigt sich derselbe sehr nach West, so tritt regnichte Witterung mit Windstössen ein, und er geht dann während des Regens oft nach Süd zurück.

7) Freiberg in Sachsen 1806 (Lampadius, systematischer Grundriss der Atmosphärologie, S. 189.). „Wie ausserordentlich veränderlich sind nicht die Winde in Deutschland! Ich habe indess doch an ihnen zuweilen eine Art periodischen Gang bemerkt. Es ist folgender: Ich nehme an, es wehe Südwind bei heiterem Wetter. Das Barometer fällt, die Luft trübt sich und es stellt sich Regen ein. Während dessen geht der Wind in Westen über. Es regnet noch fort und das Barometer steigt. Der Wind wird

NW. Das Wetter geht in Strichregen über. Es wird kälter. Noch immer steigt das Barometer und der Wind wird Nord und Nordost. Nun hat das Barometer seinen höchsten Stand erreicht. Der Himmel ist heiter und es herrscht die höchste des Jahres mögliche Kälte. Es wird Ostwind, das Barometer fällt ein wenig. Aber noch bleibt das Wetter heiter. Der Wind dreht sich nach SO. und noch fällt das Barometer. Die Wärme nimmt wieder zu. Nun geht der Wind in Süd, und die Wärme erreicht ihren der Jahreszeit angemessenen höchsten Grad; das Barometer fällt, und nun sind wir auf den ersten Punkt zurückgekommen. Es giebt in jedem Jahre mehrere solcher Perioden zu jeder Jahreszeit. Zuweilen dauert die ganze Drehung einige Wochen, zuweilen nur einige Tage. Sehr selten springt der Wind auf einer solchen Tour zurück. Ueberhaupt sind alle Drehungen häufiger bei uns von der linken zur rechten Seite um den Horizont, und überhaupt ist der Südwind am seltensten. Es giebt hier gewiss eine wirkende Hauptursache, die aber durch so manche Zufälligkeiten verhüllt wird.“

Lampadius ist aber bei dieser vortrefflichen Beschreibung des Phänomens nicht stehen geblieben. Wie Sturm es früher gethan, hat er auf die Voraussetzung der Richtigkeit dieses Gesetzes meteoromantische Bestimmungen gegründet, und in seinen Beiträgen zur Atmosphärologie das Eintreffen oder Nichteintreffen derselben geprüft.

8. Dänemark. Unter 1100 in Apenrade von Dr. Neuber*) beobachteten Veränderungen der Windesrichtung geschahen 559 im Sinne S. W. N. O. S., 457 im entgegengesetzten, alle kleinen Schwankungen mitgerechnet.

9. Nordamerika. Im Staate Missouri durchläuft der Wind in steten Wiederholungen innerhalb 10 bis 20 Tagen alle Striche des Horizontes, und zwar immer in der

*) *Collectanea meteorologica sub auspiciis societatis scientiarum Danicae edita.* 1829.

Folge, dass er von O. durch S. nach West, und durch Nord nach Ost geht. Duden*), welcher diese Bemerkung mittheilt, fügt hinzu, dass er nie einen durchgehenden entgegengesetzten Lauf bemerkt habe.

Dasselbe berichtet Hildreth**).

10. Deutschland. Schübler sagt: „Die Drehung der Winde erfolgt in Deutschland häufiger in der Ordnung von S. durch SW. W. NW. N. NO. O. und SO., als in der entgegengesetzten Ordnung von S. durch SO. O. NO. u. s. w.

11. Karlsruhe. Aus der Berechnung 43jähriger Beobachtungen, deren Anzahl 46665 war, findet Eisenlohr***) das Verhältniss der Drehungen im Sinne S. W. N. zu den Drehungen im Sinne S. O. N.

Drehungen	Winter.	Frühling	Sommer.	Herbst.	Jahr.
von 180°	1,57759	1,75439	1,41451	1,51807	1,51807
- 135	1,04196	1,05858	1,03462	1,06211	1,06211
- 90	1,05479	0,98524	1,13167	1,05869	1,05869
- 45	1,00224	0,97302	0,95801	0,98030	0,98030
Summe aller	1,09877	1,10024	1,07189	1,09142	1,08881

Je grösser also die Drehung ist, desto entschiedener ist das Uebergewicht der regelmässigen Drehung über die unregelmässige, wodurch sich die kleineren Schwankungen sehr bezeichnend als Zurückspringen des Windes kundgeben. Abgesehen von der Grösse der Drehung findet ausserdem diess Uebergewicht nicht nur in dem jährlichen Mittel, sondern ebenso in den einzelnen Jahreszeiten statt.

Es giebt ein sehr einfaches Mittel, den Sinn der Aufeinanderfolge dem Gedächtniss einzuprägen. Bezeichnet

*) Reise nach den westlichen Staaten Amerikas, S. 200.

**) *Silliman American Journal* 20. 127.

***) Untersuchungen über den Einfluss des Windes auf den Barometerstand, die Temperatur, die Bewölkung des Himmels und die verschiedenen Meteore zu Karlsruhe. Heidelberg, 1837.

man nämlich die Winde mit ihren deutschen Namen, so folgen sie aufeinander wie die Tageszeiten. Der Wind weht nämlich nacheinander von Morgen, von Mittag, von Abend, von Mitternacht.

B. Südliche Halbkugel.

→ S. SO. O. NO. N. NW. W. SW. →

1. Der Güte des Hrn. Capitain Wendt, welcher als Commandeur des preussischen Schiffs Princess Louise mehrmals die Erde umschifft hat, verdanke ich, auf eine an ihn gerichtete Anfrage, folgende Notiz:

„Der Wind in der südlichen Hemisphäre wendet sich gewöhnlich von Norden durch Westen nach Süden und Südost. Er nimmt daher die entgegengesetzte Wendung als der Wind auf der nördlichen Halbkugel. Die Sache verhält sich nach meinem besten Wissen ungefähr auf folgende Weise: In der Nähe des Caps der guten Hoffnung im Sommer grösstentheils SO. Wind. Wenn der Wind sich aber nördlich wendet, dann immer sehr starker Wind. Wenn die besten Sommermonate vorbei sind, so hat man nach einer Windstille von kurzer Dauer gewöhnlich sehr mässigen SO-Wind bei ausserordentlich heiterem Himmel. Der Wind ist im steten Zunehmen, sobald er sich östlich wendet, und ist derselbe gar schon bis Nord gekommen, so sieht man gewiss im Westen schon Wolken am Horizont mit Blitzen emporsteigen, und dann ist fast immer in weniger als einer halben Stunde ein Sturm aus WNW., der erst abnimmt, wenn er sich nach 24 oder 48 Stunden mehr nach Süden wendet."

„In der Nähe des Cap Horn, östlich und westlich davon, bei Nordwind gutes Wetter gewöhnlich, nach NW. sich wendend, an Stärke schnell wachsend, WNW. bis SW. gewöhnlich Sturm (auch häufig noch Sturm aus WNW. und NW. folgend). Südlich abnehmender Wind. SSO. schönes Wetter und häufig darauf folgende Windstille."

2. Aethiopisches Meer. Le Gentil*) schreibt an de la Nux: „den 25sten und 26sten bekamen wir einen Windstoss, der von Nord durch West nach Südwest ging, und ich habe eine Thatsache bemerkt, welche Sie gewiss öfter als ich zu beobachten Gelegenheit gehabt haben, dass nämlich die Winde in dieser Hemisphäre nicht dieselbe Regel als in der nördlichen Hemisphäre befolgen. In der nördlichen gehen sie durch die Striche des Compass von Nord zu Nordost, zu Ost, zu Südost, zu Süd; in der südlichen drehen sie sich hingegen im entgegengesetzten Sinne. Gewitter, Stürme und Windstösse scheinen mir in beiden Hemisphären auf dieselbe Weise sich zu verhalten. Die Physiker haben diese Erscheinung noch nicht abgeleitet."

3. Stiller Ocean. Don Ulloa**) sagt: „in dem südlichen stillen Ocean weht der Wind nie anhaltend aus Nordost, auch dreht er sich nie von da nach Ost. Seine Veränderung geschieht beständig durch West nach Südwest, entgegengesetzt dem, was man in der nördlichen Halbkugel beobachtet. In beiden geschieht die Veränderung gewöhnlich mit der Sonne, d. h. in der nördlichen von Ost durch Süd nach West, auf der südlichen von Ost durch Nord nach West."

4. Südmeer. Forster***): „Zwischen 40° und 60° S. Br. im Südmeere fanden wir 1773 ganz unvermuthet Ostwinde, welche uns auf unserer damaligen Fahrt sehr zuwider waren. Es war dabei merkwürdig, dass, so oft der Wind sich änderte, welches zwischen dem 5. Junius und 5. Julius viermal geschah, er allmälig um den halben Compass, und zwar unfehlbar in der dem Laufe der Sonne entgegengesetzten Progression, fortrückte." Ich glaube hierbei annehmen zu dürfen, dass Forster seine Bezeichnung nach Seemannsbrauch von dem Laufe der Sonne in der nördlichen Hemisphäre entlehnt.

*) Voyage dans les Mers de l'Inde II. 701.

**) Voyage to South America I. p. 8. ch. 3.

***) Bemerkungen, S. 111.

III.

Mittlere Veränderungen des Barometers, des Thermometers und Hygrometers, abgeleitet durch Combination des Drehungsgesetzes mit den Windrosen.

Die Berechnung der thermischen und barometrischen Windmittel ergiebt (p. 112.) dass die Windrose zwei Pole des Druckes und der Wärme hat, d. h. dass es zwei einander nahe gegenüberliegende Punkte in derselben giebt, an deren einem es am kältesten ist, und an welchem das Barometer am höchsten steht, an deren anderem es am wärmsten ist, und an welchem das Barometer am tiefsten steht. Von dem Maximum des Drucks zum Minimum desselben, ebenso vom Maximum der Wärme zum Minimum derselben, nehmen die barometrischen und thermischen Windmittel ununterbrochen ab. Der erste Punkt fällt in die Nähe von NO., der andere in die Nähe von SW. Geht man nun von SW. durch W. bis NO., so nehmen die mittleren Thermometerstände ab, während die mittleren Barometerstände wachsen; geht man weiter von NO. durch O. bis SW., so nehmen die mittleren Thermometerstände zu, während die barometrischen Mittel abnehmen. Was in den thermischen und barometrischen Windmitteln sich zeigt, muss auch in dem Uebergange derselben in einander, d. h. in den mittleren thermischen und barometrischen Veränderungen, hervortreten, und zwar sowohl unter der Voraussetzung einer veränderlichen, als der einer gleichbleibenden Drehungsgeschwindigkeit. Da nun aber die Elasticität des Wasserdampfes in Beziehung auf ihre Vertheilung in der Windrose sich genau an die thermische Windrose, der Druck der trocknen Luft aber sich genau an die barometrische Windrose anschliesst, so folgt, dass sich die Veränderungen des Druckes der trocknen Luft und des Barometers grade umgekehrt verhalten, als die Veränderungen der Temperatur der Luft und der Elasticität des in ihr enthaltenen Wasserdampfes. Nimmt man nun als nothwendige Folge der früheren theoretischen Betrachtungen an, dass der NW. dieselbe Rolle auf der südlichen Halbkugel spielt, als der SW. auf der nördlichen, ein SO. dort, hier einem NO. entspricht, so folgt:

Mittlere Veränderungen der meteorologischen Instrumente.

Nördliche Halbkugel.	Südliche Halbkugel.
1) Das Barometer fällt bei O., SO. und Südwinden, geht bei SW. aus Fallen in Steigen über, steigt bei W., NW. und Nordwinden, und geht bei NO. aus Steigen in Fallen über. (Fig. 6. a.)	1) Das Barometer fällt bei O., NO. und Nordwinden, geht bei NW. aus Fallen in Steigen über, steigt bei W., SW. und Südwinden, und geht bei SO. aus Steigen in Fallen über. (Fig. 6. b.)
2) Das Thermometer steigt bei O., SO. und Südwinden, geht bei SW. aus Steigen in Fallen über, fällt bei W., NW. und Nordwinden, und geht bei NO. aus Fallen in Steigen über. (Fig. 7. a.)	2) Das Thermometer steigt bei O., NO. und Nordwinden, geht bei NW. aus Steigen in Fallen über, fällt bei W., SW. und Südwinden, und geht bei SO. aus Fallen in Steigen über. (Fig. 7. b.)
3) Die Elasticität des Wasserdampfes nimmt zu bei O., SO. und Südwinden ihre Zunahme geht bei SW. in Abnahme über, sie nimmt ab bei W., NW. und Nordwinden; bei NO. geht ihre Abnahme in Zunahme über. (Fig. 7. a.)	3) Die Elasticität des Wasserdampfes nimmt zu bei O., NO. und Nordwinden, ihre Zunahme geht bei NW. in Abnahme über, sie nimmt ab bei W., SW. und Südwinden; bei SO. geht ihre Abnahme in Zunahme über. (Fig. 7. b.)
4) Der Druck der trocknen Luft nimmt ab bei O., SO.	4) Der Druck der trocknen Luft nimmt ab bei O., NO.

Nördliche Halbkugel.	Südliche Halbkugel.
und Südwinden, seine Abnahme geht bei SW. in Zunahme über, er nimmt zu bei W., NW. und Nordwinden; bei NO. geht seine Zunahme in Abnahme über. (Fig. 6. a.)	und Nordwinden, seine Abnahme geht bei NW. in Zunahme über, er nimmt zu bei W, SW. und Südwinden; bei SO. geht seine Zunahme in Abnahme über. (Fig. 6. b.)

Das Gemeinsame beider Hemisphären besteht also darin, dass die Veränderungen der meteorologischen Instrumente bei Ostwinden in der nördlichen Halbkugel dieselben sind, als bei Ostwinden in der südlichen. Dasselbe gilt von den Westwinden. Der Unterschied beider Halbkugeln ist nur quantitativ bei NW., NO., SW. und SO. Winden, hingegen qualitativ bei Nord- und Südwinden, d. h. die Veränderungen der meteorologischen Instrumente sind im Mittel in der nördlichen Hemisphäre am grössten bei NW. und SO. Winden, am kleinsten (durch Compensation der entgegengesetzten Bewegungen) bei NO. und SW. Winden; in der südlichen Hemisphäre bei NW. und SO. Winden (durch Compensation der entgegengesetzten Bewegungen) am kleinsten, hingegen am grössten bei NO. und SW. Winden. Die Veränderungen bei Nordwinden in der nördlichen Halbkugel sind aber, dem Zeichen nach, verschieden von den Veränderungen bei Nordwinden in der südlichen Halbkugel, unter gleichen klimatischen Bedingungen aber der Grösse nach gleich in beiden. Steigt also auf der nördlichen Erdhälfte ein Instrument bei Nord, so fällt es bei Nord in der südlichen und umgekehrt. Dasselbe gilt von den Südwinden.

Die Beweise für die eben angeführten Sätze können nur vollständig für die nördliche Halbkugel gegeben werden. Die Bestätigung oder Widerlegung der zweiten, dritten und vierten Regel für die südliche Halbkugel muss bis zur Bekanntmachung von Beobachtungsjournalen aus derselben verschoben werden.

1. Die Veränderungen des Barometers.

A. Die nördliche Halbkugel.

Gesetz: *Das Barometer fällt bei O. SO. und Südwinden, geht bei SW. aus Fallen in Steigen über, steigt bei W. NW. und Nordwinden, und geht bei NO. aus Steigen in Fallen über.*

a. Paris. In den in den Ann. de Chim. et de Phys. mitgetheilten Pariser Beobachtungen ist, wie schon bei Berechnung der Windrosen bemerkt wurde, Barometer, Thermometer, Hygrometer täglich viermal beobachtet, nämlich: Morgens 9 Uhr, Mittags, Nachmittags 3 Uhr, und Abends 9 Uhr, die angegebene Windesrichtung aber von 1816—1821 die mittlere aus allen den Tag über beobachteten Richtungen. Nennen wir nun den westlichen Theil der Windrose vom barometrischen Minimum bis zum barometrischen Maximum: die Westseite der Windrose, den übrigbleibenden Theil derselben: die Ostseite, so wird, wenn der Wind im Mittel sich in dem Sinne

S. W. N. O. S.

durch die Windrose dreht, unter den Windesrichtungen, aus denen das Mittel genommen ist, auf der Westseite die Abendbeobachtung dem mehr nördlichen Winde entsprechen, auf der Ostseite dem südlicheren. Abstrahiren wir also von den täglichen Variationen, so wird auf der Westseite der Windrose das Barometer von Morgen bis Abend continuirlich steigen müssen, auf der Ostseite fallen. Dass aber die täglichen Variationen von den übrigen Veränderungen unabhängig sind, dass also von ihnen abstrahirt werden darf, ergiebt sich schon daraus, dass sie selbst in den Extremen noch sehr merklich sind. Denn von den in 10 Jahren 1816—1825 beobachteten monatlichen Extremen fielen

Morgens 9 Uhr	Max.	83	Min.	17
Mittag	-	7	-	16

Nachmittags 3 Uhr. Max. 1 Min. 54
Abends 9 - - 29 - 33

Ich habe daher die Beobachtungen von 1816—1820 berechnet und für dieselben die aus diesen 5 Jahren sich ergebenden Grössen für die tägliche Variation als Correctionen mit entgegengesetzten Zeichen angebracht, nämlich:

9 Uhr Vorm.	Mittag	3 Uhr Nachm.	9 Uhr Abends.
—0mm,336	—0,08	+0,426	—0,01

Der so corrigirte Gang des Barometers gab folgende Tafel (Pogg. Ann. 11. 555.):

Wind.	Mittel.	Anzahl.	9 Uhr Morgens.	Mittag.	3 Uhr Nachm.	9 Uhr Abends.	Untersch. 9 M. - 9 A.
NNO.	756,6801	24	756,7515	756,7125	756,6189	756,6375	—0,1140
NO.	759,4219	198	59,4873	59,4502	59,4048	59,3459	—0,1414
ONO.	58,0419	40	58,4595	58,207	57,8305	57,6705	—0,7890
O.	56,9022	99	57,4676	57,0601	56,7044	56,3765	—1,0911
OSO.	51,7817	24	52,4336	51,995	51,5647	51,1337	—1,2999
SO.	53,6095	130	54,1848	53,8361	53,4415	52,9758	—1,2090
SSO.	54,0377	31	54,4669	54,1526	53,7569	53,7745	—0,6924
S.	52,4101	213	52,9363	52,5587	52,2148	51,9306	—1,0057
SSW.	52,3064	58	52,8779	52,5241	52,1093	51,7177	—1,1602
SW.	52,6494	313	52,6982	52,5639	52,5071	52,8182	+0,1200
WSW.	54,5820	59	54,5565	54,7022	54,8126	54,5927	+0,0362
W.	54,5781	293	53,9920	54,4056	51,8439	55,0708	+1,0788
WNW.	55,5009	48	54,8721	55,3460	55,7456	56,04	+1,1679
NW.	57,665	142	57,0606	57,4982	57,8252	58,2759	+1,2153
NNW.	55,3907	22	54,7567	55,3464	55,5969	55,8627	+1,1060
N.	58,7352	133	58,5941	58,5341	78,8337	59,0237	+0,4746

Es giebt, glaube ich, wenig Erscheinungen in der Meteorologie, die aus einer doch verhältnissmässig kurzen Reihe von Beobachtungen mit so überzeugender Klarheit hervortreten. Die Continuität des Fallens und Steigens ist nur selten unterbrochen, ja beim Uebergange des Fallens in das Steigen fällt der niedrigste Stand bei SW. innerhalb der Beobachtungen selbst. Auch finden sich in den monatlichen Mitteln, die hier anzuführen zu weitläufig sein würde, nur selten Ausnahmen. Von den Extremen aus steigen und fallen die positiven und negativen Differenzen schon sehr regelmässig. Nur zeigt sich auf der Ostseite ein zu geringes Fallen bei SSO., eine Störung, die im Mittel noch schärfer hervortritt. Der regelmässige Gang der Differenzen macht daher die grossen Unregelmässigkeiten der barometrischen Windmittel sehr verdächtig. Ausserdem fallen die Abweichungen immer auf die Zwischenwinde, die nur selten beobachtet sind, was wohl darin liegt, dass die Windesrichtung nicht mit hinreichender Schärfe unterschieden ist; denn mir scheint es physikalisch unmöglich, dass wenn S. 213 Mal geweht hat, SW. 313 Mal, der SSW. nur 58 Mal vorgekommen sei. Auch würde der regelmässige Gang der Differenzen ein unerklärliches Phänomen sein, wenn wir die gefundenen Mittel als richtig ansehen. Um diess auch empirisch nachzuweisen, wurden noch 5 Jahre berechnet. Aber vom Jahre 1821 an ist die angegebene Windesrichtung nicht die mittlere, sondern die Mittagsbeobachtung. Für diese gilt aber dasselbe Raisonnement. Die täglichen Variationen ergaben als Correction

$$-0{,}2785 \qquad -0{,}1175 \qquad +0{,}3885 \qquad +0{,}0075$$

Daraus ergiebt sich als mittlerer Gang des Barometers in den 10 Jahren 1816—1825 (Pogg. Ann. 11. 557).

Wind	Mittel.	Anzahl.	9 Uhr Vormitt.	Mittag.	3 Uhr Nachm.	9 Uhr Abends.	Untersch. 9—9
NNO.	759,2946	66	759,4277	759,2736	759,2126	759,2644	—0,1633
NO.	59,5213	329	59,6610	59,5185	59,4780	59,4281	—0,2329
ONO.	57,9398	86	58,5264	58,1166	57,7531	57,3631	—1,1633
O.	57,1450	170	57,7880	57,2870	56,9242	56,5808	—1,2072
OSO.	53,6565	53	54,4257	53,8078	53,3602	53,0322	—1,3935
SO.	53,7379	221	54,3444	53,8864	53,5466	53,1740	—1,1704
SSO.	53,5845	59	54,1823	53,7693	53,3616	53,0248	—1,1575
S.	52,5609	438	53,1777	52,6882	52,3351	52,0427	—1,1350
SSW.	52,1081	137	52,6647	52,2681	51,9657	51,5341	—1,1306
SW.	53,2810	635	53,4564	53,2260	53,2932	53,2485	—0,2079
WSW.	54,5743	155	54,5094	54,5319	54,6793	54,5768	+0,0674
W.	55,1655	555	54,6484	54,9716	55,3947	55,6476	+0,9992
WNW.	56,8328	114	56,1419	56,6194	57,0659	57,5041	+1,3622
NW.	57,9849	281	57,4129	57,7727	58,1840	58,5702	+1,1573
NNW.	57,5847	54	56,8909	57,4018	57,7833	58,2623	+1,3714
N.	59,8832	300	59,7853	59,7559	59,9121	60,0794	+0,2941

Hier ist der Gang der Differenzen auf der Ostseite schon vollkommen regelmässig geworden, nur bei NNW. zeigt sich ein zu rasches Steigen, das auch in dem zu niedrigen Mittel hervortritt. Unter den 64 Mitteln findet sich nur eine Ausnahme von dem continuirlichen Steigen und Fallen, der höchste Stand bei NNO., der niedrigste bei WSW. fällt innerhalb der Beobachtungen. Alle Mittel zeigen aber einen weit gesetzmässigeren Gang, und wir werden daher die Werthe von OSO., SSO., NNW., nicht für locale Störungen ansehen dürfen, sondern als fehlerhafte Resultate einer zu kurzen Reihe von Beobachtungen. Könnte man innerhalb jedes Ganges durch die Windrose die barometrischen Werthe der einzelnen Winde bestimmen, so würde auch in den Mitteln das Gesetz der Abhängigkeit des Barometers vom Winde eben so klar hervortreten, als es sich im Uebergange derselben in einander zeigt. Eine Annäherung an diesen einfacheren Gang erhalten wir aber durch die Berechnung der Formeln aus den directen Beobachtungen, und sollten die Differenzen der beobachteten und berechneten Werthe wirklich von Unregelmässigkeiten, die in der Localität oder in etwas Anderem begründet sind, herrühren, so wird wenigstens die Formel den Sinn, in welchem die Abweichung Statt findet, und ihren quantitativen Werth angeben. Eine weitere Untersuchung ist dann, den Grund solcher Abweichungen physikalisch nachzuweisen.

b) London. Die oben p. 116. bereits erwähnten Beobachtungen von Daniell geben als Correction für die tägliche Veränderung in englischen Zollen: (Pogg. Ann. 16. 288.)

Morgens	Nachmittags	Abends
—0,007	+0,009	—0,002

und daraus für die Veränderungen:

	Morgens.	Nachmittags	Abends.	Untersch. von Morg. u. Ab.
NO.	30″,010	30″,020	30″,028	+0″,018
O.	30 ,016	30 ,003	30 ,004	—0 ,012
SO.	29 ,899	29 ,881	29 ,850	—0 ,049
S.	29 ,776	29 ,747	29 ,728	—0 ,048
SW.	29 ,799	29 ,790	29 ,776	—0 ,023
W.	29 ,846	29 ,856	29 ,857	+0 ,011
NW.	29 ,867	29 ,886	29 ,899	+0 ,032
N.	29 ,922	29 ,953	29 ,971	+0 ,049

c) Danzig. Galle*) hat für Danzig die 15jährigen von Kleefeld 1813—1827 angestellten Beobachtungen einer

*) Zur Prüfung des von Dove aufgestellten Gesetzes über das verschiedene Verhalten der Ost- und Westseite der Windrose. Pogg. Ann. 31, 465.

ähnlichen Berechnung unterworfen, deren Resultate wir hier beifügen. Das auf 0''',1 getheilte Barometer wurde dreimal, 6^h Morgens, 2^h Mittags und 10^h Abends abgelesen, die Beobachtungen sind auf 10° R. reducirt. Was zunächst die mittlere Vertheilung des Druckes in der Windrose betrifft, so ist diese in Pariser Linien folgende:

1) Formeln.

Jahr: $b(m) = 337''',937 + 1''',190 \sin(m.22\frac{1}{2}^0 + 29^0 23') + 0,162 \sin(m.45^0 + 175^0 38')$

Frühling: $= 337,709 + 1,185 \sin(m.22\frac{1}{2}^0 + 40^0 21') + 0,297 \sin(m.45^0 + 101^0 28')$

Sommer: $= 337,285 + 0,694 \sin(m.22\frac{1}{2}^0 + 48^0 10') + 0,121 \sin(m.45^0 + 148^0 26')$

Herbst: $= 338,503 + 1,926 \sin(m.22\frac{1}{2}^0 + 33^0 24') + 0,588 \sin(m.45^0 + 194^0 19')$

Winter: $= 338,444 + 1,475 \sin(m.22\frac{1}{2}^0 + 25^0 35') + 0,784 \sin(m.45^0 + 171^0 20')$

2) Beobachtete Werthe der einzelnen Winde.

Winde.	Jahr.	Frühling.	Sommer.	Herbst.	Winter.
N.	338''',802	338''',858	338''',217	339''',816	339''',616
NNO.	38 ,342	38 ,714	37 ,575	39 ,487	39 ,142
NO.	38 ,755	39 ,022	37 ,893	39 ,660	39 ,335
WNO.	38 ,736	38 ,976	38 ,412	40 ,570	38 ,269
O.	38 ,626	38 ,236	37 ,465	39 ,671	39 ,487
OSO.	39 ,234	37 ,635	36 ,864	40 ,542	41 ,292
SO.	38 ,673	37 ,773	37 ,668	38 ,968	39 ,443
SSO.	38 ,110	37 ,862	37 ,390	38 ,648	38 ,095
S.	37 ,846	37 ,516	36 ,968	37 ,860	38 ,366
SSW.	36 ,355	36 ,940	36 ,241	35 ,807	36 ,761
SW.	36 ,220	35 ,860	36 ,558	36 ,015	36 ,588
WSW.	36 ,255	36 ,277	36 ,292	36 ,294	36 ,164
W.	37 ,096	36 ,796	37 ,092	37 ,306	37 ,146
WNW.	37 ,554	37 ,137	37 ,120	38 ,076	37 ,960
NW.	37 ,992	37 ,839	37 ,493	38 ,426	38 ,320
NNW.	38 ,397	37 ,910	37 ,312	38 ,907	39 ,117

3) Berechnete Werthe.

Winde.	Jahr.	Frühling.	Sommer.	Herbst.	Winter.
N.	338''',533	338''',767	337''',865	339''',418	339''',199
NNO.	39 ,768	38 ,927	37 ,912	39 ,592	39 ,076
NO.	38 ,922	38 ,831	37 ,875	39 ,819	39 ,060
ONO.	38 ,995	38 ,589	37 ,793	40 ,094	39 ,295
O.	38 ,962	38 ,321	37 ,685	40 ,258	39 ,656
OSO.	38 ,777	38 ,086	37 ,543	40 ,089	39 ,897
SO.	38 ,418	37 ,864	37 ,350	39 ,460	39 ,713
SSO.	37 ,917	37 ,594	37 ,102	38 ,439	38 ,997
S.	37 ,365	37 ,233	36 ,831	37 ,298	37 ,925
SSW.	36 ,896	36 ,819	36 ,602	36 ,402	36 ,882
SW.	36 ,630	36 ,469	36 ,489	36 ,047	36 ,278
WSW.	36 ,733	36 ,333	36 ,541	36 ,312	36 ,339
W.	36 ,888	36 ,515	35 ,759	37 ,040	36 ,996
WNW.	37 ,307	37 ,004	37 ,083	37 ,929	37 ,921
NW.	37 ,778	27 ,672	37 ,426	38 ,686	38 ,725
NNW.	38 ,203	38 ,320	37 ,704	39 ,167	39 ,155

4) Differenz zwischen Beobachtung und Rechnung.

Winde.	Jahr.	Frühling.	Sommer.	Herbst.	Winter.
N.	+ 0,269	+ 0,091	+ 0,352	+ 0,398	+ 0,417
NNO.	— 0,426	— 0,213	— 0,337	— 0,105	+ 0,066
NO.	— 0,167	+ 0,191	+ 0,018	— 0,159	+ 0,275
ONO.	— 0,259	+ 0,387	+ 0,619	+ 0,476	— 1,026
O.	— 0,336	— 0,085	— 0,220	— 0,587	— 0,169
OSO.	+ 0,457	— 0,451	— 0,679	+ 0,453	+ 1,395
SO.	+ 0,258	— 0,091	+ 0,318	— 0,492	— 0,270
SSO.	+ 0,193	+ 0,268	+ 0,288	+ 0,209	— 0,902
S.	+ 0,481	+ 0,283	+ 0,137	+ 0,562	+ 0,441
SSW.	— 0,541	+ 0,121	— 0,361	— 0,595	— 0,119
SW.	— 0,410	— 0,609	+ 0,069	— 0,032	+ 0,310
WSW.	— 0,478	— 0,056	— 0,249	— 0,018	— 0,175
W.	+ 0,208	+ 0,281	+ 0,333	+ 0,266	+ 0,150
WNW.	+ 0,247	+ 0,133	+ 0,037	+ 0,147	+ 0,039
NW.	+ 0,214	+ 0,167	+ 0,067	— 0,260	— 0,405
NNW.	+ 0,197	— 0,410	— 0,392	— 0,260	— 0,038

Folgendes sind die Zahlen der Beobachtungen, aus denen diese Mittel genommen sind:

Winde.	Jahr.	Frühling.	Sommer.	Herbst.	Winter.
N.	1425	493	590	195	147
NNO.	378	152	158	30	38
NO.	381	116	147	84	34
ONO.	190	58	83	33	16
O.	669	234	156	175	104
OSO.	292	74	58	98	62
SO.	500	132	56	137	175
SSO.	288	95	29	85	79
S.	2284	474	308	704	798
SSW.	582	107	113	205	157
SW.	761	165	140	273	183
WSW.	362	98	72	97	95
W.	2399	496	702	565	636
WNW.	999	241	278	225	255
NW.	576	143	165	153	115
NNW.	174	48	32	46	48

Wählt man nun die Mittagsbeobachtung zur Angabe des Windes, so erhält man mit Ausscheidung der Regenbeobachtungen folgende Differenzen zwischen den Beobachtungen der drei Tageszeiten, wenn 8 Winde unterschieden sind, also die seltner angegebenen Zwischenwinde zur Hälfte zu den ihnen zunächstliegenden beiden Hauptwinden gezählt werden, und wenn, wie bei den Pariser und Londoner Beobachtungen, immer die vorhergehende Beobachtung von der folgenden abgezogen wird, also (+) Steigen und (—) Fallen bezeichnet.

Jahr.

Wind.	Mittel.	Anzahl.	6h Morg.	2h Mitt.	10h Ab.	6h bis 2h.	2h bis 10h.	6h bis 10h.
NO.	338''',641	230	338''',537	338''',683	338''',703	+0,146	+0,020	+0,166
O.	38 ,766	288	38 ,821	38 ,745	38 ,733	—0,076	—0,012	—0,088
SO.	38 ,782	261	38 ,873	38 ,739	38 ,734	—0,134	—0,005	—0,139
S.	37 ,732	863	38 ,006	38 ,678	37 ,512	—0,328	—0,166	—0,494
SW.	36 ,335	384	36 ,405	36 ,333	36 ,266	—0,072	—0,067	—0,139
W.	37 ,150	902	37 ,067	37 ,187	37 ,197	+0,120	+0,010	+0,130
NW.	37 ,909	313	37 ,628	37 ,967	38 ,131	+0,339	+0,164	+0,503
N.	38 ,696	555	38 ,499	38 ,734	38 ,854	+0,235	+0,120	+0,355

oder wenn man alle sechzehn Winde unterscheidet, aus denen die Werthe dieser acht durch Halbirung entstanden sind:

Wind.	Mittel.	Anzahl.	6h Morg.	2h Mitt.	10h Ab.	6h bis 2h.	2h bis 10h.	6h bis 10h.
NNO.	338''',224	132	38''',164	338''',267	338''',240	+0,103	—0,027	+0,076
NO.	38 ,778	132	38 ,602	38 ,820	38 ,913	+0,218	+0,093	+0,311
ONO.	38 ,988	64	39 ,042	38 ,977	38 ,945	—0,065	—0,032	—0,097
O.	38 ,602	206	38 ,653	38 ,578	38 ,575	—0,075	—0,003	—0,078
OSO.	39 ,335	100	39 ,370	39 ,288	39 ,348	—0,082	+0,060	—0,022
SO.	38 ,798	160	38 ,879	38 ,759	38 ,757	—0,120	—0,002	—0,122
SSO.	38 ,227	101	38 ,465	38 ,138	38 ,079	—0,327	—0,059	—0,386
S.	37 ,862	721	38 ,145	37 ,811	37 ,630	—0,334	—0,181	—0,515
SSW.	36 ,426	181	36 ,706	36 ,367	36 ,206	—0,339	—0,161	—0,500

SW.	336''',282	240	336''',325	336''',284	336''',237	— 0,041	— 0,047	— 0,088
WSW.	36 ,377	106	36 ,246	36 ,483	36 ,403	+ 0,237	+ 0,080	+ 0,157
W.	37 ,133	710	37 ,089	37 ,163	37 ,148	+ 0,074	+ 0,015	+ 0,059
WNW.	37 ,533	277	37 ,267	37 ,582	37 ,750	+ 0,315	+ 0,168	+ 0,483
NW.	38 ,141	173	37 ,862	38 ,209	38 ,353	+ 0,347	+ 0,144	+ 0,491
NNW.	38 ,628	62	37 ,935	38 ,352	38 ,598	+ 0,417	+ 0,246	+ 0,663
N.	38 ,791	458	38 ,585	38 ,828	38 ,960	+ 0,243	+ 0,132	+ 0,375

Die Differenzen zwischen der Morgen- und Abendbeobachtung bei den vierteljährlichen Mitteln sind folgende:

Vierteljahr.	NNO.	NO.	ONO.	O.	OSO.	SO.	SSO.	S.
Frühling	+ 0,134	+ 0,415	— 0,295	— 0,147	+ 0,043	— 0,195	— 0,233	— 0,549
Sommer	— 0,040	+ 0,070	— 0,093	— 0,213	— 0,347	— 0,388	— 0,550	— 0,552
Herbst	— 0,475	+ 0,548	— 0,709	— 0,203	+ 0,094	— 0,350	— 0,247	— 0,577
Winter	+ 0,671	+ 0,558	+ 0,600	+ 0,611	— 0,033	+ 0,185	— 0,287	— 0,434

Vierteljahr.	SSW.	SW.	WSW.	W.	WNW.	NW.	NNW.	N.
Frühling	— 0,622	— 0,039	+ 0,300	— 0,219	+ 0,500	+ 0,361	+ 1,329	+ 0,420
Sommer	— 0,036	— 0,166	+ 0,052	+ 0,132	+ 0,353	+ 0,210	— 0,092	+ 0,210
Herbst	— 0,499	+ 0,118	+ 0,869	+ 0,262	+ 0,527	+ 0,602	+ 0,418	+ 0,487
Winter	— 0,662	— 0,385	— 0,162	+ 0,026	+ 0,550	+ 0,823	+ 0,840	+ 0,785

Stellen wir für die drei Orte, für welche bis jetzt Berechnungen der mittleren Veränderungen vorhanden sind, die erhaltenen Resultate in einer gemeinsamen Tafel zusammen, so erhalten wir, wenn (+) Steigen, (—) Fallen bedeutet, folgende Werthe in Beziehung auf die jährlichen Mittel:

Wind.	Paris.		Danzig.	London.
	5 Jahre.	10 Jahre.	15 Jahre.	3 Jahre.
SW.	+0mm,1200	—0mm,2079	—0''',088	—0''',023
WSW.	+0 ,0362	+0 ,0674	+0 ,157	
W.	+1 ,0788	+0 ,9992	+0 ,059	+0 ,011
WNW.	+1 ,1679	+1 ,3622	+0 ,483	
NW.	+1 ,2153	+1 ,1573	+0 ,491	+0 ,032
NNW.	+1 ,1060	+1 ,3714	+0 ,663	
N.	+0 ,4746	+0 ,2941	+0 ,375	+0 ,049
NNO.	—0 ,1140	—0 ,1633	+0 ,076	
NO.	—0 ,1414	—0 ,2329	+0 ,311	+0 ,018
ONO.	—0 ,7890	—1 ,1633	—0 ,097	
O.	—1 ,0911	—1 ,2720	—0 ,078	—0 ,012
OSO.	—1 ,2999	—1 ,3935	—0 ,022	
SO.	—1 ,2090	—1 ,1704	—0 ,122	—0 ,049
SSO.	—0 ,6924	—1 ,1575	—0 ,386	
S.	—1 ,0057	—1 ,1350	—0 ,515	—0 ,048
SSW.	—1 ,1602	—1 ,1306	—0 ,500	

Es wird nun leicht sein, in den folgenden unvollständigen Beobachtungen dieselben Bestimmungen zu erkennen.

d) Gunzenhausen. Luz sagt: der N. und NW-Wind erhebt das Barometer, beinahe darf man sagen allezeit. Der O. und NO. thut diess auch öfters, doch nicht so zuverlässig. Es ist dabei heiterer Himmel. Beim W-Wind steigt das Barometer ebenfalls, der Himmel ist dabei sehr oft mit hohen zerstreuten Wolken, die aber selten regnen, überzogen. Vom SO-Wind fällt das Barometer, und die Witterung bleibt deswegen doch, so lange sich der Wind nicht nach Süden dreht, beständig. Vom S. und SW-Wind lassen sich keine so zuverlässige Regeln geben. Gemeiniglich fällt das Barometer, wenn der Wind von dieser Himmelsgegend kommt. Wenn er aber eine Zeit lang in dieser Richtung gestanden, und besonders wenn es einige Zeit geregnet hat, so steigt das Barometer wiederum, wenn der Wind gleich von S. und SW. fortweht. Ebenso fand ich auch bei dem N. und O. das Barometer fallen, wenn der Wind einige Zeit von dieser Himmelsgegend kam, und sich die helle Witterung in trübe und regnerische verwandeln wollte. (Beschreibung von Barometern p. 351. 1784.)

e) Holland. Vollständiger als von Luz ist diess Verhalten von van Swinden*) untersucht worden. Horsley**) hatte den von Halley und Mariotte schon ausgesprochenen Einfluss der Windesrichtung auf den Barometerstand durch Berechnung einer barometrischen Windrose zuerst bestimmter nachgewiesen. Dadurch aufmerksam gemacht stellt sich van Swinden die Frage: wie oft fällt das Barometer bei einem bestimmten Winde, wie oft steigt es bei demselben? Die Resultate seiner Rechnung sind eine nothwendige Folge des Drehungsgesetzes. Er findet nämlich im Jahr 1779, dass das Barometer:

	stieg	fiel
bei SW.	74 Mal	83,9 Mal
- W.	36 -	16,6 -
- NW.	83 -	43,5 -
- N.	12 -	9,3 -
- NO.	24 -	28 -
- O.	1 -	8,3 -
- SO.	18 -	51,8 -
- S.	10 -	15,5 -

In den drei vorhergehenden Jahren hatte er in Beziehung anf W. NW. N. und O. SO. S. damit übereinstim-

*) *An abridged state of the weather at London in the year* 1774. Ph. Tr. *for* 1775.

**) *Mémoires sur les observations météorologiques faites à* Franecker *en* Frise *pendant* 1779.

mende Resultate erhalten, hingegen Abweichungen bei NO. und SW. Diese Wendepunkte treten also hier eben so bestimmt als bei Luz hervor. Dass van Swinden das Drehungsgesetz selbst gekannt habe, geht aus keiner Aeusserung hervor.

Hätte van Swinden statt zu fragen, wie oft steigt das Barometer bei einem bestimmten Winde? sich vielmehr gefragt, überwiegt das Steigen das Fallen oder umgekehrt, wenn ein gewisser Wind weht, so hätte ein consequentes Raisonnement ihn zu der Erklärung der Erscheinung führen müssen. Doch selbst Saussure konnte sich keine Rechenschaft davon geben. „Warum bringen", fragt er in seiner Hygrometrie, „Ostwinde, obgleich kalt und trocken in England und Holland das Barometer zum Fallen, nach den Beobachtungen von Horsley*) und van Swinden, während Westwinde es zum Steigen bringen? Davon giebt keine mir bekannte Hypothese eine genügende Erklärung."

Die vollkommene Uebereinstimmung der erhaltenen Resultate zeigt die Gültigkeit des Gesetzes wenigstens für das westliche Europa. Die Berechnung der Barometerbeobachtungen eines einzigen Ortes in Nordamerika und im Innern von Russland, so durchgeführt, wie es hier für Paris, London und Danzig geschehen ist, würde ein wesentlicher Schritt zu der allgemeinen Begründung des Gesetzes für die nördliche gemässigte Zone sein. Ich habe dazu brauchbare Beobachtungsjournale mir zu verschaffen, aber seit Jahren vergebens versucht. Dass die mittlere jährliche Windesrichtung des Beobachtungsortes aber keinen Einfluss auf das Resultat hat, wird dadurch wahrscheinlich, dass, während sie in London reiner West ist, sie hingegen in Paris und Danzig auf WSW. fällt. Eine wichtigere Frage ist aber, ob die Veränderung der mittleren Windesrichtung in der jährlichen

*) In Beziehung auf Horsley ist Saussure in Irrthum; dieser hatte nur die Mittel berechnet, nicht Steigen und Fallen untersucht.

Periode nicht einen Einfluss darauf äussert, ob überhaupt andere mitwirkende Momente hier nicht zu berücksichtigen sind. Denn da das Herausfallen des aus der Form des elastischen in die des tropfbar flüssigen zurücktretenden Wasserdampfes auf den Gesammtdruck der Luft einen Einfluss äussern muss, so liegt die Vermuthung nahe, dass die die Hydrometeore begleitenden Erscheinungen den regelmässigen Gang der Barometer-Veränderungen modificiren ja sogar unterbrechen könnten. Wir werden im folgenden Hauptabschnitt sehen, dass diess nicht der Fall ist, und wollen daher jetzt nur die Unabhängigkeit des Gesetzes von andern Elementen näher untersuchen. In dieser Beziehung finden wir

a) das Gesetz der Barometer-Veränderungen ist unabhängig von der jährlichen Periode. Die Pariser Beobachtungen geben für die 8 Hauptwinde in den einzelnen Monaten folgende Unterschiede zwischen Morgen- und Abendbeobachtung wo (—) Fallen, (+) Steigen bezeichnet, und wo die in der letzten Columne enthaltene Correction die in verschiedenen Monaten ungleiche tägliche Veränderung eliminirt. Die Veränderungen sind die Bewegungen des Barometers in 12 Stunden im Mittel zehnjähriger Beobachtungen. (Pogg. Ann. 23. 70.)

Veränderungen in Millimetern.

	NO.	O.	SO.	S.	SW.	W.	NW.	N.	Correction.
Januar	+0,259	—1,336	—1,081	—1,141	—0,641	+1,400	+2,842	+0,684	0,409
Februar	+0,365	+0,627	—1,273	—0,057	—1,104	+1,040	+1,506	—0,129	0,596
März	—0,129	—0,842	—1,956	—1,750	—1,004	+1,058	+2,869	+0,964	0,377
April	—0,317	—1,156	—1,301	—0,274	+0,659	+0,863	+1,671	+0,291	0,492
Mai	+0,267	—2,640	—1,299	—0,979	+0,449	+0,486	+0,321	—0,478	0,343
Juni	—0,480	—1,276	—1,509	—1,999	+0,046	+0,718	+0,080	—0,020	0,346
Juli	—0,944	—2,144	—1,081	—1,117	+0,036	+0,762	+1,477	+0,144	0,390
August	—0,221	—0,721	—0,775	—1,333	+0,550	+1,065	+0,518	+0,566	0,525
September	—0,454	—1,515	—1,707	—0,361	—0,251	+1,732	+0,324	+0,053	0,366
October	—0,046	—1,273	—0,381	—0,419	+0,188	+0,438	+0,928	+1,639	0,249
November	+1,238	—0,269	—1,034	—4,440	—0,310	+0,796	+1,656	+2,085	0,202
December	—0,250	—0,182	—0,982	—2,333	+0,120	+1,808	+2,013	+1,208	0,233
Jahr	—0,233	—1,270	—1,170	—1,135	—0,208	+0,999	+1,157	+0,294	0,286

Die Danziger Beobachtungen geben für 16 Winde folgende Veränderungen:

Monat.	NNO.	NO.	ONO.	O.	OSO.	SO.	SSO.	S.
Januar	+ 0,34	+ 0,36		— 0,11	— 0,24	+ 0,30	— 0,60	— 0,30
Februar	+ 1,22	+ 2,00	+ 0,60	+ 0,13	— 0,02	+ 0,08	— 0,35	— 0,55
März	+ 0,09	+ 1,00	— 0,35	+ 0,46	+ 0,46	+ 0,22	— 0,05	— 0,43
April	+ 0,29	+ 0,93	— 0,37	— 0,67	— 0,09	— 0,53	— 0,04	— 0,63
Mai	— 0,02	— 0,23	— 0,22	+ 0,08	— 0,19	— 0,15	— 0,66	— 0,71
Juni	— 0,46	+ 0,17	— 0,21	— 0,27	— 0,34	— 0,24	— 0,27	— 0,32
Juli	+ 0,14	— 0,39	+ 0,14	— 0,39	+ 0,18	— 0,72	± 0,00	— 0,62
August	+ 0,14	+ 0,44	— 0,01	+ 0,16	— 0,73	+ 0,07	— 1,16	— 0,60
September	— 0,12	+ 0,21	± 0,00	— 0,09	+ 0,07	— 0,26	+ 0,03	— 0,41
October	+ 0,20	— 0,05	— 1,05	+ 0,31	+ 0,42	— 0,05	— 0,51	— 0,82
November	— 3,30	+ 2,08	— 0,74	— 1,05	— 0,77	— 1,26	— 0,12	— 0,48
December	— 0,43	— 0,25		+ 1,23	+ 0,18	+ 0,15	— 0,16	— 0,45

Monat.	SSW.	SW.	WSW.	W.	WNW.	NW.	NNW.	N.
Januar	— 0,17	— 0,34	— 0,07	+ 0,07	+ 0,08	+ 0,82	+ 0,80	+ 0,09
Februar	— 0,94	— 0,97	— 1,16	— 0,07	+ 0,70	+ 0,82	+ 0,42	+ 0,53
März	+ 1,69	— 0,05	+ 0,02	+ 0,06	+ 0,51	+ 0,27	+ 1,97	+ 0,77
April	+ 0,30	— 0,24	+ 0,18	— 0,74	+ 0,19	+ 0,46	+ 1,24	+ 0,44
Mai	— 0,73	+ 0,14	— 0,52	— 0,04	+ 0,85	+ 0,34	+ 0,52	+ 0,22
Juni	— 0,15	— 0,29	— 0,73	+ 0,41	+ 0,19	+ 0,25	— 0,67	+ 0,19
Juli	+ 0,10	+ 0,24	+ 0,55	+ 0,05	+ 0,68	+ 0,14	+ 0,38	+ 0,19
August	± 0,00	— 0,33	+ 0,14	± 0,00	+ 0,17	+ 0,25	— 0,10	+ 0,27
September	+ 0,03	+ 0,05	+ 0,20	+ 0,23	— 0,01	+ 0,44	+ 0,45	+ 0,45
October	— 0,82	+ 0,38	+ 1,14	+ 0,24	+ 0,87	+ 0,56	+ 0,31	+ 0,56
November	— 0,25	— 0,19	+ 0,81	+ 0,30	+ 0,87	+ 0,86	+ 0,56	+ 0,52
December	— 0,91	+ 0,04	+ 1,14	+ 0,52	+ 1,49	+ 0,84	+ 1,42	+ 1,32

Es ist aber bekannt, dass die mittlere Windesrichtung innerhalb des Jahres eine periodische Veränderung erleidet, welche aus der folgenden Tafel anschaulich wird, wo die nach der Lambert'schen Formel berechneten Winkel von Süd als Nullpunkt nach West gezählt sind:

	Paris.	Danzig.	Paris.	Danzig.
Januar	69°	50°24′	WSW.	SW.
Februar	50 57′	60 19	SW.	WSW.
März	86 17	84 20	W.	W.
April	109 27	120 53	WNW.	WNW.
Mai	61 42	141 30	WSW.	NNW.
Juni	118 49	138 29	WNW.	NW.
Juli	89 56	107 22	W.	WNW.
August	90 18	82 43	W.	W.
September	66 53	71 46	WSW.	WSW.
October	22 45	37 16	SSW.	SW.
November	52 32	54 47	SW.	SW.
December	40 1	48 1	SW.	SW.

Aus der Verbindung der Ergebnisse dieser beiden Tafeln folgt, dass das in den Barometer-Veränderungen sich aussprechende Drehungsgesetz des Windes unabhängig ist von den Veränderungen der mittleren Richtung desselben.

b) Das Gesetz ist unabhängig von der täglichen Periode. Diess folgt daraus, dass wenn man in Danzig die Morgenbeobachtung um 6 Uhr in die Mitte nimmt, die Differenzen zwischen Abend und Morgen dasselbe Zeichen haben, als die zwischen Morgen und Abend, wenn man die Mittagsbeobachtung in die Mitte nimmt, wie folgende Tafel zeigt, welche die Mittel aus den Beobachtungen von Januar und Juli enthält.

Wind.	Mittel.	Differenz	Anzahl.	10^h Ab.	6^h Morg.	2^h Mitt.	Diff. $10-6_h$	$6^h - 2^h$.	$10^h - 2^h$.
NNO.	337''',20	+ 0,08	20	337''',02	337''',17	337''',41	+ 0,15	+ 0,24	+ 0,39
NO.	38 ,12	− 1,01	14	38 ,10	38 ,20	38 ,05	+ 0,10	− 0,15	− 0,05
ONO.	37 ,11	+ 0,41	13	37 ,17	37 ,13	37 ,02	− 0,04	− 0,11	− 0,15
O.	37 ,52	+ 1,41	40	37 ,38	37 ,52	37 ,66	+ 0,14	+ 0,14	+ 0,28
OSO.	38 ,93	− 0,76	18	38 ,65	39 ,10	39 ,04	+ 0,45	− 0,06	+ 0,39
SO.	38 ,17	+ 0,78	26	38 ,11	38 ,18	38 ,21	+ 0,07	+ 0,03	+ 0,10
SSO.	38 ,95	− 1,07	12	38 ,90	38 ,96	39 ,00	+ 0,06	+ 0,04	+ 0,10
S.	37 ,88	− 2,80	125	38 ,14	37 ,86	37 ,65	− 0,28	− 0,21	− 0,49
SSW.	35 ,08	+ 1,43	32	35 ,39	35 ,05	34 ,89	− 0,34	− 0,16	− 0,50
SW.	36 ,51	− 0,20	35	36 ,63	36 ,54	36 ,35	− 0,09	− 0,19	− 0,28
WSW.	36 ,31	+ 0,39	11	36 ,38	36 ,25	36 ,31	− 0,13	+ 0,06	− 0,07
W.	36 ,70	+ 0,57	189	36 ,70	36 ,71	36 ,70	+ 0,01	− 0,01	± 0,00
WNW.	37 ,27	+ 1,25	82	37 ,18	37 ,24	37 ,40	+ 0,06	+ 0,16	+ 0,22
NW.	38 ,52	− 0,42	28	38 ,39	38 ,98	39 ,20	+ 0,59	+ 0,22	+ 0,81
NNW.	38 ,10	− 0,14	9	37 ,01	38 ,10	39 ,18	+ 1,09	+ 1,08	+ 2,17
N.	37 ,94	− 0,74	68	37 ,83	37 ,94	38 ,06	+ 0,11	+ 0,12	+ 0,23

Betrachten wir zuvörderst den Gang der Differenzen neben der Rubrik „Mittel,“ so zeigt sich, dass sie (durch locale Störung) ziemlich unregelmässig sind, was auch bei den jährlichen Mitteln (p. 147.) in gewissem Grade der Fall ist. Die grössere Regelmässigkeit in den drei andern Differenz-Rubriken kann daher nur in den bereits oben (p. 146.) erörterten Ursachen begründet sein. Die Mittel sind von der gewöhnlichen Form der barometrischen Windrose so abweichend, dass sie statt eines Maximums bei NO. und eines Minimums bei SW., zwei Maxima bei SO. und NW., und zwei Minima bei SSW. und ONO. zeigen. Daher sind die Wendepunkte in den Differenzen zwischen den drei Tageszeiten sehr verschoben, und statt zweier Wendepunkte bemerkt man vier, welche die Differenzen in vier Theile theilen, zwei positive und zwei negative. Die zwei grössten Theile liegen zu beiden Seiten des Wellenthals bei WSW., die beiden kleineren beziehen sich auf die schwächere Vertiefung bei ONO. Man sieht, wie streng schon aus diesen zwei Monaten die Differenzen an den Gang der Mittel sich anschliessen, wie sie nicht an die Linie von SW. nach NO. gebunden sind, sondern lediglich von den letzteren abhängen.

Daraus ergiebt sich also:

c) Das Steigen und Fallen des Barometers bei den verschiedenen Winden hängt so innig mit der mittleren Vertheilung des atmosphärischen Druckes in der Windrose (der sogenannten barometrischen Windrose) zusammen, dass, wenn zwei Maxima und zwei Minima in derselben vorkommen, auch bei den Zwischenwinden ein zweimaliges Steigen und zweimaliges Fallen beobachtet wird. Doch muss dabei bemerkt werden, dass solche Anomalien viel eher in den berechneten mittleren Veränderungen verschwinden, als in den mittleren barometrischen

Werthen der Winde. Den Einfluss des Windes auf die während desselben beobachteten barometrischen Mittelstände einräumen, d. h. das Vorhandensein einer barometrischen Windrose anerkennen, die Existenz des Drehungsgesetzes aber läugnen, heisst daher: das undeutlich sich aussprechende Phänomen zugeben, das deutlich sich darstellende aber verwerfen.

B. Südliche Halbkugel.

Gesetz: ***Das Barometer fällt bei O., NO. und Nordwinden, geht bei NW. aus Fallen in Steigen über, steigt bei W. SW. und Südwinden und geht bei SO. aus Steigen in Fallen über.***

Galle *) hat diesen zunächst von mir nur theoretisch abgeleiteten Satz neuerdings durch Berechnung der auf zwei Reisen des preussischen Schiffs Princess Louise angestellten Barometerbeobachtungen bestätigt. Die Beobachtungen von 1830—1831 sind in Meyen's Reise abgedruckt **), die von 1833 nur handschriftlich vorhanden. Bedeutet (—) Fallen, (+) Steigen, so erhält man neben der in der ersten Columne enthaltenen barometrischen Windrose, durch Vergleichung der jeder Windesrichtung zunächst folgenden Barometerhöhe mit der ihr vorhergehenden, folgende Tafeln I. und III. in englischem, II. in französischem Maafs.

---

*) Bestätigung der Dove'schen Windtheorie durch die Barometer-Veränderungen auf der südlichen Halbkugel. Pogg. Annal. 38. 476.

**) Reise um die Erde, ausgeführt auf dem Königlich Preussischen Seehandlungs-Schiff Prinzess Louise, commandirt von Capitän Wendt in den Jahren 1830, 1831, 1832, von Meyen. Theil I. p. 145—192.

I. Südliche Halbkugel. 1830 bis 1831.

Mittel aus zwei Monaten.

Wind.	Barom. Werthe.	Veränderung.
S.	29z,631	+0z,023
SSW.	29 ,509	+0 ,021
SW.	29 ,442	+0 ,012
WSW.	29 ,407	+0 ,006
W.	29 ,394	+0 ,001
WNW.	29 ,387	−0 ,004
NW.	29 ,379	−0 ,011
NNW.	29 ,368	−0 ,016
N.	29 ,354	−0 ,015
NNO.	29 ,375	−0 ,016
NO.	29 ,541	−0 ,028
ONO.	29 ,846	−0 ,029
O.	29 ,967	−0 ,015
OSO.	29 ,932	−0 ,002
SO.	29 ,867	+0 ,010
SSO.	29 ,750	+0 ,020

II. Nördliche Halbkugel. 1830.

Mittel aus 20. Tagen.

Wind.	Barom. Werthe.	Veränderung.
S.	337''',37	−0''',122
SSW.	337 ,31	−0 ,117
SW.	336 ,99	−0 ,047
WSW.	337 ,14	+0 ,031
W.	337 ,28	+0 ,088
WNW.	337 ,48	+0 ,141
NW.	337 ,85	+0 ,211
NNW.	338 ,27	+0 ,210
N.	338 ,42	+0 ,088
NNO.	338 ,45	−0 ,048
NO.	338 ,50	−0 ,095
ONO.	338 ,60	−0 ,097
O.	338 ,50	−0 ,084
OSO.	338 ,43	−0 ,071
SO.	338 ,19	−0 ,066
SSO.	337 ,94	−0 ,082

III. Südliche Halbkugel. 1833.

Mittel aus sechs Monaten.

Wind.	Barom. Werthe.	Veränderung.
S.	29 z ,334	+0 z ,052
SSW.	29 ,243	+0 ,079
SW.	29 ,208	+0 ,093
WSW.	29 ,234	+0 ,048
W.	29 ,289	—0 ,014
WNW.	29 ,345	—0 ,041
NW.	29 ,391	—0 ,043
NNW.	29 ,414	—0 ,042
N.	29 ,452	—0 ,045
NNO.	29 ,503	—0 ,041
NO.	29 ,547	—0 ,021
ONO.	29 ,561	—0 ,013
O.	29 ,567	—0 ,001
OSO.	29 ,561	+0 ,002
SO.	29 ,527	+0 ,009
SSO.	29 ,448	+0 ,025

Die ersten beiden Resultate gehören einer und derselben Reise an, und zeigen, wie der Uebergang über den Aequator die Zeichen der „Veränderung“ plötzlich umkehrt, und die eine Regel scharf von der andern abschneidet. Dass die Zahl der benutzten Beobachtungen nicht zu gering ist, um das Gesetz sehen zu lassen, zeigt erstlich der Erfolg, und zweitens sind bei I. und II. die Beobachtungen meist stündlich angestellt, die Anzahl also nicht ohne Verhältniss klein. Um das seltene Vorkommen mancher Windesrichtungen für die Darlegung des Gesetzes unschädlich und dadurch den Sinn der Veränderung augenfälliger zu machen (da das Quantitative ohnehin Discussionen erfordern würde), sind in den obigen Tafeln nicht die reinen Mittel angesetzt, sondern diese mit den benachbarten Mitteln zu neuen Mitteln combinirt. Die Abweichungen vom allgemeinen Mittel werden dadurch kleiner, aber der Sinn der Veränderung kann keinenfalls afficirt werden. Auch sind die Beobachtungen aller Breiten einer und derselben Halbkugel von 0° bis 60° ohne Unterschied mit einander vermischt, und es ist nichts als das Südliche vom Nördlichen getrennt. No. I. und III. betreffen beide die Umschiffung des Cap Horn, No. II. fällt auf die Reise von Hamburg nach Rio de Janeiro.

2) Die Veränderungen des Thermometers.

A. Nördliche Halbkugel.

Gesetz: *Das Thermometer steigt bei O., SO. und Südwinden, geht bei SW. aus Steigen in Fallen über, fällt bei W., NW. und Nordwinden und geht bei NO. aus Fallen in Steigen über.*

Die Pariser Beobachtungen von 1816—1820 geben für den mittleren Gang der Temperatur in Centesim. Graden

9 Uhr Morg.	Mittag.	3 Uhr Nachm.	9 Uhr Abends.
10,75	13,24	13,48	9,63

also als anzuwendende Correction:

+0,77	—1,72	—1,96	+1,89

und folgende Veränderungen:

Wind.	9 U. V.	Mittag.	3 U. N.	9 U. Ab.	U.9V.-3U.
N.	10,83	10,82	10,88	11,21	— 0,05
NNO.	7,86	7,62	8,08	8,14	— 0,22
NO.	9,22	9,43	9,83	9,91	— 0,61
ONO.	11,81	12,2	12,74	12,41	— 0,93
O.	11,44	11.65	12,22	12,05	— 0,79
OSO.	12,21	12,99	14,57	14,72	— 2,36
SO.	9,81	10,75	11,18	10,95	— 1,37
SSO.	9,63	9,95	11,52	10,41	— 0,89
S	12,16	12,44	11,80	12,21	+ 0,36
SSW.	11,23	11,22	11,08	11,31	+ 0,15
SW.	12,47	12,31	11,85	12,01	+ 0,62
WSW.	14,66	14,19	13,88	13,44	+ 0,78
W.	12,36	11,92	11,60	11,71	+ 0,76
WNW.	13,28	12,11	11,99	12,36	+ 1,29
NW.	11,84	11,60	11,71	11,58	+ 0,13
NNW.	11,63	11,96	11,13	12,07	+ 0,50

3) Veränderungen der Elasticität des Dampfes.

A. Nördliche Halbkugel.

Gesetz: *Die Elasticität des Wasserdampfes nimmt zu bei O., SO. und Südwinden, ihre Zunahme geht bei SW. in Abnahme über, sie nimmt ab bei W., NW. und Nordwinden, und bei NO. geht ihre Abnahme in Zunahme über.*

Die Correction für die tägliche Veränderung beträgt für die drei bereits angeführten Jahre in London:

Morgens	Nachmittags	Abends
0″	— 0″,006	+ 0″,006

der hiernach verbesserte Gang der von der Windesrichtung abhängigen Veränderungen ist, wenn (—) Fallen, (+) Steigen bezeichnet:

Dampfatmosphäre.

Wind.	Morgens.	Nachmittags	Abends.	Untersch. v. Morg. u. Ab.
NO.	0″,309	0″,298	0″,304	— 0″,005
O.	0 ,340	0 ,332	0 ,330	— 0 ,010
SO.	0 ,407	0 ,422	0 ,413	+ 0 ,006
S.	0 ,431	0 ,443	0 ,435	+ 0 ,004
SW.	0 ,414	0 ,423	0 ,416	+ 0 ,002
W.	0 ,379	9 ,380	0 ,379	∓ 0
NW.	0 ,338	0 ,332	0 ,331	— 0 ,007
N.	0 ,327	0 ,307	0 ,313	— 0 ,014

Es ist früher schon bemerkt worden, dass in den gegebenen Regeln die Namen NO. und SW. nur der Kürze wegen angenommene Bezeichnungen sind für die Wendepunkte. Der Gegensatz der beiden Seiten tritt vollkommen deutlich, wie bei den übrigen Instrumenten hervor.

4) Veränderungen des Druckes der trocknen Luft.

A. Nördliche Halbkugel.

Gesetz: *Der Druck der trocknen Luft nimmt ab bei O., SO. und Südwinden, seine Abnahme geht bei SW. in Zunahme über, er nimmt zu bei W., NW. und Nordwinden, und bei NO. geht seine Zunahme in Abnahme über.*

Die Correction für die tägliche Veränderung beträgt bei den Londoner Beobachtungen:

Morgens	Nachmittags	Abends
—0″,007	+0″,015	—0″,008

der hiernach verbesserte Gang der von der Windesrichtung abhängigen Veränderungen des Druckes der trocknen Luft ist, wenn (—) Fallen, (+) Steigen bezeichnet.

Wind.	Morgens.	Mittags.	Abends.	Untersch. v. Morg. u. Ab.
NO.	29″,701	29″,722	29″,724	+ 0,023
O.	29 ,676	29 ,671	29 ,674	— 0,002
SO.	29 ,492	29 ,459	29 ,437	— 0,055
S.	29 ,343	29 ,304	29 ,293	— 0,050
SW.	29 ,385	29 ,367	29 ,360	— 0,025
W.	29 ,467	29 ,476	29 ,478	+ 0,011
NW.	29 ,529	29 ,554	29 ,568	+ 0,039
N.	29 ,595	29 ,646	29 ,658	+ 0,063

Aus einer vorurtheilsfreien Prüfung der in diesem Abschnitt erhaltenen Resultate scheint mir hervorzugehen

dass die Veränderungen der vornehmlichsten meteorologischen Instrumente, des Barometers nämlich, des Thermometers und des Hygrometers nichts anders als ein treuer Ausdruck des Drehungsgesetzes sind, und dass nur das Verkennen dieses Gesetzes verhindert hat, die jenen Veränderungen zum Grunde liegenden einfachen Bestimmungen aufzufinden.

Eine wichtige Frage bleibt noch zu beantworten, die nämlich, ob die Hydrometeore das in den übrigen Veränderungen gefundene Gesetz unterbrechen, oder ob sie es bestätigen. Der nachfolgende Abschnitt behandelt diesen Gegenstand.

IV.

Die Hydrometeore und die Luftströme, durch welche sie bedingt werden.

1) Classification der Hydrometeore.

Es gilt für ein gewagtes Unternehmen, die wässrigen Meteore erläutern zu wollen, da Deluc sie aufgegeben hat, und Lichtenberg, der doch als ein geistreicher Mann bekannt ist, sich für ihn erklärt. Will man daher von dem Zusammenhange dieser Meteore mit andern atmosphärischen Erscheinungen reden, so ist es nothwendig, sich vorher über den Gesichtspunkt zu verständigen, von welchem aus man jene betrachtet, und so mögen einige Worte über die Regentheorien hier ihre Stelle finden. Bekanntlich verdanken wir Le Roy *(Mém. sur l'élévation et la suspension de l'eau dans l'air. Mém. de Par.* 1751.) die ersten genaueren Bestimmungen über das Verhalten des Wasserdampfes in der Atmosphäre, deren weitere Ausbildung Deluc in seinen früheren Abhandlungen, und Saussure in seiner classischen Hygrometrie übernahmen. Die Beobachtungen auf dem Buet veranlassten Deluc seine früheren Ansichten aufzugeben; er fand mannigfachen Widerspruch, aber an Lichtenberg einen Vertheidiger. Vergleicht man nun Lichtenberg's Einwürfe (Gilb. Ann. B. 2. p. 121., gegen die Abhandlung von Maier (Gren's Journ. 5. p. 371.), den er selbst als den tüchtigsten seiner Gegner anerkennt, mit dieser, so ist der Vortheil unverkennbar auf Lichtenberg's Seite. Er verlangt nämlich, dass man, ehe man von Niederschlag rede, die Auflösung erweisen müsse, dass man zu sagen habe, was man darunter verstehe, ehe man die Erscheinungen daraus ableite; denn es solle nicht sinnreich geträumt werden, was sein könne, sondern es solle gefunden werden, was ist. Diese Forderungen waren gerecht, aber sie waren nicht erfüllt. Dalton's geistvollen Untersuchungen verdanken wir die Ergänzung dieser Lücke, und somit fallen Lichtenberg's Einwürfe hinweg, denn seinem Verlangen ist entsprochen worden. Dass aber Deluc's Beobachtungen ganz isolirt stehen, dafür sprechen Saussure's mit einem bessern Instrument, als das träge Fischbeinhygrometer, angestellte Beobachtungen, der in seiner Hygrometrie ausdrücklich sagt, dass das Hygrometer, wenn er sich einer Wolke genähert habe, der Feuchtigkeit continuirlich zugegangen sei (Hygr. §. 274. und das Beobachtungsjournal). Wie aber solche Beobachtungen, wie die von Deluc, unter bestimmten localen Bedingungen entstehen können, hat Leopold von Buch in seiner Abhandlung über den Hagel gezeigt.

Im Jahr 1788 stellte Hutton eine Regentheorie auf, die er damit beginnt, dass er die drei verschiedenen möglichen Arten des Verhaltens des Wasserdampfes zur Wärme untersucht. Unter diesen Hypothesen entspricht die, dass bei Vermischung verschieden erwärmter, mit Feuchtigkeit gesättigter Luftmengen jedesmal ein Niederschlag geschehen müsse, den Erscheinungen am besten; er erklärt sich also für diese. Es war nun empirisch zu untersuchen, ob die Hypothese selbst richtig sei. Diess kann man vermittelst der Dalton'schen Versuche über die Elasticität des Wasserdampfes. Diese werden bekanntlich mit hinreichender Schärfe innerhalb der Temperaturgrenzen, die in der Meteorologie vorkommen, durch die von Laplace in der *Mécanique céleste* gegebene Formel dargestellt. Bezeichnen wir nun mit t, t' die Temperaturen zweier gleichen mit Feuchtigkeit gesättigten Luftmengen, wo t, t' vom Siedpunkt gezählt ist, so wird Hutton's Hypothese empirisch erwiesen sein, wenn

$$\tfrac{1}{2}\left(e^{at-bt^2} + e^{at-bt'^2}\right) > e^{a\left(\frac{t+t'}{2}\right)-b\left(\frac{t+t'}{2}\right)^2}$$

Dass diess aber innerhalb jener Grenzen allgemein stattfindet, kann man leicht zeigen, wenn man für a, b die aus den Dalton'schen Beobachtungen bestimmten Zahlenwerthe setzt, wobei aber in dem Ausdruck $\frac{t+t'}{2}$ noch eine kleine Correction wegen der specifischen Wärme hinzuzufügen ist, deren quantitativer Werth sich aber aus den bisherigen Versuchen nicht genau bestimmen lässt. Da nun aber der Fall einer vollkommnen Sättigung nur selten vorkommt, so wird nur dann ein Niederschlag geschehen, wenn (mit t, t' die Temperaturen jener Luftmengen, mit d, d' ihre respectiven Condensationspunkte, beide vom Siedpunkt gezählt, bezeichnet)

$$\frac{1}{2}\left(e^{ad-bd^2}+e^{ad'-bd'^2}\right)>e^{a\left(\frac{t+t'}{2}\right)-b\left(\frac{t+t'}{2}\right)^2}$$

Die Hutton'sche Theorie ist also richtig für alle Niederschläge, die aus der Vermischung ungleich erwärmter Luftmengen entstehen. Dass diese Bedingung bei der Vermischung der Winde erfüllt ist, zeigt die thermische Windrose. Für diese Niederschläge muss also der Gang des Barometers und Thermometers sich einfach nachweisen lassen. Geschähen alle Niederschläge durch die Vermischung der Winde, so müsste für jeden einzelnen Fall das allgemein gefundene Gesetz sich bestätigen; gäbe es auch andere, so würde diess nicht stattfinden. Sind aber die Niederschläge durch die Winde die häufigsten, so wird für das Mittel sich die gegenseitige Abhängigkeit der Barometer-Veränderungen und Hydrometeore bestimmen lassen müssen Es ist also zunächst um eine Classification dieser zu thun.

Da ein Niederschlag geschehen muss, wenn die Temperatur der Luft bis zum Condensationspunkt des in ihr enthaltenen Wasserdampfs erniedrigt wird, so ist ein Hydrometeor abgeleitet, wenn der Grund dieser Temperaturerniedrigung nachgewiesen ist. Man kann dann alle Hydrometeore unter vier Classen bringen. Der Niederschlag geschieht nämlich:

1) An dem erkälteten Boden selbst, durch Ausstrahlung: Thau, Reif; durch eine vorhergegangene Kälteperiode: Glatteis.

2) Dadurch, dass horizontal fortfliessende Luft durch ein mechanisches Hinderniss gezwungen wird in eine höhere Gegend der Atmosphäre zu treten: stehende Wolken an Gebirgen, der Pilatus, Freygangs Bericht vom Ararat in seiner Reise nach dem Caucasus, p. 232., die Wolke am Tafelberge, Kranz Beschreibung eines Berges in Grönland, der wie der Zobten in Schlesien als Wetterprophet dient. Der 4200—4800 Par. Fuss hohe Tanargue, der wie eine lothrechte Mauer von W. nach O. sich erhebt, zeigt diess vorzüglich. In Joyeuse 5000 Toisen südlich von ihm fielen 1811 64 Zoll Regen, indess die Luft über Viviers, 8 französische Meilen östlicher, ungehindert im Rhonethale weiter nördlich fortziehen kann. In Viviers fielen in demselben Jahr nur $37\frac{1}{2}$ Zoll. — Periodische Regen auf beiden Seiten des Gategebirges in Ostindien, in Arabien, auf Zeylon, St. Domingo etc. Das umgekehrte Phänomen, indem die kältere Luft vom höheren Ufer auf den erwärmten See abfliesst, als localer Nebel auf Flüssen und Seen. (Humphry Davy in *Phil. Trans.* 1819, und Harvey's Beobachtungen.)

3) Dadurch, dass der Boden nach der Höhe als erkältend oder erwärmend wirkt.

a) In unmittelbarer Berührung mit dem Boden, wenn dieser als erkältend wirkt: der Stratus am Abend über der feuchten Wiese; als erwärmend: der Frostnebel über dem Polarmeer. (*Scoresby Arct. Reg.* 1. *p.* 435.)

b) — Plötzliches Eindringen einer erwärmten Luft über einen kälteren Boden, z. B. die Niederschläge bei einem SW. Sturm, der rasch in immer höhere Breiten dringt, die Schneefälle am Rande eines Eisfeldes und der kälteren Küste. —

c) Niederschläge durch Erniedrigung der Temperatur der ganzen über uns stehenden Luftsäule ohne Veränderung der Richtung des Windes. Beispiele in Saussure, Hygrom. §. 326., Regen aus blauem Himmel, feinster Nadelschnee bei sehr strenger Kälte. —

d) Alle Niederschläge durch einen aufsteigenden Luftstrom, nämlich der Cumulus, der sich über der Ebene bildet; die einzelne Wolke über einer isolirten kleinen Insel die täglichen Gewitter der Tropen und die einiger Schweizerthäler (Volta's Beschreibung); der Hagel, in sofern das Graupelkorn zum Hagelkorn wird; der steigende Morgennebel, der nach seinem Verschwinden wieder als leichte Bedeckung gegen Mittag hervortritt; alle Niederschläge, bei denen sich die Differenzen des Bodens geltend machen, die man in der Ebene Wetterscheiden nennt; endlich durch einen zufällig aufsteigenden Strom, das die Pinie eines Vulcans umgebende Gewitter (Beobachtungen auf Lancerote, der Hagel bei Eruptionen in Island, von Stephensen beschrieben).

4) Durch Vermischung der Winde: viele Tornados (Schotte's Beschreibung vom Senegal im Götting. Magaz. 3. p. 6.), besonders auf der sogenannten Regen- oder Donnersee nahe bei Guinea, jedes Gewitter, das in Landregen übergeht, unsre meisten Gewitter, Anfang und Ende des Landregens, Graupelschauer, das sogenannte Aprilwetter, dauernder Schneefall, Cirrus, Cirrostratus.

Die letzten Niederschläge sind die häufigsten. Erst wenn die Winde schweigen, kommen die Differenzen im Leitungs- und Ausstrahlungsvermögen des Bodens zu ihrem Recht, und daher ist der Sommer, wo die Winde wegen der rings um den Beobachtungsort gleichförmiger vertheilten Wärme nur schwach sind, die Zeit der mannigfaltigsten Wolkenbildung, und die einzeln schwimmenden Cumuli, entstehend und vergehend, je nachdem die Luft über Wald und Wiese, oder indem sie über eine wärmere Sandfläche strömt, sind dann im Allgemeinen ein auf dem Himmel projicirtes Bild des Bodens. Daher entstehen unter den Tropen jene täglich wiederkehrenden Gewitter, die so constant sind, dass, wie **Caldcleugh** von Brasilien erzählt, die Visiten nicht wie bei uns nach dem gereichten Getränk unterschieden werden, sondern man einander vor und nach dem Gewitter einladet, nur dann, wenn die einander entgegen wehenden Passate zwischen sich jene ruhige Stelle erzeugen, die wir die Gegend der Calmen nennen, und die, wie Humboldt gezeigt hat, genau der Sonne folgt. Daher finden wir bei uns nur Spuren jener Regelmässigkeit, und nur da, wo hohe Bergwände von allen Seiten den aufsteigenden Strom gegen Seitenströme schützen, z. B. am Comer See und Lago Maggiore; sie hören aber auf, wenn ein stärkerer Wind den aufsteigenden Strom aufhebt (so beobachtete Configliachi, dass 14 Tage hinter einander Mittags im Thal Molina sich bildende Gewitter aufhörten, als ein stürmischer Wind von Intelvio her ein stärkeres Gewitter brachte). Daher hängen im Winter, wo die Temperaturdifferenzen der Winde entschieden überwiegend sind über die durch den Boden bedingten Unterschiede, die ausserdem häufig durch eine gleichförmige Schneedecke vollkommen verwischt sind, fast alle Niederschläge nur von der Vermischung der Winde ab, dauernde Trübung wechselt mit dauernder Helle, und der Uebergang ist nur durch langgezogene Cirri vermittelt; daher sah Scoresby im Eismeer nur Cirrus, Cirrostratus und Cirrocumulus, nicht den Cumulus. (*Arct. Reg.* I. *p.* 419.) Nur zwischen Küste und See findet noch ein Gegensatz statt, und die kreisförmig mit Schnee umgebenen Eisfelder verdanken diesen Gürtel dem Kampfe des Südwindes mit der eiskalten über ihnen stehenden Luft, die wie ein durchsichtiger Gletscher seinem Andrang oft Stunden lang widersteht. Und alle diese so verschieden entstehenden Niederschläge soll das Barometer und Thermometer auf gleiche Weise angeben! Man kann diese Anforderung wohl unbillig nennen.

Abstrahiren wir von dem Einfluss der Vermischung des Wasserdampfes mit der Luft und dem seines Herausfallens auf das Barometer, der natürlich allen Niederschlägen gemein ist, so werden die Niederschläge der drei ersten Klassen mit den Veränderungen desselben in mittelbarem Zusammenhange stehn, die Niederschläge der vierten Klasse in unmittelbarem.

1) Die Niederschläge durch Ausstrahlung am Boden selbst hängen bekanntlich von der Bedeckung des Himmels ab. Sie werden also am stärksten sich zeigen bei den Winden, welche eine dauernde Helle erzeugen und sich umgekehrt verhalten wie die Intensität derselben. Der Zusammenhang der Thaubildung mit hohem Barometerstand ist also ein zufälliges Zusammentreffen der Bedingungen, die beide Erscheinungen erzeugen. Direct sind sie von einander unabhängig.

2) Der Zusammenhang der Niederschläge am Gebirge mit dem Barometer hängt ab von der relativen Lage des Gebirges zum Beobachtungsorte. So erwartet man im sächsischen Erzgebirge, wenn bei hellem Wetter sich die Berge einziehen, Schnee und Regen (einen südlichen Wind), und man sagt dann: die Berge brauen, die böhmischen Nebel kommen. Göthe stellt zur Morphologie, 2, p. 62—75., den Satz auf: „bei hohem Quecksilber wirft sich die Feuchtigkeit an's Gebirg, bei niedrigem vom Gebirg in's Land.“ Gründet sich dieser Satz auf Beobachtungen, so heisst er nichts anders als: ich habe mein Barometer an einem Ort beobachtet, der nördlich von einem Gebirge liegt.

3) Alle durch einen aufsteigenden Strom entstehende Niederschläge können nur geringen Einfluss auf das Barometer haben. Diess zeigen die geringen Oscillationen des Barometers unter den Tropen bei den wüthendsten Regengüssen, Caselli's Beobachtungen bei dem Ausbruch des Vesuvs 1794. Solche Niederschläge können auch bei hohem Barometer stattfinden, daher entspricht der Cumulus häufig demselben. Die durch Einströmen eines heftigen Windes entstehenden Niederschläge über einen erkälteten Boden, hängen ab von der Beschaffenheit desselben.

4) Die von der Veränderung der Windesrichtung abhängigen Niederschläge müssen in genauem Zusammenhange mit den Veränderungen der Temperatur und des Barometers stehen, und wenn sie die häufigsten sind, so werden die mittleren Veränderungen dieser Instrumente überhaupt den Hydrometeoren entsprechen.

Welche Windesrichtungen sind es aber, die wir hier vorzugsweise zu berücksichtigen haben, oder sind sie alle gleichbedeutend?

2) Die Luftströme, deren gegenseitiges Verdrängen die Niederschläge bedingt.

A) Empirische Data.

Besonders im Winter, der Zeit, wo wegen der grösseren Temperaturdifferenzen der nördlich und südlich von dem Beobachtungsorte gelegenen Gegenden alle Witterungserscheinungen fast nur durch die Winde bedingt sind, habe ich durch Vergleichung der unten beobachteten Windesrichtung mit dem Zuge der höheren Wolken und der Richtung der Streifen des Cirrus gefunden, dass bei SW. und NO-Winden die untere Windesrichtung auch dem Zuge der höchsten Wolken entspricht, dass hingegen bei W. und NW., bei O. und SO. die Richtung der Windfahne und der tieferen cumulusartigen Wolken rechtwinklig auf der oberen Windesrichtung ist. Ausserdem habe ich bemerkt, dass, wenn nach einem barometrischen Minimum bei SW. der Wind sich nach Westen wendet und nach Norden herumgeht, dunkle gebirgsartige Cumulostrati vom Westhorizont heraufrücken, vor welchen unmittelbar ein kalter Wind herweht, welcher das Barometer erhebt, und im Winter mit dichtem Schneegestöber, im Frühling mit Graupelschauern, im Sommer mit Blitzschlägen verbunden ist. Diese Erscheinung wiederholt sich gewöhnlich sehr häufig, während der durch die Zwischenräume der untern Wolkenmassen in den obern Luftregionen sichtbare Cirrus ungestört in seiner Richtung von SW. nach NO. stehen bleibt; mit jedem neuen Niederschlag steigt das Barometer sprungweise, doch rückt die untere Wolkenbildung immer höher hinauf; endlich bricht die Wolkendecke; eben so verschwindet, bei raschem Durchgange der Windfahne durch N. nach NO., oben der Cirrus. In NO. bleibt die Windfahne stehen, der Himmel ist vollkommen heiter, das Barometer hat, so wie die Kälte, ihr Maximum erreicht. So wie das Barometer zu fallen anfängt, erscheinen auf dem dunkeln Himmelsgrunde feine Cirri in der Richtung von S. oder SW. nach N. oder NO., welche sich immer mehr zu jenem weisslichen Ueberzuge verdichten, welcher der Bildung von Höfen um Sonne und Mond vorzüglich günstig ist, die daher mit Recht als ein Anzeichen schlechten Wetters angesehen werden. Die Windfahne zeigt mit fallendem Barometer O. und SO., also rechtwinklig auf die Richtung des Cirrus. Sind Cumuli in den unteren Gegenden der Atmosphäre, so werden sie allmälig von dem sichtbar herabkommenden Cirrus aufgenommen, und häufig regnet es dann im Winter, während unten der Boden noch hart gefroren ist. Durch S. geht die Windfahne rasch hindurch, es regnet mit gewöhnlich stürmischem SW. *).

Aus diesen Beobachtungen schliesse ich: **dass es zwei einander entgegengesetzte Winde giebt, welche**

*) Man wundert sich häufig, warum, wenn nach einer heftigen Kälte SW. weht, auch sogleich Thauwetter eintritt. Diess kommt daher, weil der SW. schon durch die ganze Atmosphäre vorher hindurch gedrungen war, nur noch nicht unten. So beobachtete ich am 18. Januar 1828, dass nach dem barometrischen Maximum der warme Wind mit stark fallendem Barometer in den höheren Gegenden der Atmosphäre schon so sehr das Uebergewicht erhalten hatte, dass, während es unter —5° war, theils wirklicher Regen fiel, theils durchsichtige Eisstückchen, denen man es ansah, dass sie nur im Fallen gefrorene Regentropfen waren.

durch die ganze Atmosphäre hindurchwehen; bemerke aber ein- für allemal, dass, was ich von SW. und NO. sage, für viele Orte von W. und O. gilt, dass auch an demselben Orte sich die Richtung jener Hauptwinde in den verschiedenen Jahreszeiten verändert.

Diese Winde nenne ich Luftströme, und zwar den einen den nördlichen, den andern den südlichen. Aus den früher angeführten Beobachtungen folgt, dass die Erscheinungen der Westseite ein Uebergang des südlichen Stromes in den nördlichen sind, und zwar geschieht das Verdrängen des südlichen Stromes durch den nördlichen zuerst in den unteren Gegenden der Atmosphäre, dann auch in den oberen. Die Erscheinungen der Ostseite hingegen sind ein Uebergang des nördlichen Stromes in den südlichen, und das Verdrängen des nördlichen Stromes durch den südlichen geschieht zuerst in den oberen Gegenden der Atmosphäre, dann auch in den unteren. Westliche und östliche Winde haben daher beide über sich südliche, aber mit dem Unterschiede, dass bei Westwinden die obere Windesrichtung durch die untere, bei Ostwinden die untere durch die obere verdrängt wird. Wir müssen nämlich das festhalten, dass die mittlere Windesrichtung eine Abstraction ist, welche nie zur Erscheinung kommt. Die Thatsache ist, dass an einem bestimmten Orte die Luft eine Zeit lang nach Süden strömt, dann wieder nach Norden. Die Dauer dieser Ströme, ihre relative Geschwindigkeit zusammen betrachtet, giebt die mittlere Windesrichtung. Die Wochen lang fast unverändert NO. zeigende Windfahne ist mir der gesehene nördliche Strom, der eben so lange wehende SW. mit immer erneuertem Niederschlag der gesehene südliche Strom, die, sich gegenseitig verdrängend, in ihrem Uebergang die Mittelwinde erzeugen, wobei es gleichgültig ist, ob der NO-Strom eine mehr östliche Richtung hat, der SW-Strom eine mehr westliche. Denken wir uns die Niederschläge überhaupt entstehend aus den Temperaturdifferenzen der entschieden nördlichen und südlichen Winde, so werden wir die Winde W. und O. als die Grenzpunkte beider anzusehen haben, so dass von W. durch N. nach O. der nördliche, von O. durch S. nach W. der südliche das Uebergewicht hat.

Das Charakteristische dieser Ströme ist, dass sie für die meteorologischen Elemente Extreme sein müssen, und zwar fallen diese nicht auf N. und S., sondern mehr auf NO. oder O. und SW. oder W. Denn da z. B. der NO. eigentlich ein N. ist, welcher aus nördlichern Gegenden herkommt als der N., der SW. ein Süd, welcher aus südlichern Gegenden herkommt als der S., so wird der NO. trockner, kälter und schwerer sein als der N., der SW. feuchter, wärmer und leichter als der S.

Als Beispiel eines an der See gelegenen Ortes Hamburg nach Buek's Berechnung:

	N.	NO.	O.	SO.
Barometer	336,4	336,8	336,3	336,2
Thermomet.	6,4	6,1	6,7	7,6
Hygrometer	70,2	68,7	70,1	73,6
unter 1000 Beob. Frost	180	230	231	124
unter 1000 Beob. Thauwetter	8	5	6	26

	S.	SW.	W.	NW.
Barometer	334,9	334,6	335,5	336,2
Thermomet.	8,0	8,1	7,4	6,7
Hygrometer	74,0	74,2	73,8	71,1
unter 1000 Beob. Frost	60	36	37	68
unter 1000 Beob. Thauwetter	31	35	20	14

Entstehen nun die Niederschläge aus dem Uebergange dieser Ströme in einander, so werden die Extreme derselben, wegen des Gesetzes der Drehung, nicht auf SW. und NO., sondern auf W. und O. fallen müssen.

	N.	NO.	O.	SO.	S.	SW.	W.	NW.
Regen	217	131	102	147	260	305	334	289
Regen, Schnee etc.	266	191	169	181	291	343	382	344

Als Beispiel eines von der See entfernten Ortes Karlsruhe nach Eisenlohr's Berechnung:

1) Anzahl.

Wind	Jahr.	Winter.	Frühling.	Sommer.	Herbst.
N.	107,84	20,04	34,04	31,78	21,98
NO.	245,26	64,89	65,12	49,83	65,43
O.	89,85	26,95	24,09	16,06	22,76
SO.	12,71	2,68	2,64	3,30	4,09
S.	30,91	6,97	7,73	7,51	8,69
SW.	385,89	105,09	82,71	99,37	98,71
W.	177,46	34,99	46,66	53,55	42,26
NW.	45,08	8,38	13,02	14,60	9,08
Mittel	1095,00	270,00	276,00	276,00	273,00

2) Barometer. (*b.* 10° R.) 27″+

Wind	Jahr.	Winter.	Frühling.	Sommer.	Herbst.
N.	10‴,715	11‴,325	10‴,055	10‴,772	11‴,032
NO.	10 ,967	11 ,381	10 ,482	10 ,760	11 ,182
O.	10 ,513	10 ,637	9 ,946	10 ,347	11 ,183
SO.	9 ,496	10 ,326	8 ,835	9 ,582	9 ,444
S.	8 ,782	8 ,782	8 ,380	9 ,583	8 ,413
SW.	9 ,387	9 ,702	8 ,750	9 ,530	9 ,447
W.	9 ,660	9 ,863	9 ,293	9 ,759	9 ,798
NW.	10 ,301	10 ,504	9 ,818	10 ,450	10 ,605
Mittel	10‴,026	10‴,362	9‴,542	10‴,033	10‴,179

3) Thermometer*) (Réaum.)

Wind	Jahr.	Winter.	Frühling.	Sommer.	Herbst.
N.	7°,900	−1°,132	7°,494	14°,381	7°,332
NO.	6 ,615	−1 ,848	7 ,814	15 ,498	7 ,145
O.	6 ,809	−1 ,074	8 ,690	16 ,120	7 ,603
SO.	9 ,765	+0 ,850	11 ,418	16 ,805	8 ,792
S.	10 ,095	3 ,510	11 ,095	15 ,806	9 ,542
SW.	8 ,801	3 ,264	8 ,831	14 ,719	8 ,695
W.	9 ,766	2 ,257	9 ,264	15 ,367	9 ,393
NW.	9 ,195	1 ,094	7 ,959	15 ,239	8 ,640
Mittel	8°,288	1°,061	8°,534	15°,110	8°,258

*) Es ist nicht angegeben auf welche Weise die täglichen thermischen Veränderungen eliminirt worden sind.

4) Heller Himmel*)

Winde.	Jahr.	Winter.	Frühling.	Sommer.	Herbst.
N.	5,50	5,48	5,88	5,26	5,35
NO.	3,04	4,04	2,71	2,71	2,94
O.	3,11	4,07	2,78	2,76	2,93
SO.	5,15	7,13	5,90	5,07	4,12
S.	11,46	27,18	10,25	7,88	11,87
SW.	17,29	28,69	16,51	14,01	15,05
W.	14,20	23,41	12,83	12,20	14,19
NW.	9,86	32,64	9,67	6,29	14,19
Mittel	6,31	8,34	5,55	6,05	5,93

5) Trüber Himmel.

Winde.	Jahr.	Winter.	Frühling.	Sommer.	Herbst.
N.	2,85	1,92	2,95	4,75	2,40
NO.	4,14	2,41	5,86	13,05	3,76
O.	4,51	2,51	8,95	14,33	4,26
SO.	3,81	2,04	6,59	5,68	3,93
S.	2,60	1,69	3,04	3,99	2,61
SW.	2,17	1,60	2,47	3,09	2,11
W.	2,68	1,75	2,95	4,07	2,43
NW.	2,83	1,84	2,92	4,56	2,42
Mittel	2,79	1,88	3,36	4,41	2,62

6) Niederschlag.

Winde.	Jahr.	Winter.	Frühling.	Sommer.	Herbst.
N.	5,469	4,724	4,803	6,641	6,078
NO.	11,917	10,428	11,483	16,992	11,344
O.	14,879	12,670	17,288	14,638	16,050
SO.	5,635	4,385	5,091	5,680	7,522
S.	3,238	3,602	2,982	3,076	3,376
SW.	2,750	2,571	2,660	2,992	2,807
W.	3,600	3,322	3,612	3,842	3,548
NW.	4,224	3,520	3,936	4,992	4,402
Mittel	4,235	3,915	4,274	4,457	4,328

*) Bei den Tafeln 4, 5, 6, 7, 8, 9, 10 bedeutet die Zahl, unter wieviel Tagen die Ueberschrift einmal eintrat.

7) Bewölkt.

Winde.	Jahr.	Winter.	Frühling.	Sommer.	Herbst.
N.	2,311	2,698	2,332	1,957	2,443
NO.	1,701	2,283	1,467	1,199	1,740
O.	1,649	2,237	1,334	1,157	1,629
SO.	2,057	2,781	1,875	1,789	1,919
S.	2,661	3,217	2,546	2,260	2,663
SW.	2,898	3,276	2,798	2,538	2,898
W.	2,678	3,169	2,606	2,363	2,752
NW.	2,539	3,117	2,557	2,094	2,702
Mittel	2,403	2,866	2,239	2,091	2,427

8) Gewitter.

Winde.	Jahr.	Winter.	Frühling.	Sommer.	Herbst.
N.	65,63	—	68,62	34,20	103,33
NO.	97,56	2774,00	74,49	35,10	346,00
O.	106,22	1153,00	85,00	32,76	481,50
SO.	31,82	—	12,44	28,40	57,67
S.	20,28	299,00	18,22	8,28	52,57
SW.	31,00	321,71	30,18	13,06	56,53
W.	26,74	374,50	25,66	13,56	55,88
NW.	28,26	—	39,36	12,84	76,60
Mittel	39,65	550,29	38,42	16,67	82,54

9) Schnee.

Winde.	Jahr.	Winter.	Frühling.	Sommer.	Herbst.
N.	19,47	6,24	18,71	—	42,27
NO.	35,87	14,60	43,75	—	72,84
O.	48,41	24,53	56,67	—	68,79
SO.	45,08	11,40	56,00	—	—
S.	164,75	37,37	—	—	—
SW.	32,09	12,91	35,36	—	64,35
W.	28,77	8,51	34,07	—	61,66
NW.	16,29	4,92	14,13	—	63,83
Mittel	30,70	11,67	32,82	—	66,41

10) Sturm.

Winde.	Jahr.	Winter.	Frühling.	Sommer.	Herbst.
N.	164,07	85,50	120,08	456,00	310,00
NO.	401,50	231,17	459,33	356,83	1384,00
O.	254,93	115,30	510,00	688,00	481,50
SO.	108,20	114,00	112,00	142,00	86,50
S.	29,29	27,18	27,33	35,89	28,31
SW.	17,36	9,77	16,91	82,15	18,35
W.	34,71	19,97	31,41	128,06	28,84
NW.	62,00	51,29	45,92	78,36	95,75
Mittel	35,46	19,69	37,10	121,10	36,75

Die Betrachtung dieser Tafeln, welche uns als Beispiele für die folgenden Untersuchungen dienen werden, zeigt sogleich, dass mit Ausnahme der Anzahl der Winde, welche wir sogleich näher untersuchen werden, die Maxima und Minima mit continuirlicher Abnahme von dem einen zu dem andern fast immer auf SW. und NO. fallen. Auffallend könnte es scheinen, dass für die Wolkenbildung das Maximum auf NO. oder O. fällt. Da aber diese Winde den Himmel aufhellen, so tritt hier bei der geringen Intensität des Stromes die Wirkung des Bodens am entschiedensten hervor; ausserdem erscheint bei O. schon in der Höhe der als Cirrus sich darstellende südliche Strom. Südliche Winde erzeugen hingegen vollkommene Bedeckung häufiger als einzelne Wolken.

Ein Hauptgrund aber, gewisse Punkte der Windrose als die der Richtung der Ströme entsprechenden anzusehen, muss natürlich in der Anzahl der Winde gesucht werden. Die Winde selbst nämlich, welche der Richtung der Ströme entsprechen, und einander in der Windrose grade gegenüber liegen, müssen in Beziehung auf ihre Anzahl Maxima sein.

Da wo diese Erscheinung am reinsten hervortritt, nehmen von den beiden Maximis der Anzahl, nach den beiden

Minimis, die Zahlenwerthe der Winde continuirlich ab. Aber natürlich verhält sich die Luft nicht so wie ein in ein Bette eingeschlossener Fluss. Während im Herbst das barometrische Minimum zwischen SSW. und S. fällt, fällt es im Sommer zwischen S. und SSO., im Frühling auf SSO., im Winter hingegen auf S. Der nördliche Strom, im Winter mehr nach Ost fallend, rückt im Sommer mehr nach West hin, der südliche Strom fällt im Sommer mehr nach O., im Winter mehr nach West. In dem jährlichen Mittel erscheinen daher erst bei längeren Beobachtungsreihen die sich in den einzelnen Jahreszeiten in Beziehung auf ihre Richtung verschiebenden Ströme gleichsam fixirt an bestimmten Punkten der Windrose, ja oft lassen sich die Eigenthümlichkeiten der Jahreszeiten selbst nach langen Beobachtungsreihen im jährlichen Mittel erkennen. Ebenso zeigen sich Abweichungen, wenn man einzelne Jahre mit einander vergleicht. Einzelne Beispiele werden diess erläutern.

1) In Beziehung auf die Dauer der einzelnen Winde hat die Windrose zwei einander gegenüberliegende Maxima mit continuirlicher Abnahme nach den Minimis.

Nach 20jährigen Beobachtungen in Hamburg wehten länger als 5 Tage:

N.	NO.	O.	SO.	S.	SW.	W.	NW.
2	25	51	22	—	70	93	34

Ganz dieselben Verhältnisse scheinen in grösserer Entfernung vom Meere Statt zu finden. Nach 43jährigen Beobachtungen ist nämlich das Verhältniss der Veränderungen zur Anzahl in Karlsruhe:

N.	NO.	O.	SO.	S.	SW.	W.	NW.
409,4	258,1	338,7	687,6	643,3	229,6	387,2	593,1

woraus hervorgeht, dass der NO. und SW. die beständigsten Winde sind.

In Beziehung auf die Anzahl finden wir:

Ort.	Anzahl d. Jahre.	N.	NO.	O.	SO.	S.	SW.	W.	NW.	Maxima fallen auf:
Strasburg	13	65	51	158	53	186	123	317	95	O. und W.
Hamburg	30	381	1130	1339	1134	504	2164	2696	1600	dito
Apenrade	9	700	1183	1684	847	739	1368	1749	1585	dito
Copenhagen	50	4910	4861½	6607½	5918½	7051	9361	10448	6892½	dito
Berlin	25	1068	1965	3227	2658	1349	6031	6149	1826	dito
Petersburg	20	852	772	961	680	835	905	1292	1009	dito
Lüneburg	10 — 20	16	31	35	32	29	63	97	62	dito
Keswick	5	5	6	15	9	15	17	24	9	dito
Gosport	3	10	9	14	8	11	13	21	14	dito
Cork	2	11	7	14	6	10	15	22	15	dito
München	7	6	5	18	4	10	20	34	3	dito
Würzburg	5	11	9	10	6	9	16	23	16	dito
Erfurt	5	5	7	21	5	4	17	29	12	dito
Mailand		7	13	26	9	4	12	20	9	dito
Padua		8	17	28	4	7	12	21	3	dito
Paris	27	1589	2432	735	1170	1319	3630	1265	1560	auf NO. und SW.
New Malton	6	15	15	6	5	15	22	13	9	dito
Kendal	5	9	22	3	5	6	38	11	6	dito
London	12	283	584	322	321	235	989	478	689	dito mit (NW.)
Sagan	5	6	12	9	9	17	24	11	12	dito
Mansfield, Woodhouse	10	131	395	195	195	176	994	702	682	dito mit (SO.)
Stuttgard	10	1240	1608	1680	875	837	2328	842	1126	NO. und SW.
Karlsruhe	42	4594	10439	3824	541	1318	16460	7567	1922	dito
Penzanze	21	741	781	770	835	839	1145	1104	1455	dito

Ort.	Anzahl d. Jahre.	N.	NO.	O.	SO.	S.	SW.	W.	NW.	Maxima fallen auf:
Manchester	3	0	10	5	12	10	39	12	12	NO. u. SW. mit (SO.)
Skagen	9	699	1265½	796½	1493½	1183½	2328	1761	1230	dito —
Southwick	11	249	492	291	376	276	1116	367	784	dito (NW. u. SO.)
Clunie Manse	4	3	11	9	11	2	28	15	21	dito dito
Manheim	10	1133	1399	1283	1345½	1038	1707½	1274	1539	dito dito
Viborg	1	1	11	4	16	2	30	9	27	dito dito
Regensburg	7	9	12	13	15	2	8	20	21	NW. und SO.
Amsterdam	54	27½	33¾	54¾	27½	31¾	77¼	66½	40	O. und SW.
Toulouse	10	38	25	10	89	6	13	95	89	W. und SO.
Christiansöe	8	441	819	859	969	702	1426	1631	1105	dito
Montpellier	37?	74	58	52	29	31	10	35	76	NW. und S.
Stockholm	4	15	11	11	9	12	14	19	9	N. und W.
Kasan	1	67,5	42	4	102	88	80	7	35,5	N. und SO.
Söndmör	12	697	252	388	434	939	239	1390	199	N. und S. mit (W.)
Cuxhaven	10—20	31	27	49	36	22	72	56	72	O. und W. mit (NW.)
Moskow	5	25,6	35,8	81,6	36,7	54,9	38,3	58,8	33,3	O. und W. mit (S.)

Unter den 40 verglichenen Orten finden wir 15 Orte, wo die Maxima auf O. und West fallen, und zwar mehr im nordöstlichen Europa, 14 wo die Ströme auf NO. und SW. fallen, und zwar mehr in den südwestlichen Theilen von Europa. Bemerkenswerth ist, dass, weil besonders in der Nähe des Meeres die Extreme der Wärme und Kälte im Sommer auf NW. und SO., im Winter auf NO. und SW. fallen, an 4 Orten schwächere Zwischenströme hervortreten, die in 5 andern Orten noch etwas bemerklich sind. Jene Verrückung des Kältepoles und Wärmepoles der Windrose in den Jahreszeiten habe ich für Paris (p. 114) nachgewiesen. An 7 Orten fallen die Extreme einander nicht genau gegenüber, und an 2 tritt noch ein kleineres Maximum ein.

Aehnliche Abweichungen zeigen sich natürlich in den einzelnen Jahren.

So fielen nach 51jährigen Beobachtungen in Berlin die

Maxima auf	O.	und	W.	in	11	Jahren
-	NO.	-	SW.	-	4	-
-	NW.	-	SO.	-	1	-
-	NO. u. SW.	-	NW. u. SO.	-	3	-
					19	

auf O. und SW.	in	18	Jahren
- NO. - W.	-	1	-
- SO. - W.	-	4	-
		23.	

In neun Jahren trat ein drittes Maximum hervor.

Beispiele eines Maximums und eines Minimums dadurch entstanden, dass das Maximum mit seinem Nebenwind gleich stark wird, habe ich nur gefunden in:

	Jahr.	N.	NO.	O.	SO.	S.	SW.	W.	NW.
Hofmansgave	4	7	9	10	14	14	20	15	11
Lancaster	6	4	10	10	10	15	26	19	6
Göttingen		10	10	9	13	17	16	13	12

Weitere Belege hat Kämtz gegeben, Meteorol. I. 251.

Fragt man aber nach den Luftmengen, welche bei den verschiedenen Winden über den Beobachtungsort fliessen, so muss man die Intensitäten summiren. Achtjährige Beobachtungen in Sagan (1781—1788) gaben in dieser Beziehung:

Winde.	Anzahl.	Summe der Intensitäten.	Mittlere Intensität.
N.	463	720	1,544
NO.	1098	1737	1,582
O.	725	1219	1,681
SO.	844	1005	1,191
S.	1355	1855	1,369
SW.	2136	3919	1,835
W.	934	1869	2,001
NW.	1015	1698	1,673

Also auch in dieser Beziehung finden sich 2 Maxima, eines bei SW. und eines bei NO. Diese Beobachtungen, deren jährliche Mittel Herr Bobertag zu berechnen die Güte gehabt hat, zeigen ausserdem das Maximum der Intensität zwischen SW. und W. und diese abnehmend, je nördlicher der Wind , ird.

B) Theoretische Betrachtungen über die Ströme.

Die angeführten Beispiele haben gezeigt, dass der SW. und NO. (oder in andern Gegenden der W. und der O.) sich in allen Erscheinungen als Extreme geltend machen, dass sie, um uns einer schönen Bezeichnung von Howard zu bedienen, die wahren Moussons unsrer Gegenden sind. Es wird daher hinlänglich motivirt erscheinen, dass wir das Drehungsgesetz selbst aus ihrem gegenseitigen Verdrängen ableiteten. Jetzt, wo es uns darauf ankommt, die atmosphärischen Erscheinungen zu erörtern, welche dieses Verdrängen begleiten, müssen wir nothwendig ermitteln, in welcher Beziehung zu einander die einzelnen aufgeführten Eigenschaften dieser Ströme stehen, wir müssen sehen, ob nicht eine Grundeigenschaft derselben die übrigen bedingt. Das Charakteristische dieser Ströme wird sich aber immer auf ihre Temperatur-Verhältnisse zurückführen lassen und auf die verschiedene Art, auf welche die Erde bei ihrem Fortschreiten auf sie wirkt.

In Beziehung auf den Druck wird sogleich klar, dass wegen der grösseren spezifischen Dichtigkeit der kälteren Luft des nördlichen Stroms das Barometer, wenn er vorwaltet, höher stehen wird, hingegen desto tiefer, je grösser die Intensität des südlichen Stromes, d. h. je grösser der Breitenunterschied der Orte ist, von welchen die Luft kommt, und zu welchen sie gelangt.

In Beziehung auf die Richtung haben wir früher schon nachgewiesen, muss der durchgedrungene nördliche Strom als NO., zuletzt fast als O., der durchgedrungene südliche Strom als SW., zuletzt fast als W. erscheinen, denn die meisten Winde sind Lügner, sie kommen nicht aus der Gegend, aus welcher sie sagen. Der ONO., der NO. und der NNO. sind weit mehr Nord als der Nord selbst, ebenso der WSW., der SW. und der SSW. mehr Süd als der Süd selbst.

In Beziehung auf die Intensität sieht man leicht ein, dass die des nördlichen Stromes bei dem Fortschreiten allmählig abnehmen, die des südlichen allmählig zunehmen muss. Wäre die Erde ein grader Cylinder, der sich um seine Achse drehte, so würde die Rotationsgeschwindigkeit aller Breitenkreise dieselbe sein, ebenso wie der Zwischenraum zwischen zwei Meridianen überall gleich. Es würde dann die Richtung und die Intensität eines nördlichen Stromes sowohl als die eines südlichen beim Fortschreiten unverändert bleiben. Da aber die Meridiane der kugelförmigen Erde vom Pole nach dem Aequator hin sich allmählig erweitern, so wird das Bette des nördlichen Stromes, je weiter er nach Süden vordringt, immer breiter, das Bette des südlichen hingegen immer schmäler. Mit der Ablenkung des nördlichen Stromes nach Ost nimmt also auch seine Intensität ab, mit der

Ablenkung des südlichen Stromes nach West nimmt seine Intensität zu.

In Beziehung auf die Feuchtigkeit beider Ströme sieht man eben so leicht, dass der nördliche der trocknere, der südliche der feuchtere sein muss, und zwar sowohl relativ als absolut. Denn da beide von ungleich temperirten Orten ausgehen, so wird bei sonst gleichen Bedingungen die absolute Wassermenge des nördlichen Stromes geringer sein als die des südlichen. Die rasch dem Pol zuströmende warme Aequatorialluft, tritt ausserdem in immer höhere Breiten, ihre Dampfcapacität wird daher durch die Wirkung des minder erwärmten Bodens fortwährend vermindert, sie muss daher beim Fortschreiten ihrem Condensationspunkt immer näher treten; die kältere Luft des ruhig fliessenden nördlichen Stromes kommt hingegeu in immer niedere Breiten, ihre Dampfcapacität wird fortwährend erhöht, sie wird Wasser aufnehmen, statt es fallen zu lassen. Während daher der südliche Strom in immer erneuerten Niederschlägen seinen Wasserdampf verliert, bleibt bei dem nördlichen Strom, wie beim NO-Passat, der Himmel heiter. Als Beleg können die Pariser Beobachtungen dienen. Für die 8 Hauptwinde erhielt ich nämlich in den Jahren 1821—1825 für den Stand des Saussure'schen Haarhygrometers, wenn man, da das Instrument vom Winter zum Sommer entschieden der Trockenheit zugeht, aus den 12 monatlichen Mitteln das jährliche bestimmt, folgende Werthe:

N.	NO.	O.	SO.	S.	SW.	W.	NW.
78,6	74,8	66,1	77,4	83,7	80,1	78,8	77,9.

Was die Veränderung der Richtung des Stromes und das Verhältniss der Anzahl der einzelnen Winde zu einander betrifft, so ist diese von sehr verschiedenen Ursachen abhängig. Entstände der nördliche Strom während einer Periode seines Vorwaltens, die manchmal wochenlang dauert, immer gleichweit nördlich vom Beobachtungsorte, und bliebe seine Intensität ausserdem dieselbe, so würde die Windfahne unverändert nach derselben Richtung weisen (Fig. 8.), wenn der Strom nämlich bereits die der Rotationsgeschwindigkeit beider Orte und den hierbei mitwirkenden Elementen entsprechende Ablenkung erfahren hat. Verwandelt sich aber der bereits fast östlich gewordene Strom, am weiteren Vordringen gehindert, irgendwo südlich vom Beobachtungsort in einen wahren Ost, so wird zunächst die Luft dort in relative Ruhe zu der rotirenden Erde treten, dort also Nord werden, und auch am Beobachtungsorte nördlicher. Es wird die Windfahne daher langsam zwischen NNO. und ONO. hin und her schwanken (Fig. 9.). Da aber zu verschiedenen Zeiten die Entfernung des Anfangspunktes des nördlichen Stromes verschieden sein wird, da ausserdem bei langsamer Strömung durch die länger dauernde Reibung der untern Schichten an der Oberfläche des Bodens der dazwischen gelegenen Orte die östliche Ablenkung stärker werden wird, als bei rascher Strömung, so wird überhaupt NO. und O. in Beziehung auf die Anzahl sich nicht viel unterscheiden, das Maximum bald auf diesen, bald auf jenen Strich der Windrose fallen. Aus ähnlichen Gründen sieht man leicht, dass der schnell fliessende südliche Strom der in seiner Constanz SW. ist (Fig. 10.) in der Regel ein Schwanken zwischen SW. und W. zeigen wird (Fig. 11.), dass also die Anzahl dieser Winde sehr gross sein wird, und dass zugleich, wenn man alle diese Schwankungen mitzählt, das Uebergewicht der Drehung im regelmässigen Sinne zwar immer Statt finden muss, aber sehr klein werden kann, und verhältnissmässig desto kleiner, je kürzer die Zeitabschnitte sind, in welchen die Beobachtungen auf einander folgen. Süd und Nord im Sinne des Drehungsgesetzes v o r dem Maximum liegend werden im Allgemeinen sehr selten vorkommen, wenn nicht lokale Ursachen, wie das Verhältniss der Lage der Küste zum Meer, oder die Richtung eines Thales die Ströme an diese Punkte der Windrose fixiren. Nach dieser Betrachtung müste der Südost und der Nordwest ebenfalls selten vorkommen. Diess ist für den SO. auch wirklich der Fall, keineswegs aber besonders im westlichen Europa für den NW. Die Erklärung seiner Häufigkeit für den Sommer ist durch die Lage des Meeres einfach gegeben. Warum aber auch im Winter der nördliche Strom, überhaupt im Mittel, sehr oft als NW. entsteht, findet seine Erklärung in der Gestalt der Isothermen, welche, wie wir später sehen werden, gewiss nicht allein durch Luftströme bedingt wird. Denn die niedrige Temperatur Nordamerikas erzeugt kalte Luftströme in das wärmere Wasserbecken des atlantischen Oceans, die mit den als SW. erscheinenden südlichen Stömen zusammentreffend, wenn sie endlich jene verdrängen, in NO. sich verwandeln, wo sie den SW. wahrscheinlich auf ihrer östlichen Seite lassen, der nun nach dem Pol heraufströmend an nördlicheren Punkten den nördlichen Strom durchbrechen mag, wo beide Ströme dann als Extreme neben einander liegen.

In Beziehung auf das Verdrängen der Ströme durch einander, habe ich die Beobachtungen angeführt, aus welchen ich geschlossen habe, dass das Verdrängen des nördlichen durch den südlichen zuerst in den obern, dann in den untern, das Verdrängen des südlichen durch den nördlichen zuerst in den untern, dann in den obern Schichten der Atmosphäre geschieht, eine Erscheinung, die (Fig. 12.) bildlich dargestellt ist. Da aber eine solche Behauptung nicht einer näheren Prüfung durch Rechnung unterworfen werden kann, da sie also vornehmlich auf die Versicherung der Beobachter sich gründen muss, so kann nur die Uebereinstimmung unter denselben für ihre Wahrscheinlichkeit sprechen. Wer möchte aber, wo es auf directe Beobachtung der Himmelsansicht ankommt, zuverlässiger sein als Howard. In seinem *Climate of London* I. *p.* 127. heisst es: „wenn nach einer drückenden feuchten Hitze und allmähliger Aufthürmung von Gewitterwolken mit elektrischen Entladungen ich eine Art von Eisstückchen aus den Wolken fallen sehe, dann starken Hagel und zuletzt Regen, wenn ich dann einen kalten West oder Nordwind herrschend werden sehe, so habe ich ein Recht anzunehmen, dass der letzte als ein kalter Körper in Masse plötzlich und entschieden auf die warme Luft gewirkt hat, in der ich mich vor dem Unwetter befand. Wenn hingegen nach einem kalten trocknen Nordostwind der Himmel sich eintrübt und die ersten Regentropfen für das Gefühl warm sind, wenn dann nach einem heftigen Regenschauer die Luft unten warm und mild wird, so werde ich mit gleichem Rechte schliessen, dass der südliche Wind den nördlichen verdrängt hat, indem er zuerst in der höhern Atmosphäre eintrat, und im Verdrängen einen Theil seines Wassers durch Abkühlung verlor.“

Aber auch abgesehen von diesen empirischen Belegen scheint mir diese Art des Verdrängens aus theoretischen Gründen nothwendig zu folgen. Da nämlich der nördliche Strom zwischen den sich erweiternden Meridianen fliesst, so wird er, je weiter er herkömmt, je mehr östlich er also durch die Rotation der Erde abgelenkt ist, desto mehr sich ausbreiten, das ganze Gewicht einer Luftsäule in ihm wird also vermindert werden. Auf diese Weise erklärt sich zugleich das Factum, dass im Winter, der Zeit, wo alle diese Verhältnisse am reinsten hervortreten, der Kältepol der Windrose viel weiter östlich fällt als das barometrische Maximum (Fig. 2.). Denn je weiter nördlich der nördliche Strom herkommt, desto niedriger ist seine Temperatur, desto spezifisch schwerer also die Luft, die er enthält, desto grösser also sein barometrischer Druck, wenn nicht mit seinem weiteren Herkommen zugleich ein Grund der Verdünnung gegeben ist. Dieser Grund ist nun aber eben durch das Fortschreiten in dem sich erweiternden Bette vorhanden. Da aber sich ausdehnende Luft sich abkühlt, nicht sich erwärmt, so wird während des allmähligen Ausbreitens des Stromes die Temperatur immer noch sinken, während die Verdünnung dem Steigen des Barometers entgegenwirkt, ja zuletzt dieses in ein Fallen verwandelt, das Maximum des Druckes also früher eintreten als das Minimum der Wärme. Bei dem südlichen Strom, welcher in immer engern Schranken sich fortbewegt, wird die untere Luft immer nach Oben drängen, die Abnahme der Dichtigkeit in dem südlichen Strom so wie die Abnahme der Temperatur also geringer sein (p. 111). Begegnet nun der südliche Strom dem nördlichen, so wird in einer gewissen Entfernung vom Erdboden die Elasticität der Luft des südlichen Stromes grösser sein als die Elasticität der Luft des nördlichen; es wird also der südliche Strom in den nördlichen eindringen. Aus der eben angestellten Betrachtung folgt aber, dass diess nur dann geschehen kann, wenn der nördliche Strom weit hergekommen, also stark östlich abgelenkt ist, oder mit andern Worten:

der südliche Strom wird in den obern Schichten der Atmosphäre nur dann den nördlichen verdrängen, wenn dieser beinahe Ost geworden ist. Diess Verdrängen muss also sich darstellen als eine Drehung O. SO. S. etc. Daher geht der Wind in diesem Viertel der Windrose fast nie zurück.

Wenn aber der südliche Wind eine sehr bedeutende Intensität gewonnen hat, so kann er dem Nordstrom gerade entgegenwehen. Diese Ströme stauen dann einander, eine Erscheinung, welche wir später näher betrachten werden. Jetzt haben wir noch zu erörtern, wie die Drehung in den untern Luftschichten eintritt.

Durch Vermischen der warmen, feuchten Luft des südlichen Stromes mit der trocknen, kalten des nördlichen, sind die Bedingungen des Niederschlags vorhanden, der sich als ein langstreifiger Cirrus darstellen wird. Fallen aus diesem feine Eisnadeln herab, so werden sie im Herabfallen die Geschwindigkeit des südlichen Stromes mitbringen, welche, verglichen mit der geringen Geschwindigkeit des nördlichen unten, sehr bedeutend ist. Mögen sie nun wirklich fest oder flüssig zum Boden gelangen, oder sich wieder auflösen, so werden sie impellirend auf die Luftschichten wirken, durch welche sie fallen; der Wind wird daher zuerst wahrer Ost dann OSO. werden und so sich fort drehen bis er Süd geworden ist, wo er dann durch die Rotation der Erde rasch SW. wird. Auf diese Weise hätten wir die Phänomene der Ostseite abgeleitet und uns einfach davon Rechenschaft gegeben, warum bei NO. und O. so wenig Niederschläge vorkommen, warum diese erst südlich von Ost beginnen, warum bei NO. der Strom durch die ganze Atmosphäre hindurchgeht; warum endlich bei O. und SO. die Windesrichtung in den höhern Schichten südlicher ist als in den untern. Wir wenden uns nun zur Westseite.

Wirkte der nördliche Strom immer erst auf den südlichen, wenn dieser West geworden ist, so würden die Phänomene von S. bis W. die charakteristischen Erscheinungen des allein vorwaltenden Südstromes sein, die von W. bis N. hingegen die Erscheinungen des Verdrängens des südlichen durch den nördlichen. Da aber der nördliche Strom oft auf den südlichen fallen wird, wenn er SSW., SW. und WSW. war, so werden die Erscheinungen zwischen S. und W. beiderlei Art sein. Warum der kalte, schwere, nördliche Strom zuerst unten einfällt, warum aus den Bewegungen der Lufttheilchen des nördlichen Stromes nach Süden und der Bewegung der Lufttheilchen des südlichen nach NO. eine mittlere Richtung entsteht, die je mehr der Nordstrom das Uebergewicht gewinnt, immer mehr von W. durch NW. im Nord übergeht, ist unmittelbar einleuchtend. Da die Differenz der Dichtigkeit der Luft beider Ströme in den untern Schichten bedeutend ist, nach der Höhe zu immer mehr abnimmt, so wird das Verdrängen unten sehr rasch vor sich gehen und zwar desto schneller, je grösser die Temperaturdifferenzen beider Ströme sind. Zu dem barometrischen Druck tragen aber die untern Luftschichten am meisten bei, und es folgt daher:

dass bei barometrischen Veränderungen der steigende Theil einer Welle steiler ist als der fallende, oder näher, dass der warme, leichte Wind durch den kalten, schweren auf der Westseite

rascher verdrängt wird als der kalte, schwere durch den warmen, leichten auf der Ostseite.
Wenn die Ströme statt unter Winkeln zusammenzutreffen, und einander zu drehen einander gerade entgegenwehen, und der Beobachtungsort liegt an der Stelle, wo diess geschieht, so entsteht Windstille. Ist die Intensität beider nicht bedeutend, so steigt das Barometer, und es entsteht dann ein dichter Nebel, der oft plötzlich verschwindet, wenn bei dem gegenseitigen Hin- und Herschieben der Ort in den Nordstrom auf einige Zeit kommt, und der wieder erscheint, so wie er an die Grenze tritt. So glaube ich mir wenigstens diese besonders im Winter und Herbst oft häufig sich wiederholende Erscheinung zu erklären, die in der Regel bei hohem Barometer Statt findet. Ein andres sehr charakteristisches Phänomen dieses Stauens ist folgendes. Es hat Kälte geherrscht, sie hat sich aber allmälig gemildert, und es sind nur noch wenige Grade unter Null. Auf einmal läuft das Quecksilber sehr schnell in die Höhe und steht 4 bis 5 Linien über dem Mittel; gleich nachher tritt Thauwetter mit stürmischem SW. ein und man sagt dann: „das Barometer zeigt falsch“. Die Erklärung ist einfach: der nördliche Strom gerade zurückgeworfen von dem heftigen südlichen schäumt zurück und es entsteht daher auf kurze Zeit eine ungewöhnliche Vermehrung des Druckes. Wenn das Barometer so schnell steigt, so geht es eben so schnell wieder herunter.

Hier möchte nun auch der passendste Ort sein, die Entstehung der zwar selten vorkommenden aber doch vorhandenen der regelmässigen ganz entgegengesetzten Drehungen zu betrachten. Ist nämlich der südliche Strom schmaler als der nördliche, in den er eindringt, so werden ausser den gewöhnlichen Drehungen im Innern des Stromes an den Grenzen, wo beide einander berühren, Wirbel entstehen, die auf der Ostseite des Südstromes im Sinne S. W. N. geschehen, auf der Westseite im Sinne S. O. N. Dringt hingegen ein nördlicher Strom von geringerer Breite in einen südlichen breiteren, so werden an der Ostseite des nördlichen die Wirbel S. O. N., an der Westseite S. W. N. sein. Solche entgegengesetzte Wirbel werden also überhaupt eintreten, wenn der Beobachtungsort an der Grenze zweier Ströme liegt und der nördliche Strom östlich von ihm. So sah ich am 1. November 1827 nach einem Minimum von 326,38''' den Wind den zweiten und dritten mit steigendem Barometer durch O. nach NO. gehen. An diesem Tage war in der Nordsee ein Sturm hart aus N., wie ich durch Seeleute erfuhr, die mit ihm eben zu kämpfen gehabt hatten. Ein sehr schönes Beispiel werden wir weiter unten bei dem barometrischen Minimum vom 2. Februar 1823 näher untersuchen.

Die eben mitgetheilte in das Detail der Erscheinungen näher eingehende Betrachtung dient dem skizzirten Entwurfe der theoretischen Ableitung des Drehungsgesetzes, welchen ich oben pag. 127. gegeben habe, zur Ergänzung. Dieser Entwurf konnte nur ein abstractes Bild der Erscheinung geben, deren Totalität erst dann in die Anschauung treten kann, wenn die physischen Eigenschaften der Ströme, welche gegenseitig einander verdrängen, mit in die Betrachtung aufgenommen werden. In dem nächst folgenden Abschnitt wird diess noch näher geschehen.

3) Die Niederschläge im Zusammenhang mit dem Stande und den Veränderungen der meteorologischen Instrumente.

Die hier zu betrachtenden Niederschläge zerfallen in zwei Klassen:

1) in die Niederschläge des in höhere Breiten dringenden südlichen Stromes selbst,
2) in die Niederschläge des Uebergangs beider Ströme in einander.

Jene werde ich Niederschläge des Stromes, diese

Niederschläge des Uebergangs nennen. Wäre es möglich, die Niederschläge des Stromes von denen des Uebergangs zu sondern, so hätten wir von diesen hier nur die letztern zu betrachten. Da diess aber nicht möglich ist, so werden wir wenigstens versuchen, die Punkte der Windrose zu fixiren, wo beide zugleich eintreten und die Punkte, wo die eine Art allein Statt findet.

Die Niederschläge des in höhere Breiten dringenden südlichen Stromes entstehen durch Verminderung der Dampfcapacität desselben; sie werden desto heftiger sein je stürmischer der Wind eindringt und aus je südlicheren Breiten er kommt. Das Charakteristische derselben wird also besonders im Winter niederer Barometerstand und hohe Temperatur sein. Die Windfahne wird während derselben fortwährend zwischen S. und W. schwanken, weder das Barometer noch das Thermometer sich stark ändern, jenes nämlich seinen niedern, diess seinen hohen Stand behalten. Es sind diess jene anhaltenden Regen mit fortwährendem Schwanken der Windfahne zwischen SSW. und WSW., die Erscheinung, die man eigentlich „schlechtes Wetter“ nennt, welches uns durch seine Consequenz zuletzt zur Verzweiflung bringt.

In Beziehung auf die Niederschläge des Verdrängens beider Ströme durch einander giebt das Drehungsgesetz:

A) die Niederschläge der Westseite entstehen dadurch, dass ein trockner, kalter, schwerer Wind auf einen feuchten, warmen, leichten folgt,

B) die Niederschläge der Ostseite entstehen dadurch, dass ein feuchter, warmer, leichter Wind auf einen trocknen, kalten, schweren folgt.

Da auf der Ostseite nur Niederschläge des Verdrängens vorkommen zwischen O. und S., auf der Westseite ausser diesen aber auch zwischen S. und W. Niederschläge des Stromes, so wird:

1) die relative Anzahl der Niederschläge auf der Westseite

grösser sein als auf der Ostseite, und zwar am grössten zwischen S. und W. (pag. 180. 6.)

Je schneller die Winde einander verdrängen, desto grösser sind die Temperaturunterschiede der sich mischenden Luftmassen, desto eher wird also der Niederschlag eingeleitet werden. Daraus folgt:

2) Im Winter, wo die thermischen Werthe der Winde am stärksten differiren, wird die Anzahl der Niederschläge des Verdrängens grösser sein als im Sommer und nach diesem hin continuirlich abnehmen.

In welcher Weise sich aber die Differenzen der thermischen Werthe in der jährlichen Periode ändern, zeigt folgende aus 24jährigen Londoner Beobachtungen berechnete Tafel in Centes.:

	Wärmster Wind.		Kältester Wind.		Untersch.
Januar	S.	4,662	NO.	— 0,928	5,590
Februar	S.	6,157	N.	+ 0,049	6,108
März	SW.	7,808	N.	2,515	5,293
April	S.	10,972	N.	5,887	5,085
Mai	S.	14,205	NO.	11,131	3,074
Juni	SO.	17,261	NO.	14,563	2,698
Juli	SO.	19,366	N.	16,039	3,327
August	SO.	18,305	NW.	15,73	2,575
September	S.	15,923	N.	12,258	3,665
October	S.	12,566	N.	6,884	5,682
November	SW.	7,637	NW.	3,929	3,708
December	SW.	6,418	N.	0,719	5,699
Winter	S.	5,746	NO.	0,107	5,639
Frühling	S.	10,5	N.	6,878	3,622
Sommer	SO.	18,311	N.	15,619	2,692
Herbst	S.	12,029	N.	7,787	4,242
Jahr	S.	11,352	N.	8,07	3,282

Die Niederschläge des Verdrängens sind aber die, bei welchen vorzugsweise die meteorologischen Instrumente sich verändern werden. Es wird also:

3) im Winter der Zusammenhang des Ganges der meteorologischen Instrumente mit den Hydrometeoren viel entschiedener hervortreten als im Sommer.

Da aber auch die barometrischen Werthe der Winde im Winter sich mehr unterscheiden als im Sommer, so wird das Verdrängen auf der Westseite im Winter rascher geschehen als im Sommer, die Drehung also einen grösseren Bogen umfassen; es wird also eher mit NO. schneien als es damit regnet, überhaupt

4) die Niederschläge im Winter auf der Westseite höher hinaufrücken als im Sommer, wie Leopold v. Buch zuerst bemerkt hat.

Zählt man den Wind von S. $=0^{0}$ nach West herum, so ist in Berlin die mittlere Windesrichtung während des Regens $65^{0}54'$ also WSW., während des Schnees hingegen $133^{0}59'$ also NW. Obgleich nun in der Regel der Wind hierbei nur bis NO., nicht ganz bis O. geht, so fällt doch manchmal der Nordstrom unmittelbar als Ost ein. Nach dem besonders auf dem atlantischen Ocean mit den furchtbarsten Orkanen im December 1836 verbundenen südlichen Strom drang endlich die kalte Continentalluft am 25. 26. 27. December als ein stürmischer Ost von seltener Beständigkeit in die vorher herrschende warme Luft ein und erzeugte mit steigendem Barometer Schneemassen besonders in England von unglaublicher Mächtigkeit.

Da aber eine rasche Vermischung der Winde dem Niederschlag vorzüglich günstig ist, so wird:

5) bei den Niederschlägen des Verdrängens das Barometer während des Regens stark auf der Westseite steigen, auf der Ostseite stark fallen.

Da aber die Niederschläge des südlichen Stromes, welche zwischen SW. und W. fallen, das Barometer oft fallen machen, oder es bei niedrigem Stande unverändert lassen, so wird im Mittel aller Niederschläge, (während bei einzelnen Niederschlägen diese Bewegungen sehr bedeutend sein können),

6) das Barometer bei Niederschlägen zwischen SW., W. weder entschieden steigen noch entschieden fallen, hingegen von W. bis N. stark steigen, bei Niederschlägen mit SO. und S. stark fallen.

In Beziehung auf die einzelnen Fälle, wird jeder Beobachter mit mir einverstanden sein, dass, wenn bei Regen der Wind von SW. nach West sich wendet, und das Barometer noch weiter fällt, der Wind bald wieder nach SW. zurückspringt, wo sich dann dieselbe Erscheinung öfter wiederholt, dass hingegen, wenn bei jener Wendung das Barometer schnell steigt, der Wind dann weiter von West nach Nordwest und Nord herumgeht. Diess ist ein Zeichen, dass die Niederschläge des Stromes sich in Niederschläge des Uebergangs verwandeln, welche in heiterm Wetter schliessen, sobald als der verdrängende nördliche Strom vollkommen durchgedrungen ist.

Für den mittleren Gang des Barometers erhielt ich aus den 10 Jahren der Pariser Beobachtungen die folgende Tafel. Um gleich abstehende Beobachtungen zu erhalten, ist, da die Himmelsansicht nur für den Mittag angegeben ist, die Differenz von 9 Uhr Morgens und 3 Uhr Nachmittags beigefügt, ebenso der Unterschied zwischen Regenwind und Winde ohne Regen, ausserdem die absolute und relative Anzahl der Niederschläge. (Unter relativer Anzahl verstehe ich, unter wie viel Winden ein Regenwind vorkommt.) Das Barometer ist in Millimeter bei 0° angegeben, (+) bezeichnet Steigen, (—) Fallen.

Wind.	Mittel.	Unt. ohne und mit Regen.	Abs. A.	Rel. A.	9 U. M.	Mittag.	3 U. N.	9 U. Ab.	U. 9 — 9	U. 9 — 3
NNO.	741,3562	+ 15,4052	2	1:33	744,4715	744,3575	744,1385	744,4575	—0,014	—0,3330
NO.	751,085	+ 8,4879	2	164	50,8865	51,1625	51,0285	51,2625	+0,376	+0,1420
ONO.	744,2225	+ 13,8775	1	86	44,5715	44,6225	44,1885	43,5075	—1,064	—0,3830
O.	747,7769	+ 9,8918	9	19	47,5626	47,2792	47,2774	48,9886	—1,4260	—0,2852
OSO.	750,5769	+ 3,3310	4	14	50,9565	50,8257	50,3335	50,1900	—0,7665	—0,6230
SO.	740,145	+ 13,8737	13	17	44,9061	44,2225	44,2393	44,4121	—0,4940	—0,6668
SSO.	747,1897	+ 7,2556	7	8	47,9644	47,1625	46,6714	46,9604	—1,004	—1,2930
S.	748,2392	+ 5,2366	77	6	48,8223	48,1586	47,8556	48,1204	—0,7019	—0,9667
SSW.	749,7110	+ 2,9949	19	7	50,2647	49,5830	49,4111	49,5859	—0,6788	—0,8536
SW.	749,5552	+ 4,3745	94	7	50,1144	49,2975	48,8296	49,9492	—0,1652	—1,2848
WSW.	751,514	+ 3,8689	26	6	51,6115	51,3948	51,4581	51,6316	+0,0201	—0,1534
W.	751,1422	+ 4,6714	77	7	50,1443	50,5980	51,2923	52,5344	+2,3901	+1,1480
WNW.	753,1367	+ 4,0506	10	11	51,7975	52,3375	53,4405	54,9715	+3,1740	+1,6430
NW.	753,7199	+ 4,6816	25	11	52,4575	52,9969	53,9481	55,4771	+3,0196	+1,4906
NNW.	762,01	— 4,5089	1	54	61,7415	61,3225	61,5485	63,4275	+1,6860	—0,1930
N.	756,7686	+ 3,3133	18	17	56,1071	56,3536	57,0185	57,5952	+1,4881	+0,9114

Betrachten wir die sich ergebenden Differenzen, so ist es wohl überraschend, wie klar selbst aus so wenigen Beobachtungen der Zusammenhang der Barometer-Veränderungen mit den Hydrometeoren hervortritt.

Das Barometer fällt nämlich bei Regen mit Ostwinden, steigt während des Regens mit Westwinden.

Das rasche Steigen von West bis Nord, eine Linie in 12 Stunden im Mittel, giebt zugleich ein leichtes Verfahren an die Hand, die Richtung der Aenderung des Windes an einem gegebenen Orte zu finden. Zehn Beobachtungen bei NW. reichen schon dazu hin. Und so lösen sich denn auf die einfachste Art alle Widersprüche, in welche man sich darum verwickelte, weil man die Phänomene der Ostseite nicht von denen der Westseite unterschied, weil man von dem Barometer verlangte, dass es vor dem Regen entweder steigen müsse, oder fallen. Aber man beruft sich auf **Pascal, Beal, Wallis, Garcin, Deluc, Chiminello**, welche das Fallen vor und während des Regens bewiesen hätten. Die aber, welche die Sache wirklich untersucht haben, widersprechen diesen Behauptungen; denn **Poleni** fand in 12 Jahren zu Padua unter 1175 Regen nur 758, bei denen das Barometer fiel, und **van Swinden** beobachtete im J. 1778 in Franeker so oft Fallen als Steigen. Aber solche Vorurtheile kann man nur widerlegen, indem man ihren Ursprung rechtfertigt. Wenn im Conflict der südlichen und nördlichen Winde auf der Westseite aller überschüssige Wasserdampf der ersteren niedergeschlagen ist, ist für den durchgedrungenen Nordost, der aus kälteren Gegenden nach wärmeren fliesst, dessen Dampfcapacität also fortwährend erhöht wird, kein Grund des Niederschlags vorhanden, und es steht daher bei dem barometrischen Werth dieses Windes an der Skale „schön" oder „sehr trocken" (Fig. 13.) Nun beginnt das Barometer zu fallen, und man sagt: es wird regnen, richtiger: es wird wieder Südwind werden. Versteht man also unter „vor" die Zeit, während der Wind von NO. durch O. nach S. geht, so fällt das Barometer allerdings vor dem Regen. Aber man sieht leicht, dass diess zwei Erscheinungen verbinden heisst, welche nicht zusammengehören, und eine darauf gegründete Theorie, wie sie Leibnitz zuerst gab, und die unter verschiedenen Formen später häufig wiederholt worden ist, wird immer einseitig bleiben müssen, da sowohl für die regelmässige Drehung als das unregelmässige Zurückspringen des Windes die Erscheinung auf der einen Seite der Windrose immer der auf der andern gerade entgegengesetzt ist.

Das eben angeführte Verhalten des Barometers bei dem Regen hat Kämtz für Stockholm bestätigt: „Um zu untersuchen,“ sagt er (Meteorologie 2. 365.), „wie weit diese Aenderungen während des Regens auch in andere Gegenden Statt finden, habe ich die Messungen von Nicander in Stockholm auf eine ähnliche Art zusammengestellt; hier werden täglich drei Beobachtungen, um 7 Uhr, 2 Uhr und 9 Uhr mitgetheilt. Ich habe die Vergleichung den um 2 Uhr wehenden Wind zum Grunde gelegt; an allen Tagen, wo Niederschläge Statt fanden, suchte ich die Grösse auf, um welche das Barometer stieg (+) oder sank (—). Dieselbe Aenderung betrachtete ich an den Tagen, welche dem Regen voraufgingen, wofern diese Tage selbst nicht schon Regentage waren. Die folgende Tafel enthält die gefundenen Grössen in Pariser Linien.

Wind.	Tag vor dem Regen.	Regentag.
N.	+ 0''',42	+ 0''',60
NO.	+ 0 ,06	+ 0 ,44
O.	— 0 ,01	— 0 ,41
SO.	— 0 ,50	— 0 ,65
S.	— 0 ,41	— 0 ,61
SW.	— 0 ,71	— 0 ,27
W.	+ 0 ,13	+ 0 ,22
NW.	+ 0 ,31	+ 1 ,06
Mittel	— 0''',09	+ 0''',17

Im Allgemeinen sinkt das Barometer am Tage vor dem Regen, es steigt während des Regens; in beiden Fällen sinkt es bei östlichen, steigt es bei westlichen Winden, ganz so wie Dove es aus den Pariser Beobachtungen hergeleitet hat.“ Ich will noch hinzufügen, dass ausser bei SW. überall die Veränderung am Regentage viel grösser ist als am Tage vor dem Regen, bei W. ein wenig grösser, ganz wie es aus der eben angestellten Betrachtung über die beiden dort zusammenfallenden Klassen von Niederschlägen folgte.

Abstrahiren wir von der Verdampfungskälte und der während des Niederschlags freiwerdenden Wärme, so wird auf der Westseite der Windrose die Temperatur sich nach dem Regen erniedrigen, auf der Ostseite erhöhen.

Als Correction für die täglichen Variationen der Temperatur in 10 Jahren erhielt ich:

9 Uhr Morg.	Mittag.	3 Uhr Nachm.	9 Uhr Abends.
+ 0,95	— 1,43	— 1,70	+ 2,18

Der hiernach corrigirte Gang ist, wenn (+) Steigen, (—) Fallen bezeichnet:

Wind.	9 U. V.	Mittag.	3 U. N.	9 U. Ab.	U. 9—9.
NNO.	13,15	13,32	13,05	12,38	— 0,73
NO.	10,35	9,02	8,7	11,68	+ 1,33
ONO.	1,15	— 0,63	1,5	5,18	+ 4,03
O.	12,47	9,83	9,98	12,48	+ 0,01
OSO.	10,65	9,67	10,65	12,4	+ 1,75
SO.	7,70	7,62	8,82	11,57	+ 3,87
SSO.	13,99	13,1	12,99	14,44	+ 0,45
S.	12,33	11,02	11,06	12,43	+ 0,1
SSW.	10,94	9,37	9,75	10,97	+ 0,03
SW.	12,20	10,72	10,87	11,02	— 1,18
WSW.	13,86	12,21	12,41	13,18	— 0,68
W.	12,30	10,34	9,93	11,09	— 1,21
WNW.	15,02	13,85	12,49	13,76	— 1,26
NW.	9,11	7,15	7,42	8,57	— 0,54
NNW.	1,1	1,97	— 0,4	1,78	+ 0,78
N.	8,94	7,12	7,09	9,60	+ 1,34

Auf der Westseite der Windrose folgt Schnee auf Regen, auf der Ostseite Regen auf Schnee.

Schnee mit Westwinden deutet auf den Eintritt neuer Kälte, Schnee bei Ostwinden auf eine Milderung derselben. Das Sprüchwort: neuer Schnee, neue Kälte ist dadurch entstanden, dass es häufiger mit Westwinden schneit als mit Ostwinden.

Will man diese Sätze auch für die unregelmässigen Veränderungen anwenden, so heissen sie: Schnee mit fallendem Barometer wird Regen, Regen mit steigendem Barometer wird Schnee. Schnee mit steigendem Barometer zeigt neue Kälte an, Schnee mit fallendem eine Mässigung derselben.

Ausserdem folgt hieraus, dass im Mittel Schneefälle nicht bei bedeutender Kälte stattfinden können, da, wenn der kalte nördliche Wind herrschend geworden oder der südliche verdrängt, kein Grund mehr zum Niederschlag vorhanden ist.

Eine nach dem Regen erhöht bleibende Temperatur wird immer neuen Regen anzeigen, denn auf der Ostseite ist sie das gesetzmässige Ueberhandnehmen des südlichen Windes, auf der Westseite ist sie ein Zurückspringen, das durch ein neues Vorgehen oder einen neuen Niederschlag wieder compensirt werden muss.

Da auf der Westseite der Windrose der kältere Wind unten zuerst als schwererer einfällt, der wärmere auf der Ostseite den kälteren von oben herab allmälig aufwickelt, so wird bei dem Regen im Mittel unten ein Wind sein, dessen barometrischer mittlerer Werth grösser ist, als der des oben wehenden.

8) Es wird also der Barometerstand während des Regens niedriger sein, als der barometrische Werth des Windes überhaupt, da das Verdrängen während des Regens am raschesten geschieht, der nördliche Strom unten also wenig mächtig ist.

Die Grösse des barometrischen Abstandes eines Regenwindes von seinem allgemeinen Mittel wird sich also richten nach dem Verhältniss der barometrischen Werthe der Winde unter einander und der Geschwindigkeit des Ueberganges. Da nun im Winter die barometrischen Unterschiede der Winde am grössten, und eben deswegen der Uebergang der südlichen in die nördlichen und umgekehrt am raschesten, so wird die Differenz zwischen dem Regenmittel eines Windes und dem allgemeinen Mittel da am grössesten sein. Die Form des Niederschlags ist aber in höheren Breiten im Winter Schnee.

9) Das Barometer wird also bei Schneefällen am tiefsten unter dem allgemeinen Mittel des Windes stehn.

Aus den Beguelin'schen Beobachtungen ergiebt sich für Berlin nach den von L. von Buch bestimmten Mitteln

für Regen $b^{(m)} = 333''',95 + 1,4258 \sin(m45° + 76° 9') + 0,7149 \sin(m90° + 261° 45')$

für Schnee $b^{(m)} = 332''',9088 + 1,3625 \sin(m45° + 84° 50') + 0,7816 \sin(m90° + 253° 15')$

Regen.

Wind.	Beobachtet.	Berechnet.	Untersch.	Unter dem Mittel.	Anzahl.
N.	334''',42	334''',627	—0''',207	1''',61	35
NO.	335 ,1	335 ,068	+0 ,032	1 ,623	34
O.	335 ,17	334 ,999	+0 ,171	1 ,326	42
SO.	333 ,03	333 ,315	—0 ,275	1 ,231	42
S.	332 ,1	331 ,858	+0 ,242	1 ,225	88
SW.	332 ,56	332 ,627	—0 ,067	0 ,972	282
W.	334 ,18	334 ,326	—0 ,146	0 ,779	214
NW.	335 ,04	334 ,790	+0 ,250	1 ,224	124

Schnee.

Wind.	Beobachtet.	Berechnet.	Untersch.	Unter dem Mittel.	Anzahl.
N.	333''',25	333''',517	—0''',276	2''',720	38
NO.	333 ,75	333 ,730	+0 ,020	2 ,961	60
O.	333 ,38	332 ,780	—0 ,400	2 ,545	24
SO.	332 ,21	333 ,256	—0 ,046	2 ,290	25
S.	330 ,76	330 ,803	—0 ,043	2 ,280	17
SW.	331 ,93	331 ,637	+0 ,239	1 ,962	55
W.	333 ,62	333 ,535	+0 ,085	1 ,570	50
NW.	334 ,37	334 ,007	—0 ,033	1 ,907	74

Kommt aber Schnee und Regen in demselben Durchgang durch die Windrose vor, so entspricht der Regen dem tieferen Stande.

Das Tiefstehen bei dem SW. ist dadurch erklärlich, dass die Niederschläge des Verdrängens hier die seltneren sind verglichen mit denen des Stromes. Aus demselben Grunde fällt auch das Barometer etwas über das Minimum hinaus beinahe bis W.

Aehnliche Betrachtungen wie beim Barometer können wir in Beziehung auf den mittleren Stand des Thermometers während des Regens anstellen. Da nämlich der Niederschlag desto entschiedener eintreten wird, je kälter der zunächst in geringer Mächtigkeit auf der Westseite unten einfallende nördliche Wind ist, und je heisser der auf der Ostseite oben eintretende südliche, so wird:

10) die Temperatur eines Regenwindes der Westseite niedriger, die Temperatur eines Regenwindes der Ostseite höher als die mittlere Temperatur dieses Windes.

Um diesen Satz zu erweisen, bedarf es der Berechnung einer thermischen Regenwindrose.

Die, welche ich hier mittheile, habe ich aus 24jährigen Beobachtungen zu London (1807 bis 1830) berechnet. Ihre überraschende Regelmässigkeit beweist, dass diese Anzahl genügt. Um aber beurtheilen zu können, in wiefern die thermischen Regenmittel in der Windrose sich an die mittlere thermische Vertheilung in derselben anchliessen, habe ich natürlich für denselben Zeitraum die thermische Windrose berechnen müssen. Die Beobachtungen sind von Howard angestellt, und in der im Jahr 1833 erschienenen zweiten Ausgabe seines *Climate of London* bekannt gemacht. Die Windesrichtung ist die herrschende des Tages, die tägliche thermische Veränderung dadurch eliminirt, dass die Mittel aus den Extremen des Thermometrographen bestimmt wurden, die Fahrenheit'schen Grade in Centesimalgrade verwandelt. In dem Beobachtungsjournal ist die Quantität des Niederschlags im Regenmesser nicht an allen

Tagen bestimmt, wo derselbe erfolgte; aus der näheren Ansicht des Beobachtungsjournales geht aber hervor, dass diese Bestimmung vorzugsweise an den Tagen gesehah, an welchen der Niederschlag bedeutender war. Da die Temperatur dieser Tage das Eigenthümliche der Regentage vielleicht noch genauer darstellt, als das allgemeine Mittel der Regentage, so habe ich sie noch besonders berechnet. Ich nenne sie stärkere Regen.

Anzahl der Winde.

	SW.	W.	NW.	N.	NO.	O.	SO.	S.	Veränd.	Windst.
Januar	142	84	148	64	79	69	61	37	49	10
Febr.	167	86	127	28	68	51	56	42	34	13
März	156	68	158	14	138	70	49	21	40	3
April	131	56	144	52	114	73	69	24	40	2
Mai	145	47	108	35	140	94	72	29	51	11
Juni	141	57	181	51	115	40	51	22	49	9
Juli	182	94	186	54	61	39	43	35	46	—
August	186	97	215	38	75	39	40	27	18	6
Sept.	161	75	127	46	100	60	71	37	30	9
Oct.	171	80	138	37	80	55	89	46	32	8
Nov.	181	94	145	49	79	44	53	37	24	10
Dec.	202	94	139	39	85	55	68	19	28	13
Wint.	511	264	414	131	232	175	185	98	111	36
Frühl.	432	171	410	124	392	237	190	74	131	16
Somm.	509	248	582	143	251	118	134	84	113	15
Herbst	513	249	410	132	259	159	213	120	86	27
Jahr	1965	932	1816	530	1134	689	722	376	441	94

Anzahl der Regenwinde.

	SW.	W.	NW.	N.	NO.	O.	SO.	S.	Veränd.
Januar	90	38	51	24	28	31	35	24	23
Febr.	127	43	63	13	28	18	32	27	18
März	112	40	63	14	32	16	20	15	22
April	83	30	73	21	43	32	29	15	29
Mai	102	28	52	16	45	26	29	20	30

	SW.	W.	NW.	N.	NO.	O.	SO.	S.	Veränd.
Juni	88	23	77	12	30	14	18	15	23
Juli	113	46	75	12	18	13	14	22	25
August	120	50	98	12	25	10	17	15	10
Sept.	110	38	48	20	23	12	30	25	17
Oct.	116	40	44	11	34	21	51	33	17
Nov.	118	47	53	17	40	15	28	27	14
Dec.	142	53	57	19	33	22	34	18	19
Winter	359	134	171	56	89	71	101	69	60
Frühl.	297	98	188	51	120	74	78	50	81
Somm.	321	119	250	36	73	37	49	52	58
Herbst	344	125	145	48	97	48	109	85	48
Jahr	1321	476	754	191	379	230	337	256	247

Anzahl stärkerer Regen.

	SW.	W.	NW.	N.	NO.	O.	SO.	S.
Januar	65	27	20	7	6	12	19	18
Febr.	80	31	40	4	6	12	18	20
März	82	22	40	8	18	14	15	10
April	67	21	43	10	32	27	15	14
Mai	75	20	28	9	28	18	24	16
Juni	69	15	52	9	19	5	12	11
Juli	77	36	45	7	10	8	10	17
August	89	30	68	6	15	6	12	12
Sept.	86	29	36	9	15	8	19	19
Oct.	91	28	33	7	24	14	38	28
Nov.	93	33	31	11	25	11	22	24
Dec.	108	34	30	7	15	13	27	16
Winter	253	92	70	18	27	37	64	54
Frühl.	224	63	111	27	78	59	54	40
Somm.	235	81	165	22	44	19	34	40
Herbst	270	90	100	27	64	33	79	71
Jahr	982	326	446	94	213	148	231	205

Thermische Windrose.

	SW.	W.	NW.	N.	NO.	O.	SO.	S.
Januar	4,361	2,649	0,746	0,221	— 0,928	— 0,222	1,995	4,662
Februar	5,945	5,194	3,384	0,049	+ 0,351	+ 2,418	3,418	6,157
März	7,808	7,206	5,555	2,515	3,207	4,655	6,021	6,323
April	9,468	9,861	8,094	5,887	7,363	9,593	9,96	10,972
Mai	13,317	13,084	11,98	12,231	11,131	13,243	13,924	14,205
Juni	15,442	15,736	14,73	14,57	14,563	16,91	17,261	16,553
Juli	17,633	17,577	16,677	16,039	16,464	18,333	19,366	18,548
August	17,086	16,406	15,73	16,25	16,278	18,184	18,305	16,297
September	14,745	14,004	12,583	12,258	13,992	14,375	15,172	15,923
October	11,514	9,823	8,559	6,884	8,444	10,702	11,394	12,566
November	7,637	6,203	3,929	4,218	5,077	5,196	6,792	7,598
December	5,356	5,047	2,626	0,719	0,898	2,147	4,158	6,418
Frühling	5,221	4,297	2,252	0,329	0,107	1,448	3,190	5,746
Sommer	10,198	10,050	8,543	6,878	7,234	9,164	9,683	10,5
Herbst	16,720	16,573	16,712	15,619	15,768	17,809	18,311	17,133
Winter	11,298	10,01	9,357	7,787	9,171	10,091	11,119	12,029
Jahr	10,859	10,233	8,716	7,653	8,07	9,629	10,576	11,352

Temperatur während des Regens.

	SW.	W.	NW.	N.	NO.	O.	SO.	S.
Januar	4,759	4,466	0,714	— 0,683	— 1,201	0,197	3,04	5,301
Februar	5,971	5,071	3,924	1,218	0,199	4,661	5,469	6,676
März	9,902	6,736	5,102	3,711	3,038	3,75	6,986	6,676
April	7,548	9,499	7,793	4,206	7,332	9,375	11,264	11,093
Mai	13,113	11,528	11,309	11,458	11,247	13,077	14,358	13,264
Juni	14,691	15,652	13,871	12,871	13,602	15,873	16,913	16,185
Juli	17,456	16,311	15,896	15,069	16,049	18,803	19,543	17,272
August	17,012	16,006	15,34	16,389	16,833	17,417	17,353	16,092
September	14,48	13,808	12,199	12,611	14,758	14,329	15,185	14,633
October	11,063	9,861	8,132	7,273	8,047	11,19	11,834	11,406
November	7,919	6,601	4,974	4,232	5,799	6,593	7,54	7,613
December	5,888	6,294	3,826	1,959	2,046	3,169	5,033	6,527
Frühling	5,539	5,277	2,821	0,831	0,348	2,676	4,514	6,168
Sommer	10,188	9,254	8,068	6,458	7,206	8,734	10,869	10,279
Herbst	16,386	15,989	15,036	14,776	15,495	17,364	17,936	16,516
Winter	11,154	10,09	8,435	8,039	9,535	10,704	11,519	11,217
Jahr	10,817	10,153	8,59	7,526	8,146	9,869	11,226	11,045

14*

Temperatur während stärkerer Regen.

	SW.	W.	NW.	N.	NO.	O.	SO.	S.
Januar	4,735	4,692	2,833	0,912	1,666	2,639	4,81	5,077
Februar	6,011	5,465	4,91	2,778	1,759	5,186	5,555	6,264
März	7,649	6,717	5,507	4,479	3,457	4,206	6,518	6,25
April	9,503	9,127	8,282	5,25	7,665	9,012	11,759	11,131
Mai	12,911	11,736	12,272	11,482	11,706	13,673	14,051	13,698
Juni	14,912	14,833	13,659	13,858	13,903	16	17,662	16,288
Juli	16,988	15,942	16,049	15,079	15,25	18,021	19,528	17,386
August	16,885	15,935	15,380	16,944	16,166	16,713	16,759	16,273
September	14,27	13,716	12,801	12,346	14,482	13,854	15,293	15,731
October	11,041	9,406	8,721	7,5	7,685	11,706	11,542	10,764
November	8,005	6,894	6,282	5,833	6,266	6,237	7,652	7,879
December	6,147	6,454	4,361	3,611	3,871	3,654	5,298	6,719
Winter	5,631	5,537	4,035	2,434	2,432	3,826	5,331	6,020
Frühling	10,031	9,193	8,687	7,070	7,609	8,964	10,776	10,359
Sommer	16,262	15,57	15,029	15,294	15,106	16,911	17,983	16,619
Herbst	11,105	10,005	9,268	8,559	9,478	10,596	11,496	11,158
Jahr	10,755	10,076	9,255	8,339	8,656	10,075	11,369	11,122

Unterschied der Temperatur der Winde und Regenwinde.

	SW.	W.	NO.	N.	NO.	O.	SO.	S.
Januar	+ 0,398	+ 1,817	— 0,032	— 0,904	— 0,273	+ 0,419	+ 1,045	+ 0,639
Februar	+ 0,026	— 0,123	+ 0,540	+ 1,169	— 0,152	+ 2,213	+ 2,051	+ 0,519
März	+ 0,094	— 0,470	— 0,453	+ 1,196	— 0,169	— 0,905	+ 0,965	+ 0,158
April	+ 0,080	— 0,362	— 0,301	— 1,681	— 0,031	— 0,218	+ 1,304	+ 0,121
Mai	— 0,204	— 1,456	— 0,671	— 0,773	+ 0,116	— 0,166	+ 0,434	— 0,941
Juni	— 0,751	— 0,084	— 0,859	— 1,699	— 0,961	— 1,037	— 0,348	— 0,368
Juli	— 0,177	— 1,266	— 0,781	— 0,970	— 0,415	+ 0,470	+ 0,177	— 1,276
August	— 0,074	— 0,400	— 0,39	+ 0,139	+ 0,555	— 0,767	— 0,952	— 0,205
September	— 0,265	— 0,196	— 0,384	+ 0,353	+ 0,766	— 0,046	+ 0,013	— 1,290
October	— 0,451	+ 0,038	— 0,427	+ 0,389	— 0,397	+ 0,488	+ 0,440	— 1,160
November	+ 0,282	+ 0,398	+ 1,045	+ 0,014	+ 0,722	+ 1,397	+ 0,748	+ 0,015
December	+ 0,532	+ 1,247	+ 1,200	+ 1,240	+ 1,148	+ 1,022	+ 0,875	+ 0,109
Winter	+ 0,318	+ 0,980	+ 0,569	+ 0,502	+ 0,241	+ 1,228	+ 1,324	+ 1,022
Frühling	— 0,010	— 0,796	— 0,175	— 0,420	— 0,028	— 0,430	+ 1,186	— 0,221
Sommer	— 0,334	— 0,584	— 0,676	— 0,843	— 0,273	— 0,445	— 0,375	— 0,617
Herbst	— 0,145	+ 0,08	+ 0,078	+ 0,252	+ 0,364	+ 0,613	+ 0,400	— 0,812
Jahr	— 0,042	— 0,08	— 0,126	— 0,127	+ 0,076	+ 0,240	+ 0,650	— 0,307

Unterschied der mittleren und der Temperatur während stärkerer Regen.

	SW.	W.	NW.	N.	NO.	O.	SO.	S.
Januar	+ 0,374	+ 2,043	+ 2,087	+ 0,691	+ 2,594	+ 2,861	+ 2,815	+ 0,415
Februar	+ 0,066	+ 0,271	+ 1,526	+ 2,729	+ 1,408	+ 2,768	+ 2,137	+ 0,107
März	— 0,159	— 0,489	— 0,048	+ 1,961	+ 0,250	— 0,449	+ 0,497	— 0,073
April	+ 0,035	— 0,734	+ 0,186	— 0,637	+ 0,302	— 0,581	+ 1,799	+ 0,159
Mai	— 0,406	— 1,312	+ 0,291	— 0,749	+ 0,575	+ 0,43	+ 0,127	— 0,507
Juni	— 0,530	— 0,903	— 1,071	— 0,712	— 0,660	— 0,91	+ 0,401	— 0,265
Juli	— 0,645	— 1,635	— 0,628	— 0,960	— 1,214	— 0,312	+ 0,162	— 1,162
August	— 0,201	— 0,471	— 0,35	+ 0,694	— 0,112	— 1,471	— 1,546	— 0,024
September	— 0,475	— 0,288	+ 0,218	+ 0,088	— 0,49	— 0,521	+ 0,121	— 0,192
October	— 0,473	— 0,417	+ 0,162	+ 0,616	— 0,759	+ 1,004	+ 0,148	— 1,802
November	+ 0,368	+ 0,691	+ 2,353	+ 1,615	+ 1,189	+ 1,041	+ 0,86	+ 0,281
December	+ 0,791	+ 1,407	+ 1,735	+ 2,892	+ 2,973	+ 1,507	+ 1,160	+ 0,301
Winter	+ 0,410	+ 1,240	+ 1,783	+ 2,105	+ 2,325	+ 2,378	+ 2,141	+ 0,274
Frühling	— 0,167	— 0,857	+ 0,144	+ 0,192	+ 0,385	— 0,200	+ 1,093	— 0,141
Sommer	— 0,458	— 1,003	— 0,683	— 0,325	— 0,662	— 0,898	— 0,328	— 0,484
Herbst	— 0,194	— 0,005	+ 0,911	+ 0,772	+ 0,307	+ 0,508	+ 0,377	— 0,571
Jahr	— 0,104	— 0,157	+ 0,539	+ 0,686	+ 0,586	+ 0,446	+ 0,793	— 0,23

Nachdem wir den Zusammenhang des Standes und der Veränderungen des Barometers und Thermometers mit den Hydrometeoren ermittelt, wollen wir noch einige Bemerkungen über diese selbst hinzufügen. Was zunächst die relative Feuchtigkeit der Luft betrifft, so sieht man leicht, dass, weil von W. durch N. bis O. der südliche Wind durch den nördlichen verdrängt wird, von O. durch S. bis W. dieser durch jenen, das Hygrometer dort allmählig zur Trockenheit, hier zur Feuchtigkeit übergehen wird. Als Correction für die täglichen hygrometrischen Aenderungen erhielt ich für die angegebenen Jahre von Paris

— 4,9 + 4 + 6,4 — 7,5

Der hiernach corrigirte Gang ergab, wenn (+) Steigen, (—) Fallen bezeichnet:

Wind.	Mittel.	9 U. V.	Mittag.	3 U. N.	9 U. Ab.	U. 9 — 9.
N.	75,2	77,8	75,8	73,4	73,9	— 3,9
NO.	73,1	74	74	72,6	71,6	— 2,4
O.	73,4	73,5	74,3	73	73	— 0,5
SO.	80,3	79,8	80	79,1	82,4	+ 2,6
S.	82,4	80,8	82,7	83,5	82,3	+ 1,5
SW.	80,1	78,2	78,7	81,2	82,4	+ 4,2
W.	77,7	77,4	76,8	77,4	79,1	+ 1,7
NW.	78,2	80,5	77,6	76,5	78,0	— 2,5

Die Unregelmässigkeiten, die sich in den einzelnen Beobachtungen noch zeigen, machen eine genauere Untersuchung nothwendig.

Ist die Luft absolut feucht in einer bestimmten Höhe geworden, so wird eine Wolke hervortreten. In Beziehung auf die Bildung derselben lassen sich folgende Gesichtspunkte feststellen.

Aus dem Unteneinfallen des kälteren Windes auf der Westseite folgt zunächst, dass Einfallen des Windes, Wolkenbildung, Niederschlag als Regen oder Schnee und Steigen des Barometers zusammenfallen werden, ja häufig der Wind den andern Erscheinungen vorangehen wird; auf der Ostseite hingegen ist die Wolkenbildung früher als der unten bemerkbare Wind. Auf der Westseite geht die Wolkenbildung von Unten nach Oben, auf der Ostseite von Oben nach Unten. Das Aufhören der Wolkenbildung, wenn der nördliche Wind immer mehr herrschend wird, nennt man das Brechen der Wolken, welches sehr verschieden ist von dem allmähligen Auflösen des, Abends bei aufhörendem Courant ascendant, in wärmere Luftschichten herabsinkenden Cumulus. Plötzliche Wolkenbildung gehört der Westseite an, da hier plötzliche Vermischung stattfindet, allmählige Bildung der Ostseite. Jener entspricht der Cumulostratus, dieser der Cirrus. Dieser ist also der Niederschlag durch einen eintretenden südlichern Wind, jener der Niederschlag durch einen in wärmere Luft eindringenden kälteren. Einige Beobachtungen von Howard mögen diess beweisen:

„Die Verbreitung des Cirrus, von denen mehrere Dalton durch Messungen 3—5 englische Meilen hoch fand, hängt genau mit der Windesrichtung zusammen. Das Erscheinen der Lockenwolke ist eine Anzeige von Wind, und sie ist am ausgezeichnetsten und häufigsten vor Stürmen. Häufig setzt sich der Wind nach dem Viertel hin um, nach welchem die Spitzen hinweisen. Der Cirrus scheint am specifisch leichtesten bei seiner Bildung zu sein, zuletzt sinkt er und verwandelt sich in Cirrostratus oder Cirrocumulus. Das furchtbarste Ansehn hat der Cirrostratus, wenn er wie weitgedehnte Nebellagen erscheint, die von den höchsten Luftregionen herabzusteigen scheinen. Bestehend hiemit ist das Prognosticon schlechten Wetters. Im Winter steigt er zu den Ebenen herab, als ein sehr feuchter und dauernder Nebel. Nicht selten sieht man, dass der Cirrostratus augenscheinlich von einem Winde herbeigeführt wird, der in einer andern Richtung bläst, als in der, in welcher die Haufenwolken sich bewegen, über welchen er sich verbreitet. In diesem Falle werden sie sehr bald von ihm aufgehalten und nehmen einen andern Lauf, oder lösen sich auf in Regen. Die Lockenwolke erscheint am häufigsten, wenn die veränderlichen Winde herrschen." Der Cirrus entspricht in seiner Bildung fallendem Barometer.

„Der Cumulostratus pflegt bei völlig überzogenem Himmel zu herrschen bei mittlerem Barometerstande, oder sogenanntem veränderlichen Wetter, wenn der Wind aus Westen bläst, und gelegentlich nord- oder südwärts abspringt. In Rücksicht der Temperatur hat er einen weiten Spielraum, und kann so gut Schnee als Gewitter herbeiführen." Der Cumulostratus entspricht steigendem Barometer. Die Phänomene der Westseite sind also ein Uebergang von der Trübung zur Helle, die der Ostseite von der Helle zur Trübung.

Die Erfahrung, dass die Quantität des Regens rasch in der Höhe abnimmt, macht die Annahme nöthig, dass das aus der Wolke hervortretende Tröpfchen im Fallen sich vergrössert, oder mit andern Worten, dass der Niederschlag nicht nur in der Wolke, sondern auch in der Luftschicht zwischen der Wolke und dem Boden geschieht. Diese Vergrösserung der Tropfen wird in der Regel zu Anfang des Regens nicht stattfinden, wenn nämlich die unteren Schichten noch entfernt vom Zustand der absoluten Feuchtigkeit sind. Indem aber der herabfallende Regen zuerst in den unteren Schichten verdampft *), wird die dazu erforderliche Wärme diesen entzogen; es wird also ihre Temperatur erniedrigt, während die Dichtigkeit der Dämpfe in ihnen zunimmt. Die erste Wirkung des Regens wird also sein, die ganze zwischen dem Boden und der Wolke befindliche Luftschicht dem Zustand der Sättigung zuzuführen **). Ist die-

*) Bei den grosstropfigsten Sommerregen glaube ich doch fast immer bemerkt zu haben, dass die ersten Tropfen, welche fellen, klein sind, und dann plötzlich erst gross werden.

**) Gay-Lussac, Leçons. I. p. 528: *Comme les couches inférieures de l'air ne sont jamais saturées, il est évident, que ce n'est pas la couche d'air comprise entre le haut et le bas de la terrasse, qui peut avoir donné de l'eau; car n'étant pas saturée*

ser erreicht, so wird an dem herabfallenden Tropfen sich neuer Dampf niederschlagen, er sich also vergrössern. Ist hingegen die Trockenheit der untern Luftschichten sehr gross, so kann sogar der herabfallende Regen vollkommen verdampfen. Der Anfang des Regens ist also vornehmlich eine Vergrösserung der Wolke nach Unten, wie man es deutlich bei einem von der Seite gesehenen Sommerregen sieht, wo die aus der Wolke heraustretenden Streifen anfangs nicht den Boden berühren, sich aber allmälig immer mehr nach Unten verlängern, und zuletzt ihr streifiges Ansehen in der Weise verlieren, dass das Ganze als eine auf dem Boden ruhende Wolke erscheint. Es ist aber durchaus nicht nöthig, dass der Tropfen im Herabfallen sich unausgesetzt vergrössere oder ununterbrochen verkleinere. Denken wir uns nämlich zwei Wolkenschichten übereinander, so wird jedes aus der oberen heraustretende Tröpfchen, indem es die untere durchfällt, eine Vergrösserung erfahren; es lassen sich daher unten mächtige Tropfen erwarten, wenn auch die unmittelbar den Boden berührende Luftschicht noch vom Zustande der Sättigung entfernt ist. Nach der Ansicht, dass die Niederschläge in zwei Klassen zerfallen: in die des südlichen Stromes selbst, dadurch entsstehend, dass die Luft in immer höhere Breiten dringt, und in die der Vermischung beider Ströme, im Uebergang des einen in den andern, werden diese letzteren nun vorzugsweise mit Bildung zweier Wolkenschichten verknüpft sein, von denen die untere vorzugsweise bei dem Verdrängen des südlichen durch den nördlichen Strom dem unten einfallenden kälteren Winde ihre Entstehung verdankt. Die erste Klasse wird in Beziehung auf Wolkenform durch den in gleichförmige Bedeckung aus dem Cirrus übergehenden Cirrostratus dargestellt; die zweite

---

elle en aurait pris plutôt que d'en donner. Die Beobachtung von Harvey, *Edinb. Journ. of sc. V. p.* 69, dass die Menge des Thaues nach der Höhe abnimmt, verdiente wiederholt zu werden.

Klasse hingegen entspricht einem unter einer aus dem Cirrostratus entstandenen Bedeckung mehr oder weniger rechtwinklig auf die Richtung desselben aufziehenden Cumulostratus. Bei jenen, d. h. vorzugsweise bei Regen mit heftigem SW., werden wir daher im unteren Regenmesser am ersten einen Ueberschuss erhalten *), eben weil die ganze dem südlichen Strom angehörige Luftsäule immer dem Condensationspunkt der in ihr enthaltenen Wasserdämpfe **) nahe bleibt, und zwar desto näher, je rascher der südliche Wind fortschreitet, in derselben Zeit aber weniger Wasser als bei den in der Vermischung beider Ströme entstehenden Regen. Zu diesen letzteren gehören unsere meisten Gewitter, bei denen der Unterwind W. oder NW. ist, unter einem von SW. nach NO. gerichteten Cirrostratus. Bei Hagelwettern, von denen gewiss viele zu den „Phänomenen der Westseite“ gehören, also mit Steigen des Barometers verknüpft sind, würde die aus der oberen Wolkenschicht herabsinkende Schneeflocke in der Zwischenschicht zum Graupelkorn sich ballen, und die es in ein Hagelkorn verwandelnde Eishülle der grösseren oder geringeren Mächtigkeit der zweiten Wolkenschicht verdanken. Die Zunahme der Regenmenge im unteren Regenmesser wird aber bei allen diesen Niederschlägen vorzugsweise abhängen von der Höhe der unteren Wolkenschicht über dem Boden; wir hätten daher die Gründe aufzusuchen, warum zu gewissen Zeiten des Jahres der Niederschlag in grösserer Nähe des Bodens, zu anderen in grösserer Entfernung von demselben eingeleitet werde.

---

*) Es wäre sehr zu wünschen, dass die in Paris angestellten Regenbeobachtungen in Beziehung auf die Zunahme im unteren Regenmesser bei verschiedenen Windesrichtungen berechnet würden. In den bekannt gemachten Beobachtungen sind leider nur die monatlichen Mittel angegeben.

**) Dadurch ist wahrscheinlich die Ansicht entstanden, dass der Wind die einzige, und zwar rein mechanische Ursache der Zunahme des Regens im unteren Regenmesser sei.

Vergleicht man die barometrische Windrose eines Ortes mit ihrer thermischen in den verschiedenen Jahreszeiten, so findet man, wie (pag. 114.) für Paris gezeigt wurde, im Winter zwischen beiden eine nahe Uebereinstimmung, im Sommer hingegen eine bedeutende Abweichung. In grösserer Höhe der Atmosphäre würde aber auch im Sommer diese Uebereinstimmung sich zeigen, wenigstens kann diess aus den (pag. 111.) erwähnten Bernhard-Beobachtungen geschlossen werden, welche zeigen, dass in dieser Höhe in den heissen Sommermonaten die SW-Winde entschieden wärmer sind als die NO-Winde, während in der Ebene in diesen Monaten das Entgegengesetzte sich zeigt, was auch daraus hervorgeht, dass die Veränderungen, welche der thermische Werth eines Windes in der jährlichen Periode erleidet, für NO-Winde am grössten, für SW-Winde am kleinsten sind, und zwar ein continuirlicher Uebergang zwischen beiden stattfindet. In London war nämlich in Centes.:

Winde.	Maximum.	Minimum.	Untersch.
SW.	17,633	4,361	13,272
W.	17,577	2,649	14,928
NW.	16,677	0,746	15,931
N.	16,25	0,211	16,029
NO.	16,464	— 0,928	17,392
O.	18,333	— 0,222	18,555
SO.	19,366	1,995	17,371
S.	18,548	4,662	13,886

Aus der Verbindung dieser beiden Erfahrungen *) folgt unmittelbar,

dass die Temperaturabnahme bei verschiedenen Winden verschieden, und zwar bei nördlichen und östlichen grösser als bei südlichen und westlichen ist.

In Paris fällt im Sommer das thermische Minimum der Windrose auf W., während das barometrische Maximum

*) SW- und NO-Winde wehen nämlich durch die ganze Atmosphäre.

NO. bleibt, im Winter beide zusammen auf die NO-Seite, wie die Fig. 2., 3., 4., 5. zeigen.

Nehmen wir nun an, es falle im Winter ein NW-Wind in einen SW., welcher vorher herrschte, so wird in unmittelbarer Nähe des Bodens eine Wolkenbildung stattfinden können, eben weil die Temperatur des NW. auch unten viel niedriger als die des SW. ist. Geschieht dieselbe Aufeinanderfolge der Windesrichtungen aber im Sommer, so wird in der Nähe des Bodens kein unmittelbarer Niederschlag entstehen, eben weil beide Winde als gleich weit abstehend vom thermischen Minimum der Windrose eine nahe gleiche Temperatur haben. Da aber die Temperaturabnahme bei NW. grösser als die bei SW. ist, so werden, je mehr wir uns in der Atmosphäre erheben, desto stärker die eigentlichen auch unten in ihren barometrischen Werthen sich aussprechenden Temperaturunterschiede hervortreten, und in einer **bestimmten Höhe** der Niederschlag sich zeigen. Ueberhaupt:

Je mehr sich am Boden des Luftmeeres die barometrische und thermische Windrose von einander unterscheiden, desto höher rückt die Wolkenbildung in demselben*).

Ausserdem folgt eben so einfach daraus:

Dass die Zunahme des Niederschlags in den unteren Schichten im Winter grösser ist als im Sommer. In dieser Beziehung geben die Pariser Beobachtungen vom Jahr 1818 bis 1832 folgende Resultate, die Regenmenge in Millimetern ausgedrückt:

---

*) Dass wegen des vom Winter nach dem Sommer hin an Intensität zunehmenden Courant ascendant die durch denselben bedingten Niederschläge auch im Sommer sich am höchsten bilden, bedarf keiner näheren Erörterung. Die eben gegebene Ableitung erklärt zugleich das sogenannte Schweben der Wolken.

	Unten.	Oben.	Untersch.	Verhältniss.
Januar	36,338	31,641	4,697	1: 7,737
Februar	34,36	27,643	6,717	1: 5,115
März	42,414	35,655	6,759	1: 6,275
April	46,829	42,471	3,358	1: 13,945
Mai	66,845	61,759	5,086	1: 13,143
Juni	49	45,324	3,676	1: 13,329
Juli	48,391	44,485	3,906	1: 12,386
August	46,533	42,948	3,585	1: 12,980
September	52,893	49,584	3,309	1: 15,984
October	47,093	40,353	6,740	1: 6,987
November	51,687	43,499	8,188	1: 6,312
December	42,914	35,873	7,041	1: 6,095
Winter	113,612	95,157	18,455	1: 6,156
Frühling	156,088	139,885	16,203	1: 9,633
Sommer	143,924	132,757	11,167	1: 12,888
Herbst	151,673	133,436	18,237	1: 8,317
Jahr	565,297	501,235	64,062	1: 8,824

Wie oft nun aber auch während des Herabfallens des Tropfens Vergrösserung und Verkleinerung desselben mit einander abwechseln, wie oft also auch Wärme frei, wie oft sie gebunden werden mag, das Endresultat muss immer eine Abkühlung der unteren Schichten auf Kosten einer Temperaturerhöhung der oberen sein, weil der zum Boden gelangende Tropfen als reeller Ueberschuss des Niederschlags über die Verdampfung in der nachherigen Verflüchtigung dem Boden allein die Wärme entziehen wird, welche in der ganzen Dauer des Niederschlags während seines Herabfallens frei wurde. Eine nothwendige Folge davon ist:

dass die Verdampfungskälte im Sommer bedeutender sein muss als im Winter, und zwar aus zwei Gründen:

1) weil die Dichtigkeit der Dämpfe im Sommer grösser als im Winter,

2) weil die Luftschicht, in welcher der Niederschlag stattfindet, mächtiger als im Winter ist.

Was die Bestimmung der Verdampfungskälte betrifft, so könnte man glauben, dass sie am einfachsten dadurch erhalten würde, dass man die Temperatur nach dem Regen mit der vor dem Regen vergliche. Da aber, wie die Regelmässigkeit der thermischen Regenwindrose zeigt, die meisten Niederschläge durch Vermischung ungleich temperirter Winde entstehen, so wird die Temperatur des verdrängenden Windes immer wesentlichen Einfluss auf die nach dem Regen beobachtete haben. Es entstehen aber die Niederschläge der Westseite dadurch, dass ein kälterer Wind einem wärmeren folgt, die der Ostseite hingegen, dass der kältere durch den wärmeren verdrängt wird. Wären nun die Niederschläge auf der Westseite der Windrose eben so häufig als die auf der Ostseite, so würde sich im Mittel aller Niederschläge der Einfluss der Temperatur des verdrängenden Windes auf die nach dem Regen beobachtete aufheben. Diess ist aber keinesweges der Fall, und man sieht leicht, dass, weil die Niederschläge mit westlichen Winden eben die häufigsten sind, die im Mittel nach dem Regen hervortretende Wärmeabnahme gar kein Beweis für Verdampfungskälte ist. Dass dieselbe wirklich vorhanden ist, muss also bei den Winden gezeigt werden, bei welchen der verdrängende der wärmere ist, d. h. bei östlichen, und zwar dadurch, dass man nachweist, dass die dem eindringenden südlichen Winde entsprechende Temperaturerhöhung erst eine Zeit nach dem Niederschlag sich geltend macht. Die Pariser Beobachtungen, wo die Himmelsansicht Mittags angegeben ist, zeigen diess sehr deutlich, wenn man nämlich die Wärmeänderung von 9 Uhr Morgens bis 3 Uhr Abends mit der von 9 Uhr Morgens bis 9 Uhr Abends vergleicht. Es ist nämlich nach Elimination der täglichen Veränderung, wenn das Minuszeichen Temperaturabnahme, das Pluszeichen Temperaturzunahme bedeutet die in Centesimalgraden ausgedrückte Veränderung:

	In 12 Stunden.	In 6 Stunden.
SW.	— 1,18	— 1,33
WSW.	— 0,68	— 1,45
W.	— 1,21	— 2,37
WNW.	— 1,26	— 2,53
NW.	— 0,54	— 1,69
NNW.	+ 0,78	— 1,5
N.	+ 1,34	— 1,85
NNO.	— 0,77	— 0,1
NO.	+ 1,33	— 1,65
ONO.	+ 4,03	+ 0,35
O.	+ 0,01	— 2,49
OSO.	+ 1,75	0
SO.	+ 3,87	+ 1,12
SSO.	+ 0,45	— 1,1
S.	+ 0,1	— 1,27
SSW.	+ 0,03	— 1,19

Man sieht, dass bei allen Niederschlägen ohne Ausnahme die Verdampfungskälte sich zeigt, bei den Niederschlägen mit Westwinden durch Vergrösserung der negativen Differenzen, bei den mit Ostwinden durch Verkleinerung der positiven oder Verwandlung derselben in negative. Eine eben solche Berechnung könnte, wenn sie für Sommer und Winter besonders angestellt würde, darüber entscheiden, um wie viel die Verdampfungskälte im Sommer bedeutender ist als im Winter. Ich habe diese Berechnung aus Mangel einer genügenden Anzahl Beobachtungen aber nicht anstellen können.

Wir wenden uns zu den mit elektrischen Entladungen verbundenen Niederschlägen.

Das Gewitter.

Die Gewitterbildung wird gewöhnlich als ein in vollkommnes Dunkel gehüllter Process dargestellt; sie ist zugleich die Stätte, von welcher aus die Elektricität in die Meteorologie eingeführt wird, deren geheimnissvollem Wirken dann alle atmosphärischen Veränderungen leicht zugeschrieben werden. Hube hat diese Ansicht am consequentesten in seinem Buche über die Ausdünstung durchgeführt, da aber seinen Annahmen eine empirische Bewährung fehlte, ist diess an scharfsinnigen Bemerkungen und gut zusammengestellten Thatsachen reiche Buch in Vergessenheit gekommen. Als aber durch Volta's grosse Entdeckung sich plötzlich alle Räthsel zu lösen schienen, mit denen die Natur uns umgiebt, als nun auf einmal die Sprache verständlicher wurde, in der sie zu uns redet, huldigte die Wissenschaft dem unbegreiflichen Talent dieses seltenen Mannes dadurch, dass sie sich ihm vollkommen unterwarf, und wie in unsern Tagen alles, was an eine Spirale erinnert, Elektromagnetismus sein musste, so galt damals die Elektricität in der Naturwissenschaft als Hermes, als Führer der Seelen. Besonders musste die Meteorologie den harten Dienst unter der Elektricität durchmachen. Die Spuren dieser unglücklichen Herrschaft finden sich noch in den mannigfaltigen Hypothesen, die oft einander widersprechend nur das gemein haben, dass man mit dem Wort „Elektricität" ein Letztes ausgesprochen zu haben meint, von dem es eben genüge, den Namen genannt zu haben, um darin die Auflösung jedes Problems zu finden. Es ist daher zu untersuchen, auf welche Art damit bei dem Gewitter selbst argumentirt wird.

Deluc und Saussure haben gezeigt, dass Wolken nicht Magazine von Elektricität sind; Deluc hat erwiesen, dass häufig die Erregung der Elektricität in den Gewitterwolken und die Erzeugung des Blitzes in einem Augenblicke zusammenfallen. Soll nun aber die Elektricität das Agens in der Bildung sein, so muss sie früher schon frei gewesen sein, ehe es zum Blitz kommt. Als ein Beweis dafür wird angeführt die Umkehrung des Windes; die Luft werde nämlich durch die elektrische Repulsion von der Wolke abgetrieben, es blase also von ihr ein starker oft sehr kalter Wind. Der Wind aber, welcher der Gewitterwolke vorangeht, folgt ihr auch; denken wir uns nun um dieselbe vier Beobachter vertheilt, so wird der, auf welchen sie zukommt, sagen: die Luft wird elektrisch repellirt; der, über dessen Zenith sie hinweg ist: die Luft wird elektrisch angezogen; die beiden Seitenbeobachter: die Wolke wirkt gar nicht auf die Luft. Von horizontaler Polarität der Gewitterwolken hat aber, glaube ich, noch Niemand gesprochen. Dass aber der Wind kalt sei, wird als ein Beweis dafür angeführt, dass hier nicht von gewöhnlichem Niederschlag die Rede sein könne. Ausserdem aber, dass ein kalter Wind vor der Gewitterwolke herweht, steigt auch, wenn diess geschieht, das Barometer, und man muss also zeigen, warum dadurch, dass Luft fortgestossen worden, die Luft, nachdem diess geschehen, schwerer geworden ist *). Es geht aber dem Gewitter nicht immer ein kalter Wind vorher, sondern oft ein sehr warmer; die richtige Erklärung muss beide zusammenfassen. Natürlich müssen aber in einer Erscheinung, in welche so viele Bedingungen eintreten, alle Einzelnheiten scharf gesondert werden.

Eine Wolke überhaupt ist nichts Fertiges, sie ist kein Product, sondern ein Process, sie besteht nur, indem sie entsteht und vergeht. Niemand wird die weisse Schaumstelle in einem hellen Gebirgsbach von der Höhe gesehn für etwas Festes auf dem Boden Liegendes halten. Und ist die Wolke, die den Gipfel des Berges umhüllt, etwas Anders? Der Stein ist der Berg, der Bach die Luft, der Schaum die Wolke. Stehen wir höher, so sehen wir auch nur die vollkommen weisse Wolke, und durch den durchsichtigen Luftstrom den Boden. Eine Wolke wird desto stärker elektrisch, je lebhafter dieser Process eingeleitet ist, sie wird Gewitterwolke durch plötzliches Hervortreten:

*) Jene Hypothese ist ausserdem mit der Erfahrung im Widerspruch, da nach den Versuchen von Erman (Abhandl. d. Berl. Acad. 1814.) elektrisirtes Wasser auf der Kugel eines Rumford'schen Thermoskops dieselbe Temperaturerniedrigung giebt, als unelektrisirtes, und die Elasticität der Dämpfe ebenfalls dieselbe ist.

gleichgültig dabei ist, ob sie blitzt, so wie eine Kleistische Flasche geladen ist, wenn auch der Funke nicht überspringt. Die Landleute nennen daher Platzregen sehr richtig: stille Gewitter. Warum an der plötzlich hervortretenden Wolke durch die elektrische Atmosphäre des Bodens Elektricität durch Vertheilung grade am stärksten hervortreten könne, haben Erman's Versuche gezeigt (Gilbert's Ann. Bd. 15. S. 385). Dass diese Electricität eine durch den Niederschlag als solchen freiwerdende sei, ist nach Erman's (Abhandl. der Berl. Acad. 1818, S. 351) neuerdings von Pouillet (Pogg. Ann. Bd. 87. S. 417, 442) bestätigten Versuchen unwahrscheinlich.

Ist nun eine plötzliche Wolkenbildung zum Hervortreten einer starken elektrischen Spannung nöthig, so habe ich zu zeigen:

1) Dass nach Beobachtungen diess sowohl in der Entstehung als dem Fortgange des Gewitters sich ergeben hat.
2) Dass, wo diess auch nicht direct beobachtet werden kann, alle das Gewitter begleitenden atmosphärischen Erscheinungen nichts anders sind, als die eines plötzlichen Niederschlags.

Für die Gebirgsgewitter berufe ich mich auf die Beobachtungen von Deluc und Saussure, da ich nur eins habe in meiner Nähe entstehen sehen, wo bei einem lebhaften SW. auf und über der Schneekoppe eine Gewitterwolke lag, die häufig blitzte und donnerte, während südlich weiter hinauf der Teufelsgrund bis zu den Aupefällen in hellem Sonnenschein lag. Warum aber an einem bestimmten Ort sich gewöhnlich die Gewitter bilden, ist in der Localität begründet. „Bei Brundlen auf dem Pilatusberge ist ein kleiner See, worauf sich fast alle Ungewitter erzeugen. Sie fangen sich mit einer kleinen Wolke an, die sich an den benachbarten Felsen des Sees legt, der viel höher steht. Wenn diese Wolke über den Felsen hinaufsteigt, welches doch sehr selten geschieht, so zertheilt sie sich, gemeiniglich aber bleibt sie daran unbeweglich und wird zusehends grösser. „So wie sie zunimmt senkt sie sich, und wird zu einer schwarzen Wolke, die erschrecklich donnert.“ (Hannöver. nützl. Samml. 1757, S. 53). Für die Gewitter der Ebene bedarf es keiner Autorität, da jeder weiss, wie plötzlich der Himmel sich verdunkelt, wie die Wolken aus sich selbst herauszuwachsen scheinen; besonders auf Bergen sieht man diess deutlich, wenn über ein zwischenliegendes Thal von einer gegenüberstehenden Bergspitze ein kalter Wind in gleicher Höhe mit dem Beobachter horizontal einfällt, wo die Wolke nicht als Continuum mit dem Winde fortschreitet, sondern der Nebel in lauter traubenförmigen Bündeln plötzlich herabhängt.

Eine Wolke wird desto stärker elektrisch, je entschiedener der Niederschlag ist. Daher sind vom Horizont heraufkommende Gewitter stärker, als im Zenith sich bildende.

Eine Wolke bleibt nur Gewitterwolke dadurch, dass dieser heftige Niederschlag fortwährend erneuert wird. „Man bemerkt, dass bei einem über uns schwebenden, mit Regen begleiteten Gewitter der Platzregen vor jedem Blitze mit verdoppelter Gewalt und Schnelligkeit herabgestürzt wird.“ (Reimarus, vom Blitze, §. 154). Ich habe in Schlesien ein Gewitter gesehn, wo diese einzelnen Niederschläge bei jedem Blitz und Donner durch vollkommnes Aufhören des Regens von einander getrennt waren, eine Erscheinung, die gar nicht selten sein mag, wenn ich sie auch nirgends angeführt finde. Man hat sogar für diese erneuerte Bildung der Wolke vor dem Blitz ein besonderes Wort: den Drang der Wetterwolke. „Die Zunahme der elektrischen Spannung hängt vorzüglich von der Raschheit ab, womit der Niederschlag erfolgt, daher sich der Blitz auch da entzündet, wo die Wolke am dicksten ist und die stärksten Regengüsse ausschüttet.“ (Pfaff, N. Gehler. Wörterb. I. S. 1002.)

Eine Wolke verliert diese starke elektrische Spannung, wenn diese plötzliche Bildung nachlässt. „Der Cumulostratus scheint durch eine plötzliche Veränderung seiner Elektricität in den Nimbus überzugehen, denn bei dem Beobachten des Fortgangs des Gewitters durch eine lange Reihe dieser Wolken am Horizont habe ich mich überzeugt, dass die Wolken, welche aufgehört hatten Entladungen zu geben, in ihrem oberen Theil diese Veränderung erlitten hatten, indess andere, zwischen denen die Blitze noch hin und her fuhren, oder die jenseits derselben lagen, ihre schwellend runde Gestalt eine Zeit lang länger behielten.“ Howard.

Ist also ein plötzlicher starker Niederschlag zur Gewitterbildung nöthig, so dürfen wir uns nur in der Windrose die Bedingungen aufsuchen, welche diesen erzeugen, um daraus das Gewitter zu construiren.

Die grössten Temperaturdifferenzen finden wir bei S., SW. und N., NO. Ein plötzliches Vermischen geschieht aber am leichtesten dadurch, dass der kältere Wind dem wärmeren folgt. Ihre Verwandlung in einander muss eine Drehung S. W. N. sein.

Ehe das Gewitter heraufkommt wird also ein südlicher Wind wehen, nachher ein nördlicher. Die Gewitter gehören also zu den Erscheinungen der Westseite. Da aber der kältere Wind zuerst unten einfällt, so wird unmittelbar vor der Gewitterwolke der kältere nördliche Wind herwehen, das Barometer während des Gewitters rasch steigen, die Temperatur sich nach demselben bedeutend erniedrigen. Weil nun vor dem Gewitter zwei Winde einander gerade entgegen wehen, so wird diess eine Windstille erzeugen, die wir „drückende Luft“ nennen, die Hitze vor dem Gewitter, besonders auch in der Höhe der Atmosphäre, da der Südwind herrschend war, bedeutend sein.

Mehrere rasch auf einander folgende Gewitter sind die als Niederschlag sich darstellende Drehung von S. durch W. nach N.; das folgende Gewitter kommt also aus einer immer mehr nördlichen Gegend.

Soll durch einen südlichen Wind, der auf einen kälteren Wind folgt, plötzliche Vermischung entstehen, so muss die Intensität des südlichen Windes bedeutend sein. Solche

Gewitter gehören also der Ostseite an, sie müssen höher ziehen und können sich wegen der widerstehenden kälteren Luft nur langsamer fortpflanzen. Das Baromer fällt während solcher Gewitter, während die Temperatur sich erhöht. Da aber die Intensität des südlichen Windes bedeutend sein muss, so sind sie am häufigsten eine Erscheinung der fallenden Seite eines barometrischen Minimum. Sie sind im Ganzen selten. Uebereinstimmend mit diesen sind die seltenen Gewitter der Westseite, während des Zurückspringens des Windes. Auch bei diesen kann das Barometer fallen, die Temperatur steigen.

1) Die Winde, welche vor dem Gewitter wehen, sind Südwinde mit einer Drehung nach West.

Paris. Die Winde, welche zur Zeit eines Gewitters in unsern Climaten wehen, sind gewöhnlich SSW., SW., WSW. Lamark, Journ. de phys. 1800.

Kiel. Hier steigen die Gewitter gewöhnlich in SW. auf. Pfaff.

Danzig. Die Gewitter kommen gewöhnlich mit S. oder SW., wobei der Unterwind schnell nördlich wird. (Kleefeld, Beob. 1807—1824), aus Süd und West. 1730—1750. (Abh. der naturforsch. Gesellschaft, 1754.)

Königsberg. Die Gewitter kommen gewöhnlich mit SW. oder W. Beob. von Sommer 1799—1822. (Beiträge zur Kunde Preussens, 6. p. 407.)

Eben so in Norwegen, Hamburg u. s. w. *Auster fulmine pollens. Lucret.* 5. p. 744.

2) Für den Zusammenhang des Druckes und der Temperatur mit dem Gewitter einige Beispiele.

Am 24. August 1826 stand in Königsberg nach einer Mittagshitze von 22—23° R. das Barometer Ab. 6 Uhr mit S, auf 336''',94. Da drehte sich der Wind plötzlich von S. durch W. nach N., augenblicklich war auch das Gewitter da, das Barometer stieg in einer Stunde 0''',94.

Halle. Nach Winkler's Beobachtungen (8. 12. 2.

8. 10. Uhr) mit T die mittlere Temperatur in Réaum. Graden bezeichnet.

S. 1. SW. 3. SW. 3. NNW. 3. NW. 4.
Gew.

1825. 1. Jul. 333,43 332,42 32,10 32,22 32,95 T=14°,6
2. Jul. bei NNW. Bar. 333,61 bis 335,64 T=10°,3

SSW. 3. SW. 2. WSW. 3. WNW. 2.

1825. 26. Jun. 33,48 33,33 33,25 Gew. 34,18 T=15°,9

Da der SW. den andern Tag bleibt, so ist die Temperaturerniedrigung nur gering den 27. T=14°.

SW. 1. W. 4. W. 3.

1824. 15. Mai 329,01 Gew. 4 U. 29,45 30,36 T=13°,6
Am 16. T=9° bei SW. u. Regen. Am 17. T=7°,4 NW.

Oft kann man, wenn der Wind auch ungeändert bleibt, an den Wolken die Drehung beobachten. So finde ich in den handschriftlichen Beobachtungen des Pfarrer Sommer im September 1824 nach drei regelmässigen grossen Durchgängen durch die Windrose am 28. September angegeben

Morg. S. Mitt. SW. Ab. SW.
336,50 335,95 337,02

Mittags Gewitter in Nord, Abends Blitze in NW. und NNO. Den andern Tag

SW. SW. SW.
339,52 340,49 341,75
343,09

Hier ist der Südwest wohl verdächtig. In den Beobachtungen steht aber *cirri cum. cumulost.* als Massen von NW. bis N., und NO., durch O. bis SW. trübe Wolken und Gewitter. Den 30.: die gestrigen Wolkenmassen standen des Morgens noch ganz an derselben Stelle.

Die merkwürdigen Veränderungen, die Nicholson im Zuge der Wolken eines Gewitters beschreibt, sind nichts weiter als die geschehene Drehung.

3) Auf einander folgende Gewitter sind die als Niederschlag fortgehende Drehung.

Ummern, 23. Mai 1773. Es stossen drei Gewitter aus S. W. N. zusammen und ziehen nach Ost.

Eckwort, 8. Aug. 1774. Am 7. war eine starke Hitze. Ein Gewitter kam aus Süden herauf, zwei andere aus W. und NW. stiessen dazu, und nunmehro zog es von Süden nach NO. (Guden, Sicherheit wider die Donnerstrahlen.)

Halle, 1824, 9. Sept.

SSW. 1. SSW. 1. SSW. 1. SO. 1. NNW. 2.
333,96 333,78 333,72 333,22 332,57 Gew.

Gegen 11 Uhr Nachts, indem fast am ganzen Horizont von Abends ab Gewitterformation sich bildete, ziehen drei Gewitter aus S., W. und N. nach dem Zenith zusammen. Heftige Explosionen, der ganze Himmel steht in Flammen. Die Gewitter ziehen nach O., SO., NO. T=14°,2.

NW. 2. WNW. 2. NW. 1. N. N.
10. Sept. 332,85 33,40 34,01 34,54 34,98 T=11°,65
11. - N. 35,55 T=11°,2.

1825, Sept. 27. Seit 11½ Morgens Donner in NW. Die düstern Gewitterwolken ziehen aus NW. herüber, es fällt Regen, das Gewitter zieht nach Ost hinein. 2 Uhr SW. Bar. 334,25. In NNW. neues Gewitter zieht über das Zenith nach SO. Heftiger Donner, Regen und Hagel. Es schlägt ein. Abends 10 Uhr W. 335,85. Am andern Tage

Nord Bar. 338,24 bis 339,03. Die Temperatur:

Sept.	26.	27.	28.	29.	30.
	14°,3	11°,8	10°,6	6°,9	5°,6

während die weitere Drehung durch O. bis S. bis zum 5. October fast ganz regelmässig fortgeht.

Natürlich gilt diess nur für Gewitter, die wirklich über das Zenith gehen. Zur Seite gesehene Gewitter sind gewöhnliche dieselbe Erscheinung wiederholt gesehen.

Ohlau, 8. Aug. 1717. Wind SW. und W. Nach 12 Uhr starker Sturm und Regen, dann abwechselnd. Gegen Sonnenuntergang zog ein Gewitter aus W. auf, worauf bald zwei andere aus W. und WSW. folgten, welche alle drei gegen N. zogen. Als das erste in NNW., das andere in NW., das dritte gegen WNW. stand, stieg noch eins von WSW. auf, welches den drei ersten folgte. Bald darauf sahe man das fünfte gegen SW.; ungefähr um halb 10 Uhr entstand ein starker Sturm aus W., und brachte das sechste aus dortiger Gegend mit sich. Alle diese Wetterwolken trieb der Sturm gegen Osten, dass beinahe der halbe Himmel voller Blitz ward. Das letztere Gewitter aus W. zog recht über unsern Scheitelpunkt, die Wolken aber gingen sehr hoch. Um 11 Uhr stieg noch eins aus SW. auf, welches aber bei uns weit südlich vorbei gegen Osten zog. Dann Regen und noch ein Donnerwetter am Morgen, bis sich endlich mit nördlichen Winden die Luft aufzuklären begann, und einige Tage hindurch mit hellem Wetter anhielt. (Bresl. Samml. 1717, p. 154). Hier sehen wir in drei Stunden dieselbe Erscheinung 8 Mal hinter einander.

Weil aber ein südlicher Wind vor dem Gewitter herrschend war, so wird besonders auch in der Höhe der Atmosphäre eine bedeutende Temperaturerhöhung Statt finden. Diess hat Brandes bei seinen Beobachtungen der terrestrischen Refraction gefunden. In diesen südlichen Wind fällt unten ein mehr nördlicher, dessen plötzlicher Niederschlag sich als Cumulus und Cumulostratus darstellt. Man sieht daher gewöhnlich beim Gewitter oben eine leichte Bedeckung von Cirris, unter dieser Cumuli, die sich in Cumulostrati verwandeln.

„Der Cumulostratus gehört zu den gewöhnlichsten Vorboten des Gewitters, zeigt sich an verschiedenen Stellen des Horizonts und schwillt schnell zu ausserordentlichen Grössen an.“ Howard.

Die stark elektrischen Graupelwetter bilden einen natürlichen Uebergang zu den Wintergewittern.

„Die Regen-, Graupel- und Hagelschauer, welche man im Frühjahr und Herbst im nördlichen Deutschland wahrnimmt, sind meistentheils mit heftigen Windstössen begleitet, und die Instrumente zeigen dabei einen bedeutenden Grad positiver Elektricität. Die unten eintretenden Cumuli ziehen mit WNW., während die oberen Cirri mit SSW. gehen.“ Gilb. Ann. Bd. 55. S. 107.

Am 25. Januar 1822 fiel das Barometer in Freiberg rasch auf 314‴,1 bei starkem SW. und W., während die Temperatur einige Grade über dem Frostpunkt war. 9 Uhr 50′ Abends erhob sich ein starker NW. und brachte zuerst Regen, dann Graupel, zuletzt dichten Schnee. Das Barometer stieg sogleich 1‴,3, das Thermometer fiel auf — 0,7. Das Elektrometer divergirte so stark, dass ein Goldblatt abriss. An demselben Tage war in Leipzig Regen, dann Graupel und Schnee mit Blitz und Donner, während der NW., nach vorhergegangenem SW., WSW. und W., Sturm wurde. Da, wo der Wind am stürmischsten war, wurde die elektrische Wolke zur Gewitterwolke.

Ein ganz ähnliches Beispiel habe ich in Königsberg beobachtet. Am 26. October 1827 stand das Barometer Morgens 8 Uhr noch 341‴,11 bei Ost, und fiel, als der Wind durch S. nach SW. ging, bei continuirlichem Regen und steigender Wärme bis zum 28. Abends 9 Uhr auf 327‴,02, also 14 Linien in 2 Tagen. Nun stieg es, als der Wind WNW. wurde, mit immer erneuerten Schneeschauern bei heftigen Windstössen am 29., so dass es am 30. Morgens 334‴,01 mit N. stand. In und um Mühlhausen wie bei Heiligenbeil (6 Meilen südlich von Königsberg), wo es so stark schneite, dass man sich bereits der Schlitten bediente, hat man vor Anfang des ungestümen Schneewetters ein starkes Gewitter bemerkt.

Halle, 24. April 1823. 2 Uhr SSW. 328‴,13. Um 5 Uhr zieht ein in West sich entwickelndes Gewitter nach S. und SO. Heftiger Regen und Graupelschnee 6 Uhr 328‴,31. 10 Uhr NNW. 328‴,70 T=6°,9. Den folgenden Tag steigt das Barometer von 332‴,77 bis 333,65 T=4°,9.

Königsberg 1824, 11. Jan. SSW. Sturm Nachmittag 4 Uhr, während die Temperatur sich vom Mittage an 3° erhöht, Bar. Mittags 336,73, Abends 334,97. Um 10 Uhr WNW., 11 Uhr Gewitter, das in der Nähe einschlägt. Den andern Morgen steigt das Barometer mit NW. von 337,4 auf 338,13. Wir sehen also, dass die Wintergewitter von den Sommergewittern durchaus nicht verschieden sind, nur dass der Niederschlag zugleich in seiner Form den Eintritt des kälteren Windes anzeigt, sich also der Regen durch Graupel in Schnee verwandelt. Bei dem letzten Beispiele brachte der SSW. Sturm aber eine so hohe Temperatur mit, dass das Thermometer Abends 10 Uhr 2°,5 R. höher stand als Mittags. Hier konnte es also nicht sogleich schneien, sondern es regnete. Um aber zu zeigen, dass nicht etwa das Gewitter die Kälte erzeugt, und dieses also die Form des Niederschlags bedingt, mag hier noch ein Beispiel stehn. 1824, 6. November.

SO. Morg. 9:	SO. Mittag.	7 Uhr.	10 U. Ab. NW.
332,77+2°	333,58+4°,5	— 0,5	335,28+1°

9 Uhr Abends regnet es. 7. Nov. $5\frac{3}{4}$ Uhr Morgens Blitz und Donner in Süd.

9 U. NW. Regen.	Mittag.	Graupel u. NW.	Ab. 10 U. NW.
336,53	338,52	Schneeschauer.	340,00 schön.

Die vielbesprochenen Wintergewitter in Norwegen schliessen sich unmittelbar an diese Beobachtungen, wie die Beschreibung des Pfarrer Herzberg zeigt.

Die Gewitter entstehen 1) wenn ein Thauwind aus Süden ein Paar Tage geweht hat und nun plötzlich nach W. und NW. springt, mit Thauwetter, Windstössen, zuweilen auch mit Hagelschauer; 2) nach langem Thauwetter, milder Luft, starkem Regen und Südwinde, wenn der Wind nach West gehen will, welches dann gemeiniglich mit Sturmschauer, häufigen Blitzen ohne Donnerschläge, bald wiederum mit heftigen Blitzen und Donnerschlägen zu geschehen pflegt. So kann es abwechselnd 3 bis 8 Tage anhalten, bis endlich ein Sturm aus W. oder NW. kommt, oder ein heftiger

Platzregen fällt, wodurch die Luft endlich kälter wird, und ein Nordwind die Luft reinigt. Dann ist man beinahe gewiss, dass gutes Wetter, wenigstens einige Tage lang kaltes Wetter und Frost eintreten.“ Arenz sagt: „Der Wind ist gern westlich und nördlich, zuweilen südlich, aber Ostwind erinnere ich mich nie bemerkt zu haben, wenn es im Winter donnerte. Meistens ist der Wind stark und zuweilen stürmt es. Oft habe ich vernommen, dass der Wind vorher südlich ist und während des Gewitters nach NW. herumläuft. Nur einmal in 6 Jahren lief der Wind, der vorher aus Norden kam, nach Süden um, und war nicht heftig. Läuft er nach Norden um, so nimmt er an Stärke zu, wenn das Gewitter ausbricht, und bleibt so nachher. Regen geht gern vorher, wenn aber Schnee oder Hagel fällt, welche gewöhnlich die Wintergewitter, wenn der Wind nach Norden umgeht, begleiten, und dieser Wind die Oberhand und Dauer gewinnt, so wird die Luft klar und das Wetter beständiger. Das Barometer ist, wie ich finde, nach den Wintergewittern mehrentheils ein wenig gestiegen, doch nicht jederzeit. Es hat sich auch getroffen, dass es vor dem Gewitter ziemlich gefallen und nach dem Donner gleich wieder kenntlich gestiegen. Das Thermometer ist nach dem Donnern fast beständig um 1 bis 3 Grade gefallen, die Luft also ein wenig kälter geworden.“

Dass die Wintergewitter häufiger in Norwegen sind, als anderswo, liegt also nur in der Häufigkeit der südlichen Winde und deren grösserer Intensität. Denn auch an andern Orten, deren Localität durchaus verschieden ist, findet sich unter denselben, aber seltener eintretenden Bedingungen dieselbe Erscheinung. So sagt Kraft nach 9jährigen Beobachtungen in Tübingen: in den Wintermonaten donnert es immer bei heftigem SW. oder W. (Praelect. phys. 3. p. 311).

Entgegengesetzt verhalten sich die Gewitter der Ostseite. Sie entstehen durch Eindringen eines gewöhnlich stürmischen südlichen Windes in eine kältere Luft, also mit fallendem Barometer und steigender Temperatur, wenn wir von der Verdampfungskälte abstrahiren. Gleichgültig ist es natürlich auch hier, ob es wirklich zum Blitz kommt. Als einleitende Beobachtung: Heller, merkwürdige Luftelektricität den 18. Februar 1795 (Gren's neues Journal. 2. p. 401).

„Ein Paar Tage vor dem 18. Februar war das Barometer ungewöhnlich hoch, denn es zeigte eine Höhe, die ich für Fulda noch niemals gesehen hatte, nämlich 335''', folglich beinahe 8 Linien über die mittlere hiesige Barometerhöhe. Es herrschte Nord- und Nordostluft, der Himmel war heiter. Am 18. Februar entstand Nachmittags plötzlich ein heftiger Sturmwind. Hieraus vermuthete ich, das Barometer müsse geschwinde unter die mittlere Barometerhöhe gefallen sein (das war freilich zu viel verlangt); allein ich erstaunte, es auf 331,4 zu sehen. Es war Ostluft und der Himmel heiter, bis auf einige kleine lichte Wolken in Ost. Thermometer — 4°,5 R. Curios, ob nicht Blitzmaterie hier mit im Spiel sei, lief ich zu meiner Maschine zur Untersuchung der Luftelektricität und sah folgendes: Das daran befestigte Fadenelektroscop divergirte, was es konnte. Ich schob die Kugeln der Maschine einander näher, und siehe da, es schlugen bei dieser Heiterkeit des Himmels Fünkchen über. Ich rief Zeugen. Es war 1 Uhr. Der Sturmwind tobte. Die Paar Wolken, die, wie gesagt, in Osten hingen, stiegen allmählig höher heran und erweiterten ihren Umfang, so dass nach 4 Uhr der ganze Himmel mit schwarzgrauen Wolken bedeckt war. So wie diess nach und nach erfolgt war, waren auch die Fünkchen lebhafter und grösser. Die Luftelektricität wurde endlieh so stark, dass sie von Kugel zu Kugel in starken Funken übersprang. Geregnet hat es nicht (diese Aeusserung scheint zu beweisen, dass die Temperatur sich bedeutend erhöht habe). Tags darauf blies der Wind noch, aber minder heftig, und der Himmel war wieder heiter. Barometer 329,6. Selbst mit

Beihülfe des Condensators konnte ich nicht eine Spur mehr von Elektricität an der Maschine bemerken.“

Beispiele wirklicher Gewitter mit von O. nach S. gehendem Winde, fallendem Barometer und steigender Temperatur finden sich zahlreich bei dem von Brandes verglichenen barometrischen Minimum am 24. Dec. 1821.

In Beziehung auf den Gang beider Instrumente verhalten sich eben so die seltenen Gewitter bei unregelmässigem Zurückspringen auf der Westseite. Auch dann ist der südlichere Wind gewöhnlich stürmisch.

Halle, 4. Aug. 1825. 11 Uhr in West Gewitterformation; 11¾ Uhr Gewitter mit W. 2 mit heftigem Regen und Hagel, theilt sich in zwei, eins nach O., das andere nach Ost.

		Temp.	Bar.	Hygr.	Wind.
4. Aug.	12 U.	15°,0 R.	332,88	100	W. 2
	2	16 ,8	32,79	99	SW. 1 Regen
	6	15 ,4	32,64	100	SW. 1
	10	13 ,0	32,60	98,6	SSW. 1 schön
5. Aug.	8	17 ,5	31,67	83	S. 3
	12	23 ,3	30,79	58,6	SSW. 4 barom. Minim.
	6	19 ,5	31,04	68,4	NNW. 2.

Die mittlere Temperatur am 5., wo der stürmische SSW. hervortritt, ist aber die höchste aller folgenden Tage des Monats, des Hagels am 4. ungeachtet.

Solchen Gewittern kann leicht eins mit steigenden Barometern folgen, weil der Gang nach N. doch wieder durchgemacht werden muss. Man sagt dann, es bleibt schwül, es wird ein neues Gewitter kommen. „Wenn nach dem Gewitter dieselbe Schwüle in der Luft bleibt, so gewittert es an demselben oder folgenden Tage wieder.“ Muschenbroek Introd. §. 2803.

Die Gesammtheit der die Gewitter begleitenden Erscheinungen ist also ebenso wie die Bewegungen der meteorologischen Instrumente zu der Zeit, wo überhaupt Niederschläge beobachtet werden, nichts anders als ein einfacher

Ausdruck des Drehungsgesetzes. Jedes Gebiet dieser Erscheinungen für sich kann also umgekehrt als ein Beweis für dasselbe angesprochen werden, der desto entscheidender wird, je unabhängiger von einander für die unmittelbare Beobachtung die Phänomene selbst, in welchen es sich ausprägt, zu sein scheinen. Eine schärfere Probe einer richtigen Theorie als bekannten Thatsachen zu genügen ist aber, durch sie Erscheinungen vorauszusagen, welche noch nicht Erfahrungsmässig ermittelt sind. Wir haben diess dadurch gethan, dass wir die Regeln für die Bewegung der meteorologischen Instrumente auf der südlichen Halbkugel aus denselben Principien ableiteten, welche wir bei der Ableitung der Regeln für die nördliche Halbkugel zum Grunde legten. Für das Barometer hat sich diess bereits vollkommen bestätigt, es ist daher wahrscheinlich, dass es auch für die andern Instrumente geschehen werde. Man könnte aber sagen, dass sich die Umkehrung der Phänomene in Beziehung auf die Weltgegenden auf der südlichen Halbkugel von selbst verstehe, dass es daher eben keine lange Untersuchung erfordere, um diess vorherzusagen. Das einzige, was dabei vergessen wäre, ist, dass die südliche Halbkugel sich nicht in entgegengesetztem Sinne dreht, als die nördliche, und dass die Erscheinungen auf der südlichen Halbkugel daher keinesweges eine blosse Umkehrung der Erscheinungen der nördlichen sind. Es giebt, nach den Folgen unserer Theorie Winde der südlichen Halbkugel, bei welchen die Erscheinungen auf beiden Halbkugeln gleich, Winde, wo sie entgegengesetzt, endlich Winde, wo sie zwar nicht entgegengesetzt aber quantitativ höchst verschieden sind. So spezielle Folgen einer Theorie müssen für oder wider sie entscheiden, und an solchen Folgen muss ihre Unzulänglichkeit nachgewiesen oder ihre Richtigkeit zugegeben werden. Ich glaube daher noch weniger nöthig zu haben, die oberflächlichen Einwürfe hier zu berücksichtigen, welche von den Vertheidigern der Gesetzlosigkeit des Windes gegen das Vorhandensein eines Drehungsgesetzes überhaupt erhoben worden sind. Wenn man die an die negative Schwere des Phlogiston erinnernde Erklärung liest, welche Herr Schouw von den Veränderungen der Windesrichtung in Appenrade gegeben hat (Pogg. Ann. 14. p. 549 und 28. p. 510 und meine Beleuchtung derselben Pogg. Ann. 23. 69 und 36. 557) so wird die Wahl zwischen dem Drehungsgesetz und solch einer Erklärung nicht schwer fallen.

Fassen wir die in den vorigen Abschnitten gewonnenen Resultate in einer gemeinsamen Uebersicht zusammen, so erhalten wir:

Nach directen Beobachtungen dreht sich auf der nördlichen Halbkugel der Wind im Mittel immer in demselben Sinne durch die Windrose, nämlich von S. nach W. N. O. S., springt aber besonders zwischen S. und W. häufig zurück, am seltensten zwischen O. und S.

Es giebt in der Windrose zwei einander nahe gegenüberliegende Punkte, (die wir die Pole der Windrose nennen können und die im Allgemeinen auf SW. NO. fallen, deren Lage sich aber in der jährlichen Periode etwas verändert) welche in Beziehung auf die sie charakterisirenden Eigenschaften die stärksten Gegensätze bilden. Während den nördlichen Pol hoher Barometerstand, niedere Temperatur, Trockenheit, Heiterkeit des Himmels und geringe Intensität des Windes bezeichnet, entspricht dem südlichen Pole der Windrose niederer Barometerstand, hohe Temperatur, Feuchtigkeit, häufige Trübung und Niederschläge mit gewöhnlich heftigem Winde.

In Beziehung auf die Eigenschaft der übrigen Winde, d. h. in Beziehung auf den mittleren Stand der meteorologischen Instrumente, wenn jene wehen, findet zwischen diesen beiden Extremen ein allmähliger und ununterbrochener Uebergang statt.

Was aber die relative Anzahl der Winde, ihre Beständigkeit, die Quantität der Luft, welche in ihnen über den Beobachtungsort fliesst, betrifft, so zeigt sich ein ganz andres Verhalten. Während die früher erwähnten Eigenschaften so in der Windrose vertheilt waren, dass die Windrose nur ein Maximum (bei NO. oder SW.) und ein Minimum (bei SW. oder NO.) hat, zeigt sie in Beziehung auf die letzteren 2 Maxima und 2 Minima und zwar fallen diese Maxima mit den Polen der Windrose zusammen. Es wird dadurch wahrscheinlich, dass die Witterungsverhältnisse unsrer Breiten durch zwei Luftströme bestimmt werden, die gegenseitig in einander übergehend die Mittelwinde erzeugen, und in ihrer Eigenthümlichkeit an den Polen der Windrose am schärfsten hervortreten.

Nennt man nun den Theil der Windrose vom südlichen Pol durch W. bis zum nördlichen Pol die Westseite der Windrose, den Theil vom nördlichen Pol der Windrose durch O. bis zum südlichen die Ostseite, so sind die meteorologischen Veränderungen auf der Westseite gerade entgegengesetzt denen der Ostseite.

Auf der Westseite steigt das Barometer, auf der Ostseite fällt es.

Nach Winden der Westseite wird es kälter, nach Winden der Ostseite wird es wärmer.

Auf der Westseite folgt Helle auf Trübung, auf der Ostseite geht die Heiterkeit in Trübung über.

Auf der Westseite herrscht der Cumulostratus, auf der Ostseite der in allgemeine Trübung übergehende Cirrus.

Auf der Westseite geschehen die Veränderungen im Zustand der Atmosphäre zuerst in den untern Schichten derselben, dann in den obern, auf der Ostseite steigt die Witterungsveränderung allmählig von Oben herab.

Plötzliche Niederschläge gehören der Westseite an, allmählige der Ostseite.

Die meisten Gewitter sind Phänomene der Westseite, ebenso dichtes Schneegestöber und Graupelschauer.

Im Winter wird Regen auf der Westseite Schnee, auf der Ostseite verwandelt sich der Schnee in Regen.

Schnee mit Westwinden zeigt daher neue Kälte an, Schnee mit Ostwinden eine Verminderung derselben.

Die Phänomene der Westseite sind also ein Uebergang des südlichen Stromes in den nördlichen, die Phänomene der Ostseite hingegen ein Uebergang des nördlichen in den südlichen.

Jeder vollständige Durchgang durch die ganze Windrose ist eine Witterungsperiode für sich, besonders in den Wintermonaten, ein kleiner Winter, wie man in Ostpreussen sagt. In dieser Beziehung unterscheiden sich die Winter im mittleren Deutschland wesentlich von den der unmittelbar angrenzenden nördlichern Gegenden. In Deutschland nämlich erhöht sich fast bei jedem Durchgang durch das Minimum der Windrose die Temperatur so, dass der Schnee sich in Regen verwandelt und dieser daher abthaut. In nördlichern Breiten hingegen, wo diess nicht der Fall ist, summiren sich die Schneemassen der verschiedenen Drehungen und der Verkehr geschieht dann im Winter fast nur durch Schlitten.

Nachdem wir nun die Witterungserscheinungen auf zwei einander abwechselnd verdrängende Ströme zurückgeführt, und den meteorologischen Theil unsrer Aufgabe gelöst haben, bleibt uns noch der klimatologische, diese Ströme selbst nämlich aus der Gesammtheit der atmosphärischen Verhältnisse abzuleiten. Diess soll der Gegenstand des fünften Abschnitts sein, an welchem sich im sechsten allgemeinere Betrachtnngen über die mittlern Zustände der Atmosphäre und die periodischen Veränderungen derselben anschliessen werden.

V.

Dio allgemeinern Bewegungen der Atmosphäre.

1) Die beständigen und periodischen Winde der Tropen.

Während die Begleiter des Columbus vor der Beständigkeit des Passates erschraken, dessen unveränderte Richtung ihnen jeden Rückweg zu versperren schien, nannten die spanischen Matrosen schon zu Don Ulloa's Zeiten dieselben tropischen Gewässer „das Meer der Damen", weil die Schiffahrt dort so leicht sei, dass ein Mädchen das Steuer führen könne, ja Varenius berichtet bereits, dass die Schiffer von Acapulco ausfahrend ruhig schlafen könnten und sich weiter um das Steuer nicht zu bekümmern brauchten, da der stätige Wind sie doch sicher an das Ziel ihrer Reise nach den Philippinen führe. Der Name „Trade-Winds", welchen die Engländer dem Passat gegeben, könnte aber auch mit vollem Recht den Monsoons oder Moussons beigelegt werden, von denen Marco Polo zuerst in Mangi hörte, dessen Bewohner im Winter nach den gewürzreichen Inseln in der Nähe von Zipangri fuhren und im Sommer mit entgegengesetztem Winde zurückkehrten. In unsern Tagen, wo die „Blaujacken" die Moussons „Soldatenwinde" nennen, weil sie immer regelmässig vorwärts und rückwärts marschieren, hat jene Beständigkeit wie diese Periodicität zwar den Reiz der Neuheit verloren, contrastirt aber doch noch immer auffallend gegen die scheinbar regellosen Bewegungen der Atmosphäre, welche wir in unsern Breiten zu sehen gewohnt sind. Der Zusammenhang, in welchem nothwendig die grossen Bewegungen der Atmosphäre unter einander stehen, nöthigt uns jetzt die gemässigte Zone zu verlassen, um zu versuchen, ob wir unter den Tropen vielleicht die Quellen jener Ströme finden, deren gegenseitigen Kampf wir bisher betrachtet haben.

A. Theoretische Betrachtungen.

So wie wir bei Bacon die erste Wahrnehmung der regelmässigen Drehung des Windes fanden, so müssen wir ihn auch als den anführen, der die Momente, auf welche eine Theorie der Passate gegründet werden kann, zuerst wenn auch nicht richtig angedeutet hat. „Die Sache ist gewiss," sagt er *), „die Ursache ungewiss. Die könnte es sein, dass die Luft wie der Himmel bewegt wird, ausserhalb der Tropen gleichsam unmerklich wegen der kleinern Kreise, innerhalb merklich, wegen der grössern Kreise, die sie beschreibt. Es könnte auch eine andre sein, die, dass die Wärme die Luft ausdehnt und nicht an derselben Stelle lässt. Aus der Ausdehnung der Luft entsteht aber nothwendig ein Stoss auf die danebenliegende Luft, wodurch, so wie die Sonne fortrückt, jene Brize erzeugt wird. Deutlicher ist sie unter den Tropen, wo die Sonne brennender, ausserhalb ist sie fast nicht merklich." Die erste Erklärung Bacon's hat Galilaei **) in die Sprache des Copernicanischen Systems übersetzt vorgetragen, denn es war natürlich, dass das Zurückbleiben der Luft gegen die Bewegung der Erde damals zur Sprache kommen würde, ein Argument, welches denn auch Simplicius, der Vertheidiger des alten Systems im Dialog, beibringt. Galilaei nimmt nun noch ein geringes Zurückbleiben an und erklärt dadurch den Ostwind der Tropen. Die zweite Erklärung Bacon's hat Varenius ***) näher erörtert. Natürlich ist die Gali-

*) *Historia ventorum.* Oper. ed. p. 446.

**) *De systemate mundi dialog.* 4. p. 421. ed. 1700.

***) *Geographia generalis* l. 1. cap. 20.

laei'sche Ansicht bald verlassen worden, und eben so wenig hat sich die von Descartes angedeutete und von d'Alembert*) ausführlich erörterte Theorie, welche dem Einflusse des Mondes die Erscheinung zuschreibt, Eingang verschafft. Mehr ist diess mit der von Halley**) vorgetragenen Erklärung der Fall gewesen, welche, da sie auf falschen Voraussetzungen beruht, wohl nur deswegen besonders berücksichtigt worden ist, weil Halley zugleich mit seiner Theorie eine Menge vortrefflicher Beobachtungen und Bemerkungen über die Passate mittheilte und die Aufgabe selbst zuerst allgemeiner auffaste, indem er die Passate und die Moussons auf eine gemeinschaftliche Ursache zurückzuführen versuchte. Durch einen bei dem gegenseitigen Entlehnen der Lehrbücher von einander zuletzt sehr verbreiteten Irrthum, wird aber ausserdem die richtige Theorie von Hadley***) durch eine Namensverwechselung fast immer unter dem Namen der Halley'schen vorgetragen. Bei dieser wenigstens in Deutschland sehr grossen Verwirrung mag es entschuldigt werden, wenn ich, ehe ich zu der nähern Untersuchung der Erscheinung übergehe, zunächst die Unterschiede beider Theorien auseinandersetze.

Halley erklärt die Erscheinung der Passate allein durch die wärmende Wirkung der Sonne, Hadley durch dieselbe Ursache und die unter den verschiedenen Parallelen ungleiche Rotationsgeschwindigkeit der Oberfläche der Erde. Nach Halley würde, wenn von der nördlichen und südlichen Erdhälfte das Zuströmen der Luft durch Wände verhindert würde, zwischen diesen dem Aequator parallelen Wänden ein reiner Ost entstehen, weil bei der täglichen

---

*) *Reflexions sur la cause générale des vents.* Berl. 1746.

**) *An historical account of the Trade-Winds and Monsoons observable in the seas between and near the Tropick, with an attempt to assign the physical cause of the said Winds.* Phil. Trans. 1686. p. 152.

***) *The cause of the general Trade-Wind.* Ph. Tr. 1735. 58.

Bewegung der Sonne die Luft dieser nachströmt, und, da bei jeder Umdrehung sich die Wirkung wiederholt, endlich in ihrer ganzen Masse in continuirliche Bewegung geräth. Da aber in der Wirklichkeit jenes Zuströmen Statt findet, indem die Luft von beiden Seiten des Aequators nach dem Aequator als dem überhaupt heissesten Gürtel drängt, so wird aus dem Ost und Nord auf der Nordhälfte der Erde ein Nordost, aus dem Süd und Ost auf der Südhälfte der Erde ein Südost. Diese Ansicht erklärt also allerdings warum der untere Passat NO. ist, keineswegеs aber warum der zurückfliessende obere Strom SW. wird, sie erklärt nicht die Gegend der Windstillen zwischen beiden Passaten *) und noch weniger die Südwinde in derselben. Sie ist auch theoretisch höchst unwahrscheinlich, denn es ist unmöglich, dass die Wirkung der Erwärmung unter dem heissesten Meridian, wenn wir sie uns als anfangend denken, so lange fortdauere, dass sie noch um 12 Uhr in der Nacht Statt finden sollte. Ist diess aber nicht der Fall (wie wir aus der geringen Entfernung, bis zu welcher Land- und Seewinde vom Ufer sich erstrecken, schliessen können), so wird die heisseste Stelle in den Morgenstunden östlich liegen, also ein Westwind entstehen, ein Resultat, zu welchem auch der Verfasser der *recherches physiques et mathématiques sur la théorie des vents reglés.* Berl. 1746. gekommen ist. Es würden also nach Analogie aller Erscheinungen, die von der täglichen Wirkung der Sonne abhängen, zwei entgegengesetzte Wirkungen eintreten, hier ein Ostwind in den Nachmittagstunden, und ein Westwind in den Morgenstunden.

Ganz anders ist es mit der Hadley'schen Theorie, in

---

*) Die Windstillen auf der sogenannten Regen- oder Donnersee bei Guinea erklärt Halley und gewiss richtig als entstehend zwischen dem durch Afrika abgelenkten Passat und dem weiter von der Küste unmodificirt fortwehenden SO-Passat.

welcher die Ablenkung des Nord in Nordost dadurch entsteht, dass die Luft von langsamer rotirenden Punkten nach schneller sich drehenden kommt. Halley hat das Verdienst, die westlichen Winde an den äussern Grenzen der Passate als den obern Strom anerkannt zu haben, für seine Conjectur giebt er aber nur einen empirischen Beweis*); in Hadley's Theorie hingegen ist ihre Richtung und das Zurückkehren derselben zur Oberfläche eine mechanische Nothwendigkeit, gefordert durch die gleichbleibende Länge des Sterntages**). Da nämlich in den untern Schichten fortwährend weniger bewegte Massen nach Punkten, die stärker bewegt werden, strömen, so wird die Erde dieser Luft immer einen Theil ihrer Bewegung durch Reibung mittheilen, und sie würde zuletzt dadurch nothwendig an Rotationsgeschwindigkeit verlieren müssen, wenn nicht die zurückströmende Luft als SW. die Oberfläche berührend, dieser denselben Impuls im Sinne ihrer Rotation wiedergäbe, welchen sie von der Erde erhalten hat. Diese Bemerkung Hadley's beweist, wie genau er sich des Principes seiner Theorie bewusst war, und es ist daher zu bedauern, dass er, durch unrichtige Nachrichten über die Richtung der Passate bei ihrem Begegnen verleitet, hier nicht seine Theorie conse-

---

*) *By a kind of circulation, the NE-Trade-Wind below will be attended with a SW. above, and the SE. below with a NW. above; that this is more than a bare conjecture, the almost instantaneous change of the Wind to the opposite Point, which is frequently found in passing the limits of the Trade-Winds, seems to assure us.*

**) *The NE. and SE-Winds within the Tropicks must be compensated by as much NW. and SW. in other Parts, and generally all Winds from any one Quarter must be compensated by a contrary Wind some where or other; otherwise some Change must be produced in the motion of the Earth round its Axis.*

quent verfolgt hat, eine Lücke, welche neuerdings durch Basil Hall*) ergänzt worden ist.

Um die Unterschiede der verschiedenen Theorien schärfer hervortreten zu lassen, wollen wir annehmen, die Erde sei ein unter dem erwärmenden Einflusse der Sonne rotirender gerader Cylinder. Nach der Halley'schen Theorie würden die Passate noch NO. und SO. bleiben, nach der Hadley'schen hingegen, da kein Unterschied der Rotationsgeschwindigkeit vorhanden wäre, N. und S. werden, nach der ältern Galilaei'schen hingegen ein Ost entstehen. Die Passate im Sinne der Halley'schen Theorie würden auf der feststehenden Erde, um welche sich die Sonne bewegte, eben so Statt finden als auf der um die feststehende Sonne bewegten Erde; im Sinne der Hadley'schen Theorie ist ihre Richtung aber ein Beweis für die Drehung der Erde. Was aber die von Basil Hall gegebene Ergänzung betrifft, so ist sie folgende:

Da die Meridiane in der Nähe des Aequators parallel werden und in 10 Grad Entfernung von demselben sich nur wenig einander zuneigen, so wird der Unterschied der Rotationsgeschwindigkeit des Parallels von 10° und des Aequators nur gering sein. Bezeichnet man nämlich die letztere mit 1000, so erhält man folgende Verhältnisse:

Breite.	0°	10°	20°	30°	40°
Rotationsgeschwindigkeit	1000	985	940	866	766
Unterschied		15	45	74	100

Breite.	50°	60°	70°	80°	90°
Rotationsgeschwindigkeit	643	500	342	174	0
Unterschied	123	143	158	168	174

Es ist also klar, dass wenn die Luft sich unter 10° Breite langsam nach dem Aequator hinbewegt, sie durch

*) *The Trade-Winds* in *Fragments of Voyages and Travels second Series* vol. 1. p. 163. Lond. 1832.

die Berührung mit dem Boden fast vollkommen die Rotationsgeschwindigkeit desselben annehmen wird. Strömten beide Passate von da an, wo sie entstehen, bis da, wo sie aufhören, mit gleicher Geschwindigkeit fort, so würde die östliche Ablenkung durch Summiren von immer kleiner werdenden Grössen beständig wachsen, der Passat also von den Wendekreisen an nach dem Aequator hin aus N. in NO. und zuletzt in Ost übergehen. Da aber da, wo die Luft aufsteigt, die Passate einander entgegen wehend sich gegenseitig stauen, so wird diess nicht der Fall sein und wir werden daher erwarten müssen in der Nähe des Aequators den in grösserer Entfernung von demselben bereits fast östlich gewordenen NO-Passat in eine mehr nördliche Richtung übergehen zu sehen, eben so den SO-Passat in eine mehr südliche. Diess wird natürlich in noch höherm Grade der Fall sein, wenn ein Passat die Linie wirklich überschreitet, in welchem Falle der SO. aus S. in SW., der NO. aus N. in NW. übergehen wird. Aber auch die so berichtigte Hadley'sche Theorie trifft noch der Vorwurf, dass sie nur Rechenschaft von den Windverhältnissen der Tropen giebt, dass sie dort als bedingendes Element das anerkennt, was theilweise in noch höherm Grade ausserhalb der Tropen vorhanden ist. Indem wir p. 124 die Aufgabe ganz allgemein behandelten, fanden wir, dass die Erscheinung der Passate und Moussons nur die speciellsten Fälle des Grundphänomens darstellt, welches wir „das Drehungsgesetz" genannt haben. Wenn in dieser Beziehung die Ableitung desselben als der Versuch einer allgemeinern Windtheorie angesehen werden kann, so darf wohl nicht erst bevorwortet werden, dass dieser Versuch auf einem Gebiete, wo es fast ganz an Vorarbeiten fehlte, nicht darauf Anspruch macht, der Totalität der Erscheinungen in ihrem Detail zu genügen.

Nachdem wir den Einfluss der Rotation ermittelt, haben wir nun die erzeugende Ursache jener regelmässigen Luftströme, die erwärmende Wirkung der Sonne nämlich, näher zu betrachten, in wie fern sie in der jährlichen Periode sich ändert und durch die Natur der Grundlage der Atmosphäre modificirt wird.

Es giebt zwei Arten periodischer Winde, die, welche eine tägliche, und die, welche eine jährliche Periode befolgen.

Zu der ersten Klasse gehören:

1) die Land- und Seewinde in heissen Klimaten, welche im mittelländischen Meere noch so entschieden hervortreten, und welche selbst in höheren Breiten im heissen Sommer sich zeigen. Noch in Pillau kennen sie die Lootsen; in Danzig sind sie sehr merklich.
2) Die abwechselnden Winde in engen Thälern;
3) an den Ufern grosser Landseen.

Wenn bei Tage das Land sich stärker erwärmt als die See, so wird die Luft über dem Lande in die Höhe steigen, die kältere Seeluft unten zuströmen. Ueber der See fällt die Luft herab, wie im Schatten einer vorüberziehenden Wolke an einem heissen Sommertage, von der es kalt herweht. In der Nacht kühlt sich das Land stärker ab, als die Oberfläche des Wassers, diese wird endlich wärmer, die Luft strömt vom Lande nach nach der See.

Jener senkrechte Kreislauf ist also einem gedrehten Rade zu vergleichen. Ist die Temperatur gleich, so steht es, wird sie ungleich, so dreht es sich, zuerst nach der einen Seite hin, dann nach der entgegengesetzten. Es steht zwei Mal täglich still, wenn die eine Drehung in die andre übergeht.

Ist das Land ein halbes Jahr wärmer als die See, und umgekehrt, so wird das Rad im Jahre zwei Mal stillstehn, und zwei Mal sich drehen. Wir werden also erhalten: zwei Luftströme nach entgegengesetzten Richtungen, getrennt durch Perioden keiner vorherrschenden Richtung.

Diess ist aber die Erscheinung der Moussons.

In Beziehung auf die Verhältnisse der Winde zur Vertheilung der Temperatur kann man zwei Klassen unterscheiden.

1) Winde, welche von einer kälteren Gegend nach einer wärmeren hinströmen. Diess sind die Passate und Moussons.

2) Winde, welche von der wärmeren nach der kälteren hinfliessen, diess sind die SW. und NW. Winde au der äussern Grenze des NO. und SO. Passat.

Es ist von vorn herein wahrscheinlich, dass diese beiden Klassen von Winden verschiedenen Ursachen ihre Entstehung verdanken werden.

Erwärmt man in einer Flüssigkeit irgend eine Stelle stärker als die übrigen, so findet von allen Seiten ein Zuströmen der kälteren Theile Statt, die einander entgegengesetzten Bewegungen heben einander auf, es entsteht Ruhe, da wo die Wärmequelle ist. Eine ruhig brennende Lichtflamme giebt davon das deutlichste Bild.

Stände die Sonne immer senkrecht über einem Punkte des Aequators der unbewegten Erde, so würde nach diesem heissesten Punkte von allen Weltgegenden die Luft zuströmen; es wäre die Erscheinung der Lichtflamme. Aber die Erde dreht sich, es entsteht ein ruhiger Gürtel, dessen Temperatur die höchste ist. Er bildet die Grenze zwischen der von der nördlichen und südlichen Hälfte zuströmenden kälteren Luft, deren jede für sich einen Kreislauf vollführt. Innerhalb dieses ruhigen Gürtels wird die tägliche Periode ihre volle Bedeutung haben, die Erscheinungen des Courant ascendant am Entschiedensten hervortreten. Ich rechne hierzu:

1) tägliche Gewitter,
2) Abwechselung von Land- und Seewinden,
3) tägliche Veränderung des Barometers.

Ausserhalb desselben, da, wo die Luft zuströmt, wird die Wirkung des Courant ascendant durch die vorherrschende Windesrichtung geschwächt, und umgekehrt, diese durch jenen modificirt.

Was wir uns bisher fixirt dachten, ändert sich mit der

Abweichung der Sonne, jener ruhige Gürtel rückt mit ihr herauf und herunter.

Wir wollen nun die mittlere Breite dieses Gürtels zunächst als unveränderlich im Jahre annehmen, und uns denken, dass er mit der Sonne um $23\frac{1}{2}°$ herauf- und herunterrücke, so dass er also im Juni sich unter dem Wendekreise des Krebses, im December unter dem des Steinbocks befinde. Es werden dann alle Orte der heissen Zone eine Zeit lang im nördlichen Passat liegen, eine Zeit lang im südlichen; beide Perioden werden durch Zwischenperioden keiner vorherrschenden Windesrichtung getrennt sein. Strömt nämlich die Luft immer nach dem Parallelkreise, über welchem die Sonne im Zenith steht, so wird an allen Orten, wo sie zwei Mal durch das Zenith geht, die Luft zwei Mal nach entgegengesetzten Richtungen fliessen. Die Zeitdauer beider Luftströme wird unter dem Aequator gleich sein, in der nördlichen Hälfte wird der nördliche, in der südlichen der südliche länger dauern. Die Unterschiede der Dauer beider werden mit der Entfernung vom Aequator zunehmen, an den Wendekreisen wird nur ein Passat Statt finden, unterbrochen durch Windstille zur Zeit des Solstitium. Wir würden also für jeden Ort in der heissen Zone Moussons: Winde der Jahreszeiten, erhalten, wegen des Einflusses der Drehung der Erde aber

	Nördliche Hälfte	Südlich Hälfte
	der heissen Zone.	
Frühling	NO.	SO.
Sommer	SW.	SO.
Herbst	NO.	SO.
Winter	NO.	NW.

Bei dieser Betrachtung haben wir zunächst darauf nicht Rücksicht genommen, dass die Quantität der durch die Gegend der Windstillen getrennten Luftmassen zu verschiedenen Jahreszeiten sehr verschieden ist, indem nämlich die Luftmasse der heissen Zone bei dem Wintersolstitium in den nördlichen Kreislauf mit aufgenommen wird, bei der

Sommersonnenwende in den südlichen, und nur bei den Aequinoctien beide gleich sind. Diess mit den Jahreszeiten sich fortdauernd ändernde Verhältniss wird hemmend auf das Herauf- und Herunterrücken wirken. Ausserdem ist die Temperatur eines Monats nicht allein bedingt durch die Höhe der Sonne, sondern durch das ganze Verhältniss der periodischen Veränderungen derselben, der heisseste Monat fällt daher später als der höchste Stand der Sonne im Jahre, so wie die heisseste Stunde später als der höchste Stand am Tage, welches ebenfalls hemmend wirken muss. Drittens findet der senkrechte Kreislauf nicht in einem überall gleich weiten Gefäss Statt, sondern in einem sich immer mehr verengernden, denn der Raum zwischen zwei Meridianen kann als die Grundfläche eines gleichschenkligen dreiseitigen Prisma's betrachtet werden, dessen Grundlinie die höchste Temperatur hat. Die über derselben aufsteigende Luft wird daher nicht an der Spitze, sondern bei einer Parallele derselben herunterkommen. Viertens endlich wird der entgegenwehende Passat selbst dem Zurückdrücken ein Hinderniss entgegenstellen. Die Zusammenwirkung dieser vier Ursachen wird auf der Erde, wenn sie mit einer nicht verdampfenden Flüssigkeit bedeckt wäre, die Verminderung der Veränderung mit den Jahreszeiten quantitativ bestimmen, die Verdampfung sie noch modificiren. Aber die Erde ist nicht eine mit Wasser bedeckte Kugel, die Masse des Landes auch nicht auf beiden Erdhälften symmetrisch vertheilt, im Gegentheil auf der nördlichen Erdhälfte so überwiegend, dass für einen nach der grössten Masse gezeichneten Planigloben London der Mittelpunkt wird. Wir wollen annehmen, die ganze nördliche Erdhälfte sei fest, die südliche flüssig, das feste Land werde zugleich im jährlichen Mittel durch die Einwirkung der Sonne wärmer als das Meer, so wird die ganze nördliche Erdhälfte eine höhere Temperatur erhalten als die südliche (abgesehen von der mit der Entfernung der Erde von der Sonne abnehmenden Dichtigkeit der Strahlen, welche durch die Zunahme der Dauer der

Wirkung compensirt wird), der Aequator wird daher nicht mehr die heisseste Linie der Erde sein, diese, welche wir den thermischen Aequator nennen wollen, wird vielmehr nördlicher fallen, die mittlere Lage der Gegend der Windstillen ihn bezeichnen. Sehen wir diese nämlich als die Scheidelinie zwischen den Erdhälften gleicher Wärmequantität an, so muss sie ungleiche Raumtheile abschneiden, wenn die Temperatur nicht gleich auf beiden Seiten des Aequators vertheilt ist.

Aus den Untersuchungen von Atkinson ergiebt sich für den Aequator eine höhere Temperatur, als die, welche Hr. v. Humboldt ihm in seinen Isothermen zugeschrieben hat. Ein ähnliches Resultat wie Atkinson hat Brewster gefunden, welcher die Polarprojection der thermischen Vertheilung betrachtete, und daher die Temperatur eines Ortes nach dem Abstand von den Kältepolen bestimmte, von welchen die Erde drei oder vier zu haben scheint. Die Temperaturformeln beider sind hauptsächlich auf Beobachtungen der nördlichen Erdhälfte gegründet; die für den Aequator aus diesen Formeln berechnete Temperatur ist also der aus der Gesammtbetrachtung der Beobachtungen aller Zonen der nördlichen Erdhälfte auf die Wärme der Linie gezogene Schluss. Hr. von Humboldt*) hat aber dagegen gezeigt, und Brewster**) diess durch neue Beobachtungen bestätigt, dass dieser Schluss nicht mit der Erfahrung übereinstimmt, dass nämlich die Temperatur des Aequators niedriger ist, als sie jene Formeln geben. Diess kann als ein indirecter Beweis angesehen werden, dass der thermische Aequator auf die nördliche Erdhälfte fällt, und bei der Aequatorialprojection der thermischen Vertheilung könnte man die Temperatur eines Ortes nach seiner Entfernung von diesem bestimmen.

Das was wir von der mittlern Lage der Gegend

---

*) Pogg. Ann. 8. 165.

**) *Journal of Science*, *XV*. *p*. 60.

der Windstillen gesagt haben, gilt natürlich nicht unmittelbar von der Lage derselben in den einzelnen Jahreszeiten. Wenn nämlich in unseren Sommermonaten die Gegend der Windstillen ebenfalls auf die nördliche Erdhälfte fällt, so würde diess nur dann auf Temperatur-Verhältnisse als direct bedingende Ursache zurück geführt werden können, wenn man anzunehmen berechtigt wäre, dass selbst zu dieser Zeit die Temperatur der nördlichen Hälfte der heissen Zone höher wäre als die der südlichen.

Aber der Gegensatz zwischen fest und flüssig auf der nördlichen und südlichen Erdhälfte ist nicht für alle Meridiane gleich. Da nun auf das Heraufziehen des thermischen Aequators das Festland in der Nähe desselben den entschiedensten Einfluss äussert, so wird Südamerika eher hemmend wirken, entschieden hingegen Afrika, dessen grössere Breite unmittelbar nördlich über dem Aequator liegt. Der thermische Aequator wird also in Afrika höher liegen als in Amerika.

Ein breites Continent in der nördlichen Hälfte der heissen Zone selbst, nahe dem Aequator, würde demnach die Gegend der Windstillen an eine höhere Breite fixiren, ohne die Verrückung derselben in den Jahreszeiten sehr zu befördern. Bezeichnet Fig. 14. $a'b'$ die nördlichste Lage der Südgrenze des NO-Passat, $a''b''$ die südlichste, ab die mittlere, ebenso $c'd'$ die nördlichste Lage der Nordgrenze des SO-Passat, $c''d''$ die südlichste, cd die mittlere, so wird dann $abcd$ nördlicher fallen, ohne dass der Unterschied zwischen $a'b'c'd'$ und $a''b''c''d''$ dadurch grösser wird.

Liegt hingegen das Continent an der nördlichen Grenze der heissen Zone, so wird von einer mittleren Lage $abcd$ der Gegend der Windstille gar nicht mehr die Rede sein, der Unterschied von $a'b'c'd'$ und $a''b''c''d''$ in den Jahreszeiten hingegen sehr gross sein. Moussons entstehen nun, wenn dieser Unterschied so gross ist, dass $a'b'c'd'$ in der einen Hälfte des Jahres nördlich vom Beobachtungsorte,

$a''b''c''d''$ in der andern Hälfte südlich liegt. Bezeichnet O den Ort, so erhalten wir folgendes Schema.

Sommer	a' b' c' d' O	südlicher Mousson.
Frühling	a b O c d	trennende Periode keiner vorherrschenden Richtung.
Herbst	O a'' b'' c'' d''	nördlicher Mousson.
Winter	a b O c d	trennende Periode keiner vorherrschenden Richtung.

Moussons sind also die Erscheinung des Passats an demselben Orte der Zeit nach nach einander geschehen, wie wir sie zu derselben Zeit an verschiedenen Orten neben einander sehen, wobei nur zu bemerken ist, dass SO-Winde, wenn sie von Süd her die Linie überschreiten, wegen der mit der Entfernung vom Aequator abnehmenden Rotationsgeschwindigkeit der Erde, durch S. in SW. übergehen, NO-Winde hingegen, wenn sie von der nördlichen Erdhälfte kommen, auf der südlichen durch N. in NW. umsetzen müssen.

In Indien finden wir nun diese Erscheinung vollständig, Bruchstücke derselben in der ganzen heissen Zone. Da aber schon an den Grenzen derselben die Aequatorialströme als SW. auf der nördlichen Erdhälfte, als NW. auf der südlichen herabkommen, so müssen wir, um die Totalität der Windverhältnisse der heissen Zone zu betrachten, die äusseren Grenzen der Passate mit berücksichtigen. Man erhält dann im jährlichen Mittel neben einander:

1) Die Gegend der Windstillen zwischen beiden Passaten mit den stärksten tropischen Regen, oder

die Regenzone, gleichsam zwei Regenzeiten, die sich an einander anschliessen.

2) Die Passatzonen, das ganze Jahr hindurch Passat, nur schwächer, wenn die Sonne höher steht, und dann mit Niederschlag.

3) Die subtropischen Zonen (nach Leopold v. Buch's Bestimmung), wenn die Sonne am niedrigsten steht mit Winterregen bei herabkommenden Westwinden, wenn sie am höchsten steht ohne Niederschlag im Passat.

Die erste Zone ist sehr schmal, und findet vielleicht in ihrer ungestörten Eigenthümlichkeit nirgends Statt. Die zweite nördliche liegt im Atlantischen Ocean zwischen 15° und 24° N. Br. Die dritte zwischen 24° und 32°.

Aus dem Ineinandergreifen der Gegend der Windstillen und der Zone constanter Passate entstehen nun zwei Klassen von Winden.

1) Intermittirende, wenn ein Passat im Jahre mit der Zeit der Windstillen abwechselt, also eine constante Windesrichtung eine Zeit lang unterbrochen wird ohne entgegengesetzen Wind. Die Zeit des Intermittirens ist die Regenzeit, die Zeit der Wolken, wie sie die Indianer nennen im Gegensatz der Zeit der Sonnen, wo der Passat herrscht; durch Hrn. v. Humboldt näher beschrieben. *Ann. de chim. et de phys. T. VIII. p.* 179.

2) Alternirende, wenn beide Passate mit einander wechseln; das erste Beispiel derselben sind die West-Moussons der Linie, wie sie die Guineafahrer nennen. Durch die Lage von Ober-Guinea wird nämlich der Passat so heraufgezogen, dass vom Juni bis September regenbringende SW. und WSW. bis zu den Capverdischen Inseln heraufwehen. Die reine Darstellung der Erscheinung sind die indischen Moussons.

Bisher habe ich nur die Modificationen des Passats durch den Gegensatz von Fest und Flüssig in Nord und Süd betrachtet. Dieser Gegensatz in Ost und West gelegen, giebt nun die zahlreichen Seitenablenkungen des Passats, die sogenannten Küstenwinde. Diese sind häufig innerhalb der täglichen Periode intermittirend. Der bei der von N. nach S. sich erstreckenden Küste vorbeiwehende Passat wird nämlich, wenn das Land am Tage wärmer wird, nach dem Lande hingezogen, ohne in der Nacht diese Ablenkung zu erfahren. Die Land- und Seewinde hingegen sind alternirend in der täglichen Periode. Eben so kann längere Zeit hindurch eine solche Seitenablenkung des Passats dauern, und dadurch eine Art Moussons entstehen. Sie unterscheiden sich von den eigentlichen Moussons dadurch, dass die abwechselnden Winde nicht entgegengesetzte Richtung haben, sondern einen mehr oder weniger stumpfen Winkel mit einander machen. Durch eine constante Seitenablenkung des Passats kann zwischen dem abgelenkten und dem ungestörten Passat eine windstille Gegend entstehen, welche alle Eigenschaften der Gegend der Windstillen hat. Das bekannteste Beispiel ist die Regen- oder Donnersee bei Guinea, welche auf den Karten von Halley, Dampier, Muschenbroek angegeben ist. Eine ähnliche Stelle scheint zwischen Mexico und den Gallopagos zu liegen. Hauptquelle über alle diese Erscheinungen ist Dampier*), der mit der ihm eigenen Klarheit in dem Gewirre von Thatsachen die allgemeinen Bedingungen herausgehoben hat.

Vergleichen wir die bisher gewonnenen Bestimmungen mit der Erfahrung, so erhalten wir folgende Ergebnisse:

B. Empirische Belege.

a) Die Gegend der Windstillen.

Die nördliche Grenze derselben im Atlantischen Ocean, d. h. die Breite, wo der NO-Passat in der Nähe des Aequators aufhört, ist nach d'Après:

---

*) *A discours of Winds, Breezes, Storms, Tides and Currents*

im Januar und Mai	zwischen	6°	und	4°	N. Br.
- Februar	-	3	-	5	- -
- März und April	-	5	-	2	- -
- Juni	bei	10			
- Jul., Aug., Sept.	zwischen	13	-	14	- -

Seller gab im Jahr 1675 folgende Grenzen des NO-Passat, und zugleich die Richtungen des dem NO. entgegenwehenden SO-Passat:

im Jan., Febr., März	4°	N. Br., wo der	SO. und O. anfängt
April	5	- - - - -	SO.
Mai	6	- - - - -	SO. etwas südlich
Juni	8	- - - - -	S.
Juli	10	- - - - -	S.
Aug.	11	- - - - -	S. etwas westlich
Sept.	10	- - - - -	S.
Oct.	8	- - - - -	S. etwas östlich.
Nov.	6	- - - - -	SO.
Dec.	5	- - - - -	SO.

Wir sehen also, dass, je weiter der SO-Passat über den Aequator nördlich heraufrückt, er desto mehr südlich und südwestlich wird, eine nothwendige Folge der mit der Entfernung vom Aequator abnehmenden Rotationsgeschwindigkeit der Erde. Zwischen beiden Passaten sind die Winde, nach Seller, veränderlich, und zwar im nördlichen Theile des Zwischengürtels mehr zwischen N. und NO. nicht Ost*), im südlichen zwischen S. und SO. Die vollständigsten Be-

*) Dasselbe behauptet Basil Hall, *(on the Trade Winds considered with reference to* Mr. Daniell's *Theory of the Atmosphere)*, welcher die ganz östliche Richtung der Passate bei ihrem Zusammentreffen, wie sie gewöhnlich auf den Karten gezeichnet wird, für entschieden falsch erklärt, aber für eine so verbreitete Meinung, dass junge Seeofficiere gewöhnlich mit nicht geringer Verwunderung erst durch eigene Erfahrung von ihrer Unrichtigkeit überzeugt würden. Auch

stimmungen der Grenzen beider Passate, welche ich die innern nennen werde, im Gegensatz zu den den gemässigten Zonen zugewandten, welche die äussern heissen mögen, verdanken wir Horsburgh, welcher sie aus den Angaben von 149 Schiffen, die aus dem NO. in den SO-Passat gingen, und von 88, welche aus jenem in diesen kamen, zwischen 18° und 26° W. L. bestimmt hat. Sie sind in der folgenden Tabelle enthalten.

Dampier führt in den Sommermonaten zwischen der Linie und dem 12 Grade N. B. SSO., SSW., SW. also ebenfalls keinen Ost an. Endlich sagt Horsburgh *(India Directory I. p. 29.)* ausdrücklich: „Der Südostpassat neigt sich an seiner nördlichen Grenze sehr nach Süd besonders im Juli, August und September; dasselbe gilt von den andern Monaten. Geht man weiter nach Süden, so wird der Wind mehr Südost, und zuletzt Ost und ONO. an der südlichen Grenze dieses Passats." Alle Nachrichten stimmen also vollkommen mit den früher entwickelten theoretischen Gründen für die an den äussern Grenzen der Passate mehr östliche Richtung der Passate.

Innere Grenzen der Passate.

	Hinfahrt. NO Passat hörte auf		*Herfahrt.* NO Passat fing an		*Herfahrt.* SO. Passat hörte auf		*Hinfahrt.* SO. Passat fing an		Mittlere Bestimmung aus Hin- und Herfahrt		
	nördliche Breite		nördliche Breite				nördliche Breite		nördliche Breite		Breite d. Gürtels zwischen beiden Passat.
	zwischen	im Mittel bei	zwischen	im Mittel bei	zwischen	im Mittel bei n. B.	zwischen	im Mittel bei	südliche Grenze des NO. Passat.	nördl. Grenze des SO. Passat.	
Januar	5°—10°	7°	3°—6°	4½°	½°—4°N.	2½°	2°—4°	3°	5°45′	2°45′	3°
Februar	5—10	7	2—7	5	2 S.—3	1⅛	½—1	1	6	1 15	4 45′
März	2½—8	5½	2—7	5	1 S.—2	1	½—2½	1½	5 8	1 15	3 45
April	4—9	6	4—8	5½	2 S.—2½	1	0—2½	1½	5 45	1 15	4 30
Mai	5—10	7	4½—7	6	1 N.—4	2½	0—4	3	6 30	2 45	3 45
Juni	7—13	9	7—12	9	1—5	3	0—5	3	9	3	6
Juli	8½—15	12	11—14	12	1—6	4	1—5	3	12	3 30	8 30
August	11—15	13	11—14	13	3—5	4	1—4	2½	13	3 15	9 45
Sept.	9—14	11½	11—14	12	2—4	3½	1—3	2	11 45	3	8 45
October	7½—13	10	8½—14	10	2—5	3	1—5	3	10	3	7
Nov.	6—11	9	7	7	3—4	3½	3—5	4	8	3 45	4 15
Dec.	5—7	6	3—6	5	1—4	2½	1—4½	4	5 30	3 15	2 15

Fig. 14. ist eine graphische Darstellung dieser Tabelle. Die Linie *ab* ist, wie bereits erwähnt worden, die mittlere südliche Grenze des NO-Passat, *a'b'* verbindet die nördlichsten, *a''b''* die südlichsten Punkte, wo man in einzelnen Fällen das Aufhören des NO-Passat beobachtet hat. Die Linie *cd* ist die mittlere nördliche Grenze des SO-Passat, die Linie *c'd'* verbindet die nördlichsten Punkte, *c''d''* die südlichsten, wo man diese Grenze wahrgenommen hat. Die windstille Gegend, welche beide Passate trennt, ist also im Mittel der Raum *abcd*; in einzelnen Fällen aber liegt sie nördlicher oder südlicher, und zwar ist die nördlichste Lage, die man beobachtet hat, *a'b'c'd'*, die südlichste *a''b''c''d''*, zwischen diesen schwankt sie. Sie ist am breitesten im August $9\frac{3}{4}°$, nach Basil Hall ist sie im atlantischen Ocean im September am breitesten, 550 Meilen, im December und Januar am schmalsten, 150 Meilen, während die Aenderungen ihrer Breite im Stillen Ocean viel unbedeutender sind. Ihre mittlere Breite beträgt also, nach Horsburgh, $5\frac{1}{2}°$; Prevost schrieb ihr nur eine Breite von 2° zu. Die Seeleute nennen sie „die Gegend der Veränderlichen," auch „die Gegend der Windstillen" im Gegensatz zur constanten Richtung des Passats. Nach den Angaben der einzelnen Schiffe bei Horsburgh sind SW. und SSW. am häufigsten, ja fast allein in ihr beobachtet. Heftige Stürme erscheinen in ihr als Wirbelwinde in ihrem Andrang gegen die widerstehende Atmosphäre, vorzüglich häufig und länger dauernd in der Nähe des Landes, auf der offnen See nur 1 bis 2 Stunden lang heftig. Um die Grenzen in den Jahreszeiten zu bestimmen, werde ich, da die Anzahl der Schiffe in den einzelnen Monaten sehr ungleich ist, die Mittel aus den Monaten nehmen. Man erhält dann:

	Grenze des NO. Passat.	Grenze des SO-Passat.	Breite der Zwischenzone.
Winter	5°45′	2°25′	3°20′
Frühling	5 47	1 45	4 2
Sommer	11 20	3 15	8 5
Herbst	9 55	3 15	6 40
Jahr	8°12′	2°20′	5°52′

Die Veränderungen der Breite der Zwischenzone entstehen hauptsächlich durch das plötzliche Zurücktreten der Südgrenze des NO-Passat im Sommer, während die Nordgrenze des SO-Passat nur wenig sich erhebt, und überhaupt viel constanter ist als jene.

Was die innern Grenzen der Passate im Stillen Ocean betrifft, so scheinen sie geringeren Veränderungen in der jährlichen Periode unterworfen zu sein, die Gegend der Windstillen ausserdem ziemlich symmetrisch auf beiden Seiten des Aequators zu liegen. Doch muss bemerkt werden, dass auf der Dampier'schen Charte der südliche Passat auch hier auf die nördliche Erdhälfte übergreift und zwar so, dass seine Grenze über Neu Guinea den Aequator schneidet und sich allmählich nach den Gallopagos hin immer mehr hinaufhebt. Wie sich die Passate im Innern von Afrika verhalten, lässt sich aus Mangel an Beobachtungen nicht bestimmen. Die Hochländer Südafrikas mögen aber wohl bewirken, dass die Strömungen über Nordafrika sich immer in einer nördlichen Breite halten, wodurch ein neuer Grund dafür gegeben wird, dass, während im atlantischen Ozean die äussere Grenze der Passate zwischen 28° und 32° N. B. schwankt, in den Sommermonaten das ganze mittelländische Meer durch die heisse Sahara in die Verlängerung des Passats hineingezogen wird. Dadurch würde dann vielleicht auch die hohe nördliche Lage der Gegend der Windstillen im jährlichen Mittel eine Erklärung finden. Auf welche Weise aber die Windverhältnisse Afrikas in die Indischen

Moussons übergehn, lässt sich aus Mangel an Beobachtungen nicht bestimmen. Wir wenden uns daher unmittelbar zu den letztern.

b) e Moussons.

Halley*) beschreibt sie p. 158.: Zwischen 10° und 30° S. Br., zwischen Madagascar und Neu-Holland, findet man den allgemeinen Passat SO. bei O. das ganze Jahr hindurch. Diese SO-Winde nähern sich bis auf 2° dem Aequator vom Juni bis zum November, zu welcher Zeit zwischen 3° und 10° S. Br. in der Nähe des Meridians des Nordendes von Madagascar, und zwischen 2° und 12° S. Br., in der Nähe von Sumatra und Java, die entgegengesetzten NW-Winde einsetzen und die Hälfte des Jahres wehen, nämlich vom Anfang December bis Mai, und dieser Mousson wird bis zu den Moluckischen Inseln beobachtet, nicht weiter. Nördlicher als 3° S. Br. über der ganzen Arabischen und Indischen See und dem Golf von Bengalen weht vom October bis zum April ein anderer Mousson von NO., und in der andern Hälfte des Jahres, nämlich vom April bis October, von SW. und WSW. mit geringerer Kraft als der vorige, und mit trübem regnigen Wetter, da es während des NO. hingegen klar ist. Im Golf von Bengalen sind diese Winde weder in Kraft noch Richtung so beständig als auf der Indischen See. An der Afrikanischen Seite sind sie mehr südlich, an der Indischen mehr westlich. Ostwärts von Sumatra und Malacca, im Norden der Linie und längs der Küste von Camboia und China, sind die Moussons N. und S., d. h. die NO-Winde sind mehr nördlich, die SW-Winde mehr südlich. Diese Richtungen findet man bis östlich von den Philippinen, und so weit nördlich als Japan.

---

*) *An historical Account of the Trade Winds and Monsoons, observable in the Seas between and near the Tropicks, with an attempt to assign the Physical cause of the said Winds. Phil. Trans.* 1686, *p.* 158.

Der nördliche Mousson setzt in dieser Gegend im October und November ein, der südliche, welcher den Sommer hindurch weht, im Mai; beide sind weniger beständig in Kraft und Richtung. Unter demselben Meridian, aber südlich von der Linie zwischen Neu-Guinea im Ost, und Sumatra und Java im West, sind dieselben Moussons NW. und SO. Die Zeit des Wechsels tritt bei ihnen einen Monat oder sechs Wochen später ein. In der Zeit des Uebergangs eines Moussons in den entgegengesetzten herrschen in einigen Gegenden Windstillen, in andern veränderliche Winde. Das Ende des westlichen Moussons an der Küste Coromandel, und die beiden letzten Monate des südlichen auf der See von China sind sehr stürmisch. Die Heftigkeit dieser Stürme ist so gross, dass sie von der Art der „West-India Huricanes" zu sein scheinen.

Diese Stürme nennen die Seeleute das Ausbrechen des Mousson.

Eine nähere Beschreibung dieser Zwischenperiode giebt Capper*): „An der Küste von Coromandel, zwischen dem Aufhören des einen Moussons und dem Anfange des andern, sind die Winde veränderlich, theilnehmend an beiden. Oft sind Windstillen den ganzen September hindurch bis in den October hinein. Beginnt die Sonne von Süd her sich dem Zenith wieder zu nähern, so verliert der NO-Mousson seine Kraft, und dann wechseln täglich Land- und Seewinde, welches zu Anfang desselben nicht Statt findet**). Dabei scheint der Wind an der Küste regelmässig dem Laufe der Sonne zu folgen, indem er in 24 Stunden durch den gan-

---

*) *Observations on the Winds and Monsoons. London* 1801. *p.* 42.

**) Dalrymple's allgemeiner Satz, *Phil. Trans.* 1806, *p.* 255.: Innerhalb der Tropen bewirkt der nach der Küste wehende Mousson regniges Wetter, wenn er vom Lande her weht Land- und Seewinde, scheint einer Einschränkung zu bedürfen.

zen Compass hindurchgeht. Die heftigen Stürme finden nicht bei dem Ausbruch des Mousson Statt, sondern einige Zeit nach demselben.“ Ausser bei Capper finden sich auch bei Horsburgh *) und in vielen neuern Reisen in diesen Gewässern Beschreibungen ihrer furchtbaren Wirkung; auf der Chinesischen See heissen sie Ty-Foong's „grosse Winde.“ Es sind locale Erscheinungen in der Nähe der Küsten, die, wie fast alle heftige Stürme tropischer Gegenden, gegen die herrschende Windesrichtung wehen, und daher, wo sie andringen, einen Wirbel erzeugen. Vom Juli bis zum September erscheinen sie gegen den SW-Mousson, nahe der Küste ist die Drehung NW., N., NO., O., SO., S., 2° bis 3° von der Küste entfernt gerade entgegengesetzt N., NW., W., SW., S., während das Barometer oft sehr bedeutend fällt.

Der Unterschied zwischen den Moussons nördlieh von der Linie und denen südlich von ihr besteht, nach Dampier **), darin, dass wenn der West-Mousson einsetzt nördlich von der Linie, SSW-Winde südlich von ihr anfangen, welche der SSW-Mousson heissen; und im September, wenn der Ost-Mousson nördlich von der Linie einsetzt, wehen in südlicher Breite NNO-Winde und heissen NNO-Mousson. Während der West-Mousson in nördlicher Breite von Regen und Tornados begleitet ist, ist schön Wetter beim SSW-Mousson, welcher zu derselben Zeit in südlicher Breite weht. Der Ost-Mousson nördlich hat schönes Wetter, während schlechtes Wetter und Tornados den NNO. im Süden begleiten. Stürme erwartet man an der Küste Coromandel im April und September (Dampier nennt sie Mousson, und unterscheidet die periodischen Moussons von ihnen durch die Vorsylbe Ost und West), welches die Monate sind, wo die Winde in die entgegengesetzte Richtung um-

---

*) *India Directory, II. p.* 233.

**) *Discourse of Winds, ch.* 3 *of the coasting Trade-Winds that shift, ch.* 4 *of storms.*

setzen. An der Malabar-Küste sind sie häufiger während der ganzen Zeit des West-Mousson. Der Ost-Mousson bricht aber mit einem furchtbaren Sturm aus, den die Portugiesen Elephanta nennen.

Nach Horsburgh ist die äusserste östliche Grenze der Erscheinung der Moussons 145° O. L. bei den Marianen-Inseln, October und Mai die Wendemonate für SW- und NO-Mousson nördlich von der Linie, April und October für den NW- und SO-Mousson südlich von der Linie, die nördliche Grenze des letzteren 2° N. Br., die südliche 10° bis 12° S. Br. Das ganze Werk enthält eine reiche Sammlung einzelner Beobachtungen, mannigfache Einzelnheiten auch Romme *).

Was das Umsetzen des einen Mousson in den entgegengesetzten betrifft, so ist es natürlich nicht an einen bestimmten Tag geknüpft, sondern in verschiedenen Jahren verschieden. Nach 21jährigen von Goldingham in Madras angestellten Beobachtungen dauert der NO-Mousson daselbst von 19. October bis zum 2. März; sein Anfang variirt aber vom 29. September bis Anfang November. In Anjarakandy an der Malabarküste begann nach den Beobachtungen von Brown der SW-Mousson:

1810 den	20. Mai	1817 den	26. Mai
1811 -	31. -	1818 -	5. Juni
1812 -	31. -	1819 -	9. Mai
1813 -	27. -	1820 -	26. -
1814 -	15. Juni	1821 -	16. Juni
1815 -	21. Mai	1822 -	2. -
1816 -	18. Juni	1823 -	6. -

Wie früh man aber schon auf die regelmässige Wiederkehr der Moussons aufmerksam gewesen ist, geht daraus hervor, dass Sidi Ali im achten Kapitel seines aus 10 arabischen Werken über die Schiffahrt auf der Indischen

*) *Tableaux des vents, des marées et des courants.*

See compilirten Werke Mohit 1554 (übersetzt von Hammer im *Journ. of the Asiat. Soc. of Bengal* p. 545. *Calcutta* 1834) den Anfang der Moussons bereits für 50 verschiedene Orte angiebt.

Die Erscheinung der Moussons zieht sich zwischen Madagascar und der Ostküste von Afrika am weitesten südlich herab *). Der NO-Mousson beginnt bei den Comoro-Inseln 10° S. Br. im November, also später als an der Malabar-Küste, und erstreckt sich bis zum Cap Corientes, also bis zum Wendekreis des Steinbocks. Der SW-Mousson beginnt im April und dauert bis November, und zwar ist im Canal von Mosambique beim SW-Mousson klares Wetter, bei dem NO. regniges. Während des Uebergangs beider in einander im November wechseln täglich Land- und Seewinde. Küstenwinde scheinen diesen Mousson mannigfach zu modificiren.

Durch die Gesammtheit dieser Beobachtungen scheint mir erwiesen, dass zwischen den SW-Winden an den äussern Grenzen des NO-Passat im Atlantischen Ocean und denen im Indischen Ocean ein wesentlicher Unterschied Statt findet. Jene erscheinen im Winter, diese im Sommer, jene werden südlich durch NO-Winde begrenzt, diese durch SO. Aber eine Schwierigkeit bleibt: warum ist diese Erscheinung in dem Atlantischen Ocean so verschieden von der in dem Indischen? Ausserdem aber, dass Neu-Holland im Winter herabziehend auf die Erscheinung wirkt und jenseits der Linie einen NW-Mousson veranlasst, wenn die Sonne in südlichen Zeichen steht, kann diese Schwierigkeit, glaube ich, durch die schöne Bemerkung des Hrn. v. Buch beseitigt werden, dass die meteorologischen Veränderungen das Himalaya-Gebirge gar nicht übersteigen, dass jenseits dieses Gebirges ein ganz neues meteorologisches System anfange. Nach den früher entwickelten Gründen glaube ich nämlich, muss man nicht fragen, warum im At-

*) Capper, p. 69.

lantischen Ocean und im Stillen Meere die Veränderungen nicht so bedeutend sind, wie im Indischen, sondern warum sie hier nicht so unbedeutend sind, wie dort. Hemmt nun das Hochland Asiens den Zufluss der nördlichen Luftströme, so tritt dem von unten heraufdrängenden Passat kein andrer Luftstrom entgegen, als die Luftmasse zwischen der Gegend der Windstillen und jenen hohen Gebirgen. Die bei südlicher Declination der Sonne nach dem Aequator von Norden strömende Luft bildet einen senkrechten Kreislauf. Bei dem Heraufrücken der Sonne wird die in ihm sich bewegende Luftmasse immer mehr vermindert, endlich vermag sie dem SO. nicht zu widerstehen, und der Kreislauf beginnt gerade in der entgegengesetzten Richtung. Ich glaube daher, dass die nördlichen Moussons herabkommen. Capper sagt, p. 173.: es ist eine allgemeine Annahme, dass der NO-Mousson in jedem Theile von Indien in der Nähe der Gebirge anfängt. Aber wenn es von oben herabkommende Luftströme wären, so sollte man meinen, dass sie bei ihrem Anfange heiss sein müssten. „Woher kommt es,“ fragt Heyne *), „dass die Landwinde, so heiss sind? die Antwort weil sie über eine weite Landstrecke wehen, kann nicht genügen, denn keine Sahara ist es, sondern ein gebirgiges, bebautes Land. Oftmals hat man beobachtet, dass an der Mündung der Thäler sie heisser sind, als irgend wo anders.“

Sollte in dem Herabkommen der nördlichen Moussons nicht ein neuer Erklärungsgrund für die merkwürdige Erscheinung liegen, dass diese auf der Nordostseite der Gebirge mit den heftigsten Niederschlägen begleitet sind, sollte dadurch nicht das Herabziehen der Schneegrenze auf der Südseite des Himalaya noch näher motivirt werden?

2) Der obere Strom und sein Herabkommen.

Das Ziehen der höchsten Wolken gegen den Passat ist von vielen Seefahrern ausdrücklich erwähnt worden, unter

*) *Statistical Fragments on the Carnatic.*

welchen wir nur Basil Hall und Paludan anführen wollen. Auch haben Reisende, indem sie die Gipfel hoher Berge bestiegen, oft diesen entgegengesetzten obern Strom erreicht. So fand Goodrich auf dem Mouna Kea im April einen SW., während die tiefern Regionen von Hawaii in den NO-Passat aufgenommen waren. Noch entschiedener ist aber die Existenz dieses Stromes durch die Ausbrüche des Morne Garou und Coseguina (p. 38.) erwiesen worden. Ueber sein allmähliges Herabkommen verdanken wir aber Leopold von Buch die genausten Beobachtungen. „Höchst merkwürdig, belehrend und für die ganze Meteorologie von der grössten Wichtigkeit,“ sagt er in seinen Bemerkungen über das Klima der Kanarischen Inseln, „ist die Art, wie der NO-Passat gegen den Winter von den Südwestwinden vertrieben wird. Nicht im Süden sind diese zuerst und gehen nach Norden herauf, sondern an den Portugiesischen Küsten früher als auf Teneriffa und Canaria, und auf gleiche Weise wie von Norden her kommen diese Winde von Oben herab, und in diesen oberen Regionen waren sie schon immer selbst während des Sommers, selbst während der NO-Passat an der Meeresfläche mit der grössten Heftigkeit wehte. Kaum findet man einen Bericht von einer Reise zum Gipfel des Pic, welcher nicht des heftigen Westwindes erwähnte, welchen man oben gefunden. Humboldt bestieg den Pic am 21. Juni; am Rande des Kraters angekommen, erlaubte ihm der wüthende Westwind kaum auf den Füssen zu stehn. Aehnlichen nur etwas weniger starken Westwind fand ich auf dem Gipfel des Pic am 19. Mai, und George Glas, ein aufmerksamer und genauer Beobachter, der als Seemann die Winde der Canarischen Inseln sorgfältig und genau erforscht hatte, sagt in seinem noch jetzt höchst gehaltreichen Werke, ein starker Westwind wehe stets auf der Höhe dieser Inseln, wenn der NO. unten herrschend sei, welches, wie ich glaube, setzt er hinzu, in jedem Theile der Welt Statt findet, in welchem Passatwinde sich finden. Ich wage es nicht diese Erscheinung zu erklären, aber so ist es auf dem Gipfel des Pic von Teneriffa und auf den Höhen einiger andern von diesen Inseln, (*History of the Canary Islands p.* 251). Glas kannte diese Inseln zu genau, um hierin nicht aus eigener Erfahrung zu sprechen. Diese Winde kommen an den Bergen, aus den Höhen der Atmosphäre langsam herab. Man sieht es deutlich an den Wolken, welche seit dem October die Spitze des Pic von Süden her umhüllen; sie erscheinen immer tiefer, endlich lagern sie sich auf dem etwas über 6000 Fuss hohen Kamm des Gebirges zwischen Orotava und der südlichen Küste und brechen dort in furchtbaren Gewittern aus. Vielleicht vergeht dann noch eine Woche, vielleicht mehr, ehe sie an der Meeresküste empfunden werden. Dann bleiben sie für Monate lang herrschend und der Pic bedeckt sich mit Schnee. Soll man nun nicht glauben, den Westwind, den man auf der Sommerfahrt von Teneriffa nach England in der Nähe und in der Höhe der Azorischen Inseln aufsucht und ihn gewöhnlich auch dort findet, soll man nicht glauben, dass der fast stets herrschende West und Südwest, welcher verursacht, dass man die Reise von New York oder Philadelphia nach England bergab, die von England dorthin bergauf nennt, eben auch wie der Westwind auf dem Pic, der obere Aequatorialstrom sei, der schon hier sich bis auf die Meeresfläche herabsenkt? Es würde dann folgen, dass die Aequatorialluft der Höhe, zum wenigsten über das atlantische Meer hin, den Pol nicht erreiche, und dass die polarische Luft einen andern Kreislauf verfolge, welcher von der Temperatur der zunächstliegenden Gegenden der temperirten Zone bestimmt werden würde, und somit wären neue Ursachen der Temperatur-Verbreitung gefunden. Denn da im nördlichen atlantischen Ocean die Wärmeabnahme viel geringer ist, als die allgemeine Regel verlangt, so ist eine neue wärmende Ursache zugetreten, welche die Resultate modificirt, und was ist sie anders als der obere Aequatorialstrom, welcher zwischen Amerika und Europa zur Meeresfläche herabkommt, und nun erwärmend gegen den Pol heraufläuft."

Zu frühzeitig innerhalb der Tropen selbst herabkommende Theile des oberen Stromes bewirken nach Herschel (Astronomy p. 132) die furchtbaren Stürme tropischer Klimate. Nach Leopold von Buch (Pogg. Ann. 15. 359) kommen die Südwest-Moussons ebenfalls von Oben herab, während nach der Ansicht von Halley und Hadley sie vielmehr nur eine Modification des hier weit hinaufrückenden untern Passats sind.

Aus der Gesammtheit der in den frühern Abschnitten betrachteten Phänomene hatte sich das Resultat ergeben, dass die Witterungserscheinungen unserer Gegenden vorzugsweise durch zwei einander abwechselnd verdrängende Luftströme bedingt werden, einen südlichen und einen nördlichen, von denen der erstere in seiner ausgeprägtesten Eigenthümlichkeit als der zurückfliessende obere Passat demnach angesehen werden könnte. Es liegt nun wohl nahe, den nördlichen Strom mit dem untern Passat in Verbindung zu bringen, und anzunehmen, dass, da doch nicht immer ein Abfluss von den Tropen Statt finden kann, jener untere Strom nichts anders sei als der Zufluss aus der temperirten Zone in die tropische, damit das, was durch Abfluss verloren geht, wieder ersetzt werde. Dass diess nicht eben mit grosser Regelmässigkeit geschehen werde, dass das Bette des einen auch oft von dem andern durchströmt werden wird, liegt nahe, und so würden wir uns einen Weg zur Erklärung der Witterungsextreme gebahnt haben. Wenn nämlich jene Ströme in gehörigem Maasse in Beziehung auf Dauer und Aufeinanderfolge einander das Gleichgewicht halten, so werden sie den normalen Witterungszustand hervorrufen, wenn sie hingegen einseitig vorwalten, die grössten Extreme veranlassen. Ein dauerndes Befinden im Nordstrom bringt im Winter strenge Kälte, im Sommer warme trockne Witterung; ein Befinden im Südstrome, wenn es unverhältnissmässig lange anhält, kühle Sommer und ungewöhnlich milde

Winter. Es ist aber klar, dass wenn in einem grossen Theile der gemässigten Zone die Luft dem Pole zuströmt, ihr Lauf in irgend einem andern Theile derselben Zone die entgegengesetzte Richtung nehmen muss, d. h. von höhern Breiten nach südlichern Gegenden gerichtet sein wird. Daraus folgt unmittelbar, dass, wenn solche Extreme vorhanden sind, dieselbe climatische Eigenthümlichkeit nicht auf der ganzen nördlichen Erdhälfte der Erde Statt finden kann, dass sich irgendwo eine Differenz zwischen östlichen und westlichen Gegenden finden wird. Ein sehr milder Winter in Europa lässt daher in Amerika oder Sibirien eine strenge Kälte erwarten, und umgekehrt. Denn je entschiedener an einem Orte der südliche Strom ist, desto entschiedener muss auch anderswo der nördliche sein.

Ein sehr bezeichnendes Beispiel bietet der Winter von 1834 zu 1835 dar, von dessen Milde in Europa folgende Bemerkungen eine Vorstellung geben werden.

Die grösste im Januar, Februar und März beobachtete Kälte betrug auf der Berliner Sternwarte — 6,1 R., die mittlere Wärme dieser drei Monate war +0°,53, +1°,98, +2°,99, ja was noch auffallender ist, in dieser ganzen Zeit sind nicht 10 Tage nach einander vorgekommen, deren mittlere Temperatur unter Null fällt. Dass diese Erscheinung durch einen südlichen Strom hervorgebracht worden ist, folgt daraus, dass vom 1. Januar bis zum 18. März der bezeichnende Wind des Nordstromes, der NO. auch nicht ein einziges Mal beobachtet worden ist. Während dieser Zeit herrschte in Amerika eine so entsetzliche Kälte, dass im Anfang Januar die Häfen von Boston, Portland, New-Bury, New-Haven, Philadelphia, Baltimore und Washington vollkommen gefroren waren, und den 3., wo das Thermometer in Berlin den ganzen Tag und die Nacht über dem Frostpunkt stand, die Wagen über den gefrorenen Potomac fuhren. In Montpellier und Bangor, d. h. in der Breite von Genua und Mailand, gefror das Quecksilber im Freien. Am 4. und 5. Januar beobachtete man folgende Kältegrade:

Häfen.	Breite.	Réaum.	Städte.	Breite.	Réaum.
Portsmouth	43°	—23°,1	Montreal	45° ½	—29°,8
Salem	42 ½	—21 ,8	Bangor	45	—32
Boston	42 ⅓	—20 ,9	Montpellier	44 ½	—32
New-Haven	41 ⅓	—24 ,4	Rutland	43 ½	—27 ,5
New-York	40 ¼	—16 ,4	Franconia	43 ½	—32
Philadelphia	40	—16	Windsor	43 ⅔	—29 ,4
Baltimore	39 ¼	—18 ,6	Concord	43 ¼	—29 ,8
Washington	39	—21 ,3	Newport	43	—32
Charlestown	32 ¾	—14 ,2	Saratoga	43	—28 ,9
			Albany	42 ¾	—28 ,5
			Pittsfield	42 ½	—28 ,9

Im Januar betrug nach Kapitän Back im Fort Reliance unter 62°46′ n. B. die grösste Wärme —13°,4 R.

Wenn bei vorrückender Jahreszeit die wärmeerregende Kraft der Sonne steigt, so wird in der Gegend, welche den milden Winter hatte, der Frühling bereits erwachen, während da, wo die strenge Kälte herrschte, die Temperatur sich nicht viel über Null erheben wird, weil alle erregte Wärme in dem Schmelzen der vorhandenen Eismassen gebunden wird. Dem Drucke der kalten Luft dieser Gegend wird (weil so einseitig vorwaltende Luftströme vorzugsweise nur im Winter herrschen) die erwärmte daneben befindliche ausgedehnte Luft nicht lange Widerstand leisten können. Ihr Eindringen wird desto plötzlicher sein, je unvorsichtiger die Wärme sich hier gesteigert hatte. Daher wird der Frühling unangenehm sein durch häufige Abwechselungen warmer und höchst rauher Witterung. Die kalten Ostern des Jahres 1835 sind gewiss noch Jedem im Gedächtniss. Dichte Schneeschauer gaben am Charfreitage den Rheinufern von Mainz bis Bonn ein winterliches Ansehen, obgleich Pfirsich- und Kirschbäume in voller Blüthe standen. In Berlin stürmte es aus SW., aber ohne Schnee. Ueberhaupt war in dieser Zeit die Witterung am Rhein viel ungestümer als in Berlin. Noch ärger war es aber in England, wo diese Kälte schon Mittwoch Abend eintrat. Nach schönem Frühlingswetter folgte dort plötzlich eine empfindliche Kälte. Es schneite wie im December; an freien Plätzen fror es sogar bei Tage, daher grosser Schaden an Blüthen. Die Wagen, welche am Charfreitage aus dem Norden nach London ankamen, waren ganz mit Schnee bedeckt. Eben so wurde in Italien und Frankreich ungewöhnliche Kälte bemerkt.

Diese Kälte war also in westlichen Gegenden stärker als in östlichen, sie kam auch aus Westen. Solche Erscheinungen wiederholen sich gewöhnlich noch einige Mal in geringerer Stärke, dann hören sie plötzlich auf, wenn nämlich der Winter in jenen Gegenden endlich besiegt ist.

Annehmen, dass auf einen heissen Sommer stets ein kalter Winter folge, heisst voraussetzen, dass der Strom, welcher im Sommer über den Beobachtungsort floss, auch im Winter seine Richtung behält. Das ist viel verlangt von einem Strome, der in kein Bett eingeschlossen ist. Daher denn auch die grossen Unterschiede zwischen den jährlichen Wärmemitteln eines Ortes. Man sollte nach der Constanz der mittleren Temperatur einer Erdhälfte fragen, nicht nach der eines Ortes.

Solcher Fälle liessen sich gewiss noch viele anführen.

Egede Saabye erzählt von Grönland: „die Dänen haben bemerkt, dass wenn der Winter in Dänemark strenge gewesen, der grönländische nach seiner Art gelinde war, und umgekehrt. Im Jahr 1802 war der Sommer im westlichen Europa sehr trocken, im östlichen Asien anhaltender Regen und ungeheure Ueberschwemmungen. 1816 war der Sommer in Preussen, Polen und Russland heiss und trocken. Während der strengen Winter 1798, 1799 herrschten in Frankreich und Deutschland fast unausgesetzt NO. und O. Da wo der N. und Ostwind in dem Sommer dieser Jahre wehte, war es sehr trocken bei vollkommen heiterm Himmel. In Grönland war der Winter hingegen im Jahr 1799 so mild, dass in Lichtenau im December das Thermometer meist einige Grade über dem Gefrierpunkt stand, hingegen der Sommer wintermässig durch häufige Schneefälle.

Der furchtbare Sturm im December 1792, der bei Spandau ganze Wälder umriss, war von Berlin nach Göttingen hin SW., WSW., W. mit häufigen Regen und Gewittern, hinter Berlin nach Königsberg zu O. und NO.

Wenn aber das Hochland Asiens das Abfliessen des obern Aequatorialstromes hemmt, so werden wir an der Nordgrenze der Indischen Moussons nicht Gegenden finden, welche bei höchstem Sonnenstande in einen Polarstrom (den untern Passat) aufgenommen sind, bei niedrigstem Sonnenstande aus ihm heraustretend in dem von Oben herabkommenden Aequatorialstrom sich befinden; es wird mit einem Wort die tropische Zone hier nicht durch eine subtropische Zone begrenzt sein, diese letztere also keinen in sich zurücklaufenden Gürtel um die Erde bilden. Es werden in diesem Falle Nordasien die characterischen Erscheinungen fehlen, welche den Kampf des Aequatorialstromes und Polarstromes bezeichnen. In den ruhigen Luftsee über den Ebenen Nordasiens werden daher nur selten Wellen der bewegten Europäischen Atmosphäre aufregend hineinschlagen, wenn südliche Ströme durch die Drehung der Erde in westliche verwandelt worden sind. Strömen sie über Europa mit grosser Heftigkeit dem Pole zu, so wird die kalte Luft Nordasiens entweder ruhig stagniren oder nach dem grossen Ocean Kälte verbreitend abfliessen. Geschieht aber der Abfluss nach Westen, so wird ein eisiger Winter uns an den unfreundlichen Nachbar erinnern. Eine einförmige Beständigkeit wird daher das Bezeichnende des Klimas Nordasiens sein. Fehlt nämlich den Südwinden Nordasiens ihr Aequatorialursprung, entstehen sie erst am Nordabhange des Hochlandes, so werden alle Gründe, welche wir in Europa für ihre gesteigerte Intensität, für ihre hohe Feuchtigkeit, für ihren geringen barometrischen Druck anführten, dort wegfallen, die Extreme der barometrischen, atmischen und thermischen Windrose einander näher rücken und zwar so, dass der südliche Pol derselben, indem er seine charakteristischen Eigenschaften verliert, immer mehr die Eigenthümlichkeit des nördlichen annimmt. Grosse Trockenheit, eine niedrige mittlere Temperatur, geringe Barometerschwankungen werden daher in Sibirien zu erwarten sein, wie es auch die freilich noch sehr vereinzelten bisher bekannt gewordenen Beobachtungen zeigen. Ob aber zu allen Zeiten des Jahres jener schützende Damm den Andrang der atmosphärischen Aequatorialfluthen widersteht, oder ob er vielleicht im Sommer von ihnen überströmt wird, wird sich erst durch detaillirte Beobachtungsjournale beurtheilen lassen. Wir wollen jetzt die Wirkungen solcher Aequatorialfluthen in der Europäischen Atmosphäre etwas näher betrachten.

3) Barometrische Minima.

Ein barometrisches Minimum ist eine Erscheinung des Südstroms, ein barometrisches Maximum des Nordstromes. Gleichzeitig betrachtet muss also jenes Phänomen der Südstrom selbst sein, local ein stürmischer Durchgang durch das Minimum der Windrose, oder wenn wir beides zusammenfassen, so muss ein Minimum éin in der Richtung des Südstromes fortschreitender Wirbel sein. Diess ist die Erscheinung, wenn sie ungestört hervortritt. So war es am 24. Dec. 1821. Aber oft treten Störungen ein, die sie verdecken. Ein sehr schönes Beispiel davon ist der 2. Febr. 1823. Diese beiden Minima sind zugleich die Repräsentanten der Erscheinung, wie sie am verschiedensten sich zeigen kann. Eine treffliche Zusammenstellung der Beobachtungen verdanken wir bekanntlich Brandes *de rep. var. in press. atm. obs. Lips.* 1826.

Dass überhaupt Stürme Wirbelwinde sind, ist eine Erfahrung, die jeder Seemann bestätigen wird. Da aber in unsern Gegenden alle stärkeren Stürme SW-Stürme sind, so wird die Drehung SW. W. NW . . . sein.

Der furchtbare Orcan am 17. Januar 1818 war in Königsberg S. SW. W. NW. Drei Meilen von da war ein Gewitter, das Barometer fiel dabei vom 3. Januar von 346''',67 bis zum 18. auf 325''',21, also in 15 Tagen 21 Linien, während das Thermometer sich vom 3. von $-22°,6$ R. bis 7. schon auf $+1,2$ erhob, also in 4 Tagen 24°, als SW-Winde auf Ostwinde folgten, und die Temperatur immer stieg, so dass man bald die grünen Saaten ohne Schnee sah. Am 18. fiel allein das Barometer in 8 Stunden 8 Linien, während die Wärme immer zunahm bis $+4°,5$ Abends 5 Uhr. Eben so war der Sturm am 9. November 1800 SW. WSW. in Paris, ganz übereinstimmend der am 28. December 1803, wo die Temperatur vorher bis auf $11\frac{1}{4}°$ stieg, während das Barometer auf 328''',6 fiel. „Man hält an der Nordsee die Stürme für die gefährlichsten, und findet, dass sie die höchsten Fluthen bringen, welche in SW. anfangen und sich dann nach NW. wenden.“ (Brandes, G. A. Bd. 29. p. 179.)

Bei den zu betrachtenden Minimis habe ich zu beweisen:

1) Dass wir uns überhaupt im Südstrome befinden, und dass alles, was ihn characterisirt, als Extrem vorhanden ist.
2) Dass der an einem Orte beobachtete Wirbel in der Richtung des Stromes fortschreitet.
3) Dass das Minimum sich an den verschiedenen Beobachtungsorten darstellt als Durchgang durch das Minimum der Windrose im regelmässigen Sinn.

Ich glaube nicht erst bemerken zu dürfen, dass bei der Schnelligkeit des Stromes keine Drehung vollendet werden wird, überhaupt mehrere Minima auf einander folgen werden.

Minimum am 24. December 1821.

1) Wir befinden uns im Südstrome. Fig. 15.

Die mittlere Windesrichtung ist im November und December SW. in Penzance, London, Bushey Heath, Cambridge, New Malton, Lancaster, Manchester, Paris, Brest, Danzig, Königsberg u. s. w. „Ein mehr oder weniger stürmischer SW. scheint in der mittleren Gegend des westlichen

Europas überall geherrscht zu haben" (Bibl. univ. T. 19. p. 29). — Dieser herrschende Wind war stürmisch. Brest, den 26.: „Seit 14 Tagen leben wir mitten in Stürmen, die nicht aufgehört haben mit einer Wuth ohne Gleichen zu brüllen." Von Livorno bis Barcelona hat der Sturm vom 24. bis 25. furchtbaren Schaden angerichtet. In Venedig, Genua, Nizza Ueberschwemmungen. Von Malta kommen Schiffe in 7 Tagen nach Venedig. In London seit 1809 die grösste Ueberschwemmung. In Portsmouth war ein Windstoss aus SSO., wie man seit lange ihn nicht erlebt hat. Das Meer erhob sich dadurch zu einer enormen Höhe. In Appenzell stürmt es, wie Keiner es sich erinnert gesehen zu haben. An den spanischen, französischen und italienischen Küsten nur Nachrichten von Schiffbrüchen.

Die Temperatur war während dieser Periode bedeutend erhöht.

In ganz Italien zeigt sich eine ungewöhnliche Wärme. In Tolmezzo stieg das Thermometer auf 25° R. im Schatten. In Genf steigt das Thermometer in der Nacht vom 24. zum 25. rasch 5° R., und steht am höchsten 12°5, am 25. Morgens 1½ Uhr. In Boulogne sur Mer steht das Thermometer am höchsten den 25. Morgens 3 U. 25′ +9°,4 C., eine halbe Stunde vor dem barometrischen Minimum; in Paris Abends 9 Uhr den 24. +9°,6 C. In Hamburg steht es Abends 7 Uhr 2°,3 R. höher als Mittags. In Paris ist der niedrigste Thermometerstand im Dec. +1°,7 C., 1820 aber — 13°. Die mittlere Temperatur +9°,7 ist 4°,2 höher als die des vorigen Jahres. Seit 1806 ist diess die grösste Wärme des Minimums. Im November 1821 ist das Mittel +10°,2, 1820 +5°,1.

Zu derselben Zeit ist in America es sehr kalt, also wahrscheinlich ein Nordstrom. *Biblioth. univ.* 19. *p.* 218. „Wir bemerken bei dieser Gelegenheit, dass der Winter, von dem wir kaum einige Anzeichen in Europa gehabt haben, seine Strenge auf dem amerikanischen Continent geäussert zu haben scheint. Ein Brief vom 27. Januar berichtet, dass das Thermometer dort mehrfach bis auf —15° Réaum. gefallen ist. Man behauptet sogar, dass die Kälte bis in die Aequatorialzone vorgedrungen ist.“

Ein so heisser Luftstrom, als dieser SW. über Europa, muss natürlich, wenn er mit stürmischer Schnelle in immer höhere Breiten eindringt, furchtbare Niederschläge geben, und dieser plötzliche Niederschlag wird der Gewitterbildung vorzüglich günstig sein. Diese Niederschläge werden da, wo die Alpen wie eine Mauer ihn hemmen, Gebirgsniederschläge sein, in der Ebene zuerst Niederschläge der Ostseite, dann die des durchgedrungenen SW., zuletzt im Verdrängen desselben durch eine kältere Luft Niederschläge der Westseite. Die der Ostseite mit fallendem Barometer und steigender Temperatur, die der Westseite mit steigendem Barometer und sich mindernder Wärme. Ganz dasselbe gilt für die Gewitter, die ich (p. 238) schon angeführt habe.

Dass diess atmosphärische Wasser aus fremden Gegenden herbeigeführt wird, lässt sich leicht beweisen. In Bushey Heath war im August die Verdunstung 4″ engl., die Regenmenge 2″,316, im December die Verdunstung 1″,500, die Regenmenge 4,617. Dass es aber durch südliche Winde herbeigeführt wurde, lässt sich am Tanargue beweisen, denn in Joyeuse fielen im December 67‴,6 franz. Regen, in dem daneben liegenden Viviers 32‴,36. Wäre es aus nördlichen Winden gefallen, so hätte eher in Viviers die Regenmenge grösser seyn müssen als in Joyeuse.

Jenseits der Alpen finden wir daher grosse Ueberschwemmungen durch Gebirgsgewässer. In Piemont führen die ausgetretenen Bäche Brücken und Häuser fort, die Scrivia erhebt sich bei Tortona zu einer ausserordentlichen Höhe, die Strassen von da nach Plaisanze, von Turin nach Novi sind überschwemmt, alle Wege östlich und südlich von Genua sehr beschädigt. Auf dem Bernhard fallen in 24 Stunden 13 Zoll Schnee, und am 26., als der Wind nach NO. herumgeht, noch 9 Zoll. In Genf tritt die Wärme so plötzlich ein, dass die Hygrometer von 100° auf 77° zurückgehen, da die Dampfcapacität um 5° plötzlich erhöht wird, erst mit steigendem Barometer fällt Regen und Hagel (Graupel). In Joyeuse fallen am 23. 8''' Regen. Die Anzahl der Regentage ist in Paris im December die grösste des Jahres, nämlich 18, die Regenmenge 6^c,498. Das Mittel von 1818—1825 ist nur 4,187, zugleich die Differenz des obern und untern Regenmessers im Mittel am grössten, am 24. oben 0,1, unten 0,250, am 25. oben 0,365, unten 0,650, am 28. bei einem zweiten Minimum 0,500 und 0,900. Howard sagt von London, eine solche Regenmenge ist für diesen Monat unerhört. Ueberall Donner und Blitz.

2) Das Minimum rückt fort in der Richtung des SW. Stroms. Von Brest nach Apenrade. (Vergl. die Tafeln bei Brandes.)

Da wo die ebene Fläche des Meeres dem Winde kein Hinderniss entgegenstellt, wird auch die Fortpflanzung des Effectes am ungestörtesten sein. Aber wo eine Gebirgswand sich ihm entgegenstellt, wird nothwendig eine Anhäufung der Luft diesseits der Gebirgswand Statt finden müssen, jenseits derselben hingegen eine sprungweise Erniedrigung des Barometers, und so finden wir auch, dass jenseits der Alpen das Barometer plötzlich höher steht als diesseits. In der Höhe, wo diess Hinderniss aufhört, wird auch seine Wirkung aufhören, wir sehen daher auf dem St. Bernhard schon ein rasches Fallen, während diess in den lombardischen Ebenen noch nicht bemerkt wird. Da aber die Differenzen des Druckes, je tiefer am Boden, desto grösser sind, so wird in den Spalten des Gebirges, wo die Luft hindurchdringen kann, diess mit der grössten Heftigkeit geschehen. Deswegen wüthet der Sturm in den Thälern weit heftiger als auf dem Gipfel der Berge. Diese Differenzen werden natürlich abnehmen, je länger der Strom dauert, und jemehr sich dessen Intensität vermindert, daher werden die Differenzen diesseits und jenseits des Gebirges immer kleiner. Die Linie *ab*, Fig. 15., welche die bedeutendsten Minima verbindet, giebt die Richtung des Stromes, eine darauf senkrechte Linie *cd* die Breite desselben, wenn sie bis zum Mittel verfolgt wird. Aus dem gegenseitigen Verhalten der neben einander fliessenden Ströme folgt aber, dass, wenn wir von der Mitte aus auf dieser senkrechten Linie fortgehen, wir immer höhere Barometerstände finden müssen. Die Barometerstände auf dieser Linie, deren Richtung von NW. nach SO. geht, sind der zu einer bestimmten Zeit beobachtete Totaleffect der Erscheinung. Dieser rückt fort parallel mit sich selbst in der Richtung des Stroms *ab*. Es rücken also so viel Minima fort, als Beobachtungsorte in der senkrechten Linie *cd* unterschieden sind. Von diesen Minimis ist eins das bedeutendste, nach beiden Seiten zu nehmen dieselben ab. Der Ort, wo das Barometer am tiefsten steht, braucht aber nicht in der absoluten Mitte des SW-Stromes zu liegen, denn die grösste Geschwindigkeit eines fortfliessenden Stromes wird selten in der Mitte desselben sein. Verbindet man nun alle Orte, an welchen das Barometer gleich viel unter dem Mittel steht, so werden diese Linien, die ich früher isobarometrische genannt habe, keine Kreise sein, sondern eher elliptisch, wie schon Brandes bemerkt. In welchem Sinne jene elliptischen Figuren ihre grosse und kleine Achse haben in der Richtung von NW. nach SO. oder SW. nach NO., hängt ab von dem Verhältniss der Geschwindigkeit des Stromes zu der Breite desselben.

3) Dieses fortrückende Minimum stellt sich an einem bestimmten Orte dar als stürmischer Durchgang durch das Minimum der Windrose, also als eine Drehung.

O. SO. S. SW. W.

Helston. Das Barometer fällt am 24. mit O., Minimum in der Nacht, steigt am 25. mit W., am 26. mit NW., neues Minimum mit SW. auf den NW. mit steigendem B. folgt.

London. Fällt am 24. mit SO. und beständigem Regen steigt am 25. mit NW. Howard. Neues Minimum S. SW. am 28. London Societ. O. S. Min. W.

Owensrow. Fällt mit SO. am 24. Min. 4 U. M., steigt mit heftigem Regen bei NW., dann N. und O.

Cambridge. Fällt am 24. mit SO., steigt am 25. und 26. mit W.

New Malton. Min. bei heftigem Südsturm, dann Blitz und Ströme von Regen, es muss W. gefolgt sein. Neue Wirbel.

La Chapelle. Der Wind ist SW. und W. im Monat, mittlere Temperatur des Monats 4—5° höher als gewöhnlich. Der Wind bei dem Minimum nicht angegeben.

Boulogne sur Mer. Fällt am 24. bei SSO. und S. Dann ist ONO. Nachmittag 2 Uhr angegeben. Von da fehlen die Windbeobachtungen. Gilbert bemerkt aber sehr richtig, die steigende Wärme von 9 Uhr Morgens den 24. bis 3 Uhr 25′ Morgens, den 25. scheint auf Fortdauer des südlichen Windes bis dahin zu deuten. Zuletzt steigt das Barometer entschieden mit WNW., während die Temperatur sich erniedrigt.

Paris. Fällt am 24. mit S., steigt am 25. mit WSW. SW. bleibt herrschend. Neues Minimum.

Joyeuse. Südsturm, Gewitter und Hagel, dann hell, Tardy de Brossy bemerkt, dass er aus dem unaufhörlichen Auf- und Abschwanken des Barometers (vielen Wirbeln), die er eine Art intermittirendes Fieber der Atmosphäre nennt, auf eine grosse Störung der Atmosphäre geschlossen habe.

Vivarais. Fällt mit SO-Sturm am 24. Mai, steigt am 25. mit W. und hellt sich auf.

Nismes. Fällt mit S-Sturm am 24. Min. SW. NW., Blitze in NO., SW. bleibt herrschend mit steigendem Barometer. Um 9 U. am 25. fällt unten NW. ein, aber die von SW. nach NO. ziehenden Wolken zeigen den fortdauernden SW.

Strasburg. Fällt mit SO. und O. am 24. bis Mitternacht. Blitze in S. und SW. Erst bei dem zweiten Minimum am 28. stürmische Windstösse aus S. und SW.

Harlem. Fällt am 24. mit SO. OSO. SSO. Min., steigt mit SSW. SW.

Münster. Fällt mit SSO. SO. am 24. Min., steigt mit S. WSW.

Salz-Uffeln. Fällt mit SO. Min., steigt mit S.

Wetzlar. Fällt mit SSO. am 24., steigt am 25. mit SSW. SW.

Minden. Fällt mit SO. am 24., steigt am 25. mit S.

Göttingen. Fällt mit SO. SSO. am 24., steigt am 25. mit SW.

Halle. Leipzig. Fällt mit O. am 24., steigt am 25. mit SW-Sturm.

Annaberg. Fällt mit SO., Blitze in S. SW., steigt am 25. mit SW. W.

Augsburg. Fällt mit SW., steigt nach dem Min. mit stürmischem W. und Regen.

Carlsruhe. Min. bei SW., nur S. und SW. angegeben, eben so in

Zellerfeldt. Südsturm, nachher starker W., Zschoppau SW-Sturm bei Min., mit steigendem Bar. dicke Wolken, dann heiter. Breslau. Min. zwischen SW. u. S.

Leobschütz. Südsturm. Prag. Vor dem Min. nur W. angegeben. Nach dem Min. steigt das Barometer, als der SW. sich in W. verwandelt.

Genf. Fällt mit SO. am 24., Min. bei SW., dann Regen und Hagel beim Steigen.

Bernhard. SW-Sturm beim Min.

Zürch. Fällt mit O., dann Min. bei SO., steigt mit W

Turin. Hier findet sich ein vollkommen entgegengesetzter Wirbel, nämlich

NO. W. SW. O. NO. NNW.,

da der fortschreitende SW-Sturm an der Kette der Seealpen sich stemmen musste, während er östlich von Turin in den lombardischen Ebenen kein solches Hinderniss findet.

Mailand. Nach schon vorhergegangenem Weststurm

mit Blitzen, Min. bei SW., heitert sich auf, als das Barometer mit W. steigt. Am 26. neuer Regen mit SO.

Pavia. Fällt mit immer heftiger stürmendem SO., heitert sich auf beim Steigen mit SW.

Modena. Fällt mit SO-Sturm, Min. bei SW., trennende Helle, steigt mit W.

In Bergamo wird der Wind vollkommen als NO. reflectirt.

Padua. S. vor dem Min., steigt dann mit N. und Regen. Auch hier scheint in der der Wind Nacht nochmals als N. reflectirt worden zu sein.

Venedig. Donner, Blitz, Hagel, Ueberschwemmung.

Florenz. SSW. Sturm, Min. SW.

Rom. Fällt mit SSO. und S., diess wiederholt sich am 25.

Molfetta. Fällt mit SO., Min. bei heftigem SSW. Nur S. noch angegeben.

Palermo. Fällt mit heftigem SSW. und S., und steigt indem der heftige S. sich in SSW. und WSW. verwandelt.

Bergen. Nur die fallende Ostseite angegeben.

Christiania. Es muss schon ein Wirbel gewesen sein, denn es steht vor dem Min. NW. mit Regen. Min. bei SW.

Apenrade. Fällt mit O. SO. Min., steigt, als der SO. sich in S. verwandelt.

Königsberg. Fällt mit stürmisch werdendem SO. Nach dem Min. steigt es mit W., am 27. NNW., 28. ONO. Neue Drehung.

Tilsit. Vorher schon SW., Min. bei SO., steigt mit W.

Petersburg. Nur das Fallen angegeben mit O. SO. SSO.

Diese Uebereinstimmung spricht für sich selbst.

Minimum am 2. und 3. Februar 1823.

Jenen grossen Barometerfall im December 1821 sahen wir als eine Erscheinung des Südstromes, der Wochen lang vorher schon gedauert hatte, neue Minima mit wiederholten Regengüssen zeigten seine längere Fortdauer. Eine ganz andere Erscheinung bietet der zweite Fall dar. Wir sind hier am Ende einer langen Nordperiode. Am 8. December 1822 steht in Paris nach einem am zweiten vorhergegangenen Minimum von 734,68 bei S. das Barometer mit SO. schon 765,78, und erhält sich bis zum 29. in dieser Höhe, während die Windfahne 17 Tage hinter einander fast unbeweglich NO. zeigt, so dass die Temperatur der letzten 3 Wochen des December —4°,9 ist, das Mittel des Monats hingegen —0,5, das niedrigste in den verglichenen 10 Jahren, deren allgemeines Mittel +4°,16 ist, die Regenmenge die kleinste, nämlich 2c,885. Herrenschneider schreibt aus Strasburg: „Am 8. December sank die Temperatur unter den Gefrierpunkt, und seitdem haben wir 50 Tage ununterbrochenen Frost. Eine solche Dauer ist hier ohne Beispiel.“ Ueberall in Deutschland ist es bitter kalt. Also ein entschiedener Nordstrom. Nun fängt das Barometer an allmählig zu sinken, aber bis zum 28. Januar bleiben östliche Winde herrschend mit fortwährend zurückspringenden Wirbeln, und höchst characteristich sind alle südlicheren Winde immer mit *faible* bezeichnet, *fort* steht nur bei NO. Nur am 15. Jan. dringt ein starker SSW. durch, erniedrigt das Barometer und erhöht die Temperatur. Doch von neuem treten Ostwinde mit neuer Kälte hervor, aber das niedrig bleibende Barometer und der 10 Tage hinter einander anhaltende Nebel bei bedecktem Himmel, zeigt hinreichend, dass oben noch Südwinde herrschen. Dass diess keine blosse Vermuthung sei, lässt sich aus den St. Bernhard's Beobachtungen beweisen. Denn am 23. war in Paris bei O. und darauf folgendem NO. das Maximum der neuen Kälteperiode bei einem Barometerstande von 746,64, der gar nicht diesem Winde entspricht; auf dem Bernhard ist aber Abends SW., der überhaupt in diesem Monat am häufigsten wehte, und die Temperatur ist im Hospiz —10° R., in Liddes —8,2, in Martigny —11,5. In den Beobachtungen steht daher: Schon zum zweiten Mal in diesem Winter bestätigen die Beobachtungen eine Meinung unserer Walliser, nämlich dass in dieser Jahreszeit es in der Ebene oft kälter ist als in der halben Höhe des Gebirges. Wunderschön macht sich hier wieder der Tanargue, denn wenn ein wärmerer Wind oben weht, so wird der Berg bewirken, dass eine kältere Luft in eine wärmere Gegend der Atmosphäre trete. In Joyeuse regnete es daher mit SSW. 13''', unten am Fuss war Frost, 12 Lieues südlicher schneit es. — Das Barometer fällt nun immer mehr und erreicht am 2. Febr. seinen niedrigsten Stand.

Wir finden bei diesem Minimum:

Zwei Stellen des geringsten Druckes *mn*, Fig. 16., eine an der Westküste Englands, die andere im südlichen Frankreich.

Im nördlichen Deutschland, England und Norwegen NO. und N.

In der Mitte von Deutschland und Frankreich fast vollkommne Windstille, oben auf dem Bernhard SW.

In Lissabon und Constantinopel wüthende Stürme; bei Genua ein wie vom Sturm heftig bewegtes Meer.

Zur Verfolgung der beiden Centra fehlen für England die weiteren Beobachtungen nach NO. hin. Dass aber dort ein neues Centrum liege beweisen die Beobachtungen, denn wir finden, dass das Barometer unter dem Mittel steht, in

Gosport 15''',4, London 13,2, Boston 11, Manchester 11, hingegen in Dieppe 14, Paris 14.

Das zweite Minimum rückt fort von SW. nach NO.

Nismes.	Avignon.	Toulouse.
Joyeuse.	Genf	Strasburg.
Tübingen.	Bernhard	Breslau.
Cracau.	Leobschütz.	

Aus den Beobachtungen in Halle, Strasburg, Altona, Königsberg geht hervor, dass ein nördlicher Strom mitten in den südlichen eindringt; aus den Nachrichten vom mittländischen Meer ist es wahrscheinlich, dass in der ganzen Breite von Europa diesem ein südlicher entgegenweht. Zwei einander gerade entgegenwehende Ströme müssen zwischen sich eine Windstille erzeugen.

Beispiele hievon sind: die Gegend unter dem Winde, W. Dunbar, Beschreibung der Orcane zu La Forêt in Louisiana, Gilb. Ann. Bd. 31. p. 421. Horsburgh sagt ausdrücklich: „es besiegt nicht selten ein mässiger Wind *(gentle breeze)* einen Sturm, wenn dieser letztere nicht lange genug in seiner Stärke anhält. Die Grenze, welche ein Wind durch seine Gegenwirkung dem andern setzt, verändert oft in 2—3 Stunden ihre Stelle nur wenig. Im September 1802 war an der südlichen Küste von China ein Sturm, in welchem eine spanische Fregatte und der Nautilus aus Calcutta untergingen. Fünf Grad von der Küste hatten wir schönes Wetter und schwachen Wind. Es kamen hohe Wellen angerollt, und durch sie hielten wir uns für gewiss, dass an der Küste ein Sturm gewesen sei. Der Seemann sagt dann, dass zwei Winde mit einander fechten.“

Dieser nördliche Strom war aber nicht durchgedrungen. Diess sehen wir aus den häufigen Niederschlägen, die an mehreren Orten heftige Gewitter wurden, den Beobachtungen auf dem St. Bernhard, wo wir nur stürmischen SW. finden, während in Genf gelinder NO. In Halle sind nur Cirri angegeben und gleiche Decke, in Paris *couvert.* Aus Avignon schreibt man: „in den Alpen muss entweder sehr viel Regen gefallen sein, oder der Wind eine grosse Menge Schnee zum Schmelzen gebracht haben, denn noch nie stieg im Februar die Rhone zu einer solchen Höhe. In Joyeuse fielen am 31. Jan. 27‴ Regen, am 2. Februar 15‴. In London regnete es von 9 Uhr Morgens den 1. Februar bis

9 U. M. den zweiten 0'',99 e. bei NO. und einer Temperatur von 42° F.

Dieser unten theilweise einfallende NO. wird aber dennoch als kälterer Wind das Barometer etwas erhöhen, und da er in die Mitte des südlichen eindringt, so wird er das Minimum in zwei Hälften theilen; es wird also zwei Stellen des tiefsten Druckes geben.

Dieser nördliche Strom wird aber seinen hemmenden Einfluss nur auf den südlichen Sturm äussern können, wo er ihm wirklich entgegenweht. Wir werden daher dessen Wirkung auf beiden Seiten des nördlichen am weitesten heraufrücken sehn, und so finden wir bei Constantinopel und Lissabon seine grösste Heftigkeit, hingegen bei Genua, wo er nicht so weit hinaufrücken kann, nur seine Wirkung aus der Ferne, in dem bewegten Meer, das wüthend über die Mauern geht. Westlich von diesem eindringenden NO. haben wir die Fortsetzung des südlichen Stromes zu erwarten, das zeigen die nach der Westküste hin fallenden Barometerstände, und eine Nachricht aus Edinburg: „Den 2., 3. und 4. Februar fiel eine solche Menge Schnee mit SO., der in stürmischen Intervallen, wehte, dass er in der Stadt selbst 7—8 Fuss lag, bei Berwick und New Castle 8 bis 10 Fuss, in den Thälern, wo der Wind ihn anhäufte, 30—40 Fuss.

Hier sind wir also in den östlichen Theilen Europa's auf der Ostseite eines Nordstroms, wir dürfen also Wirbel im entgegengesetzten Sinne erwarten. (p. 195.)

Ich werde das Minimum *n*, das vom südlichen Frankreich aus nach Schlesien sich fortpflanzt, das südliche Minimum nennen, das an den Westküsten Englands *m*, das nördliche. Gehen wir auf dem südlichen Minimum fort in der Linie *nk*, so werden wir SW. zu erwarten haben. Der Sinn der Drehung wird sich danach richten, ob der Beobachtungsort südlich oder nördlich von der Mitte des SW-Stroms liegt. Jenseits der Mitte (also die südlicheren Beobachtungen) muss die Drehung auf der Linie *nk* sein

S. SW. W. NW.

Diesseits der Mitte, also näher dem NO-Strom, auf der Linie pl hingegen

S. SO. O. NO.

im NO-Strom selbst einfacher NO.

Die Beobachtungen ergeben: Molfetta. SW. und WSW. abwechselnd.

Nismes. O. SO. S. SW. SO., Min. S. W., NW. gewöhnliche Drehung.

Toulouse. S., Min. W., ebenso.

Joyeuse. Nur NW. und SW. beide schwach. Störung durch den Tanargue.

Tübingen. O., Min. W.

Genua. Nur SW. und S-Winde angegeben. Bernhard. SW.

Wien. SO., Min. W.

Kniegnitz am Zobten in Schlesien. SSO. NW. Min. N.

Weiter nach dem NO-Strom hin, auf einer dem Minimum parallelen Linie, müssen die Wirbel entgegengesetzt sein.

Paris. SSO., OSO. bei Min. O.

Dieppe. SSO. S., Min. SO., dann O. In Brandes Abhandlung steht SSW. SW. W. Da diess hier durchaus nicht zu den übrigen Beobachtungen passt, vermuthete ich einen Druckfehler. Sowohl in der *Bibliotheque universelle* als in Gilbert's Annalen finde ich aber SSO. S. SO. O.

In Zürch und Cöln nur SO. angegeben.

Leipzig. OSO., Min. NO.

Jena. SW. SO., Min. O. NO.

Tilsit. W. SW. O. N., Min. N.

Der NO-Strom selbst. Als näherer Uebergang.

Breslau. Windstille, dann NO., Min. Schnee NNW. W.

Halle. Zuerst noch fallend auf der Ostseite O. OSO., dann entgegengesetzte Drehung bei dem anrückenden NO., nämlich NW. O., Min. nun NO. bleibend.

Reiner nördlicher Strom: **Potsdam**, NNO.; **Gos-**

port, NO.; Penzance, NO.; Strasburg, NO.; Appenrade, ONO.; Christiania, N.; Königsberg, NO.

Ueber die Wirkung dieses eintretenden NO. geben die Königsberger Beobachtungen vom Pfarrer Sommer besonders belehrende Aufschlüsse. Nach einer dauernden strengen Kälte, Morgens 9 Uhr bis —23° R. bei fortwährenden Ostwinden, erhebt endlich ein durchgedrungener SW. am 31. das Thermometer über den Frostpunkt, am 31. SW. WSW. mit Regen. Vollkommene Windstille, der Rauch geht gerade in die Höhe. Den 1., 2., 3., 4. Februar nur NO. angegeben mit immer steigender Intensität. Dass der NO. tief unten zuerst einfiel, zeigt folgende Bemerkung: „Die Thürme standen in Nebel, dann viel Nebel auch unten.

Am 2., den Tag über Schnee in grösseren Flocken. Abends liess er nach. Dem niedrigen Stande des Barometers zufolge hätte ein Sturm sein sollen, es war immer starker Wind NO. Am 3., unangenehm kalter Wind, die Kälte nahm Mittags und hernach Abends zu. Am 4., der Wind liess gegen Mittag nach, gegen Abend stand eine trübere Bank in Ost, ob Schnee erfolgen wird? (der niedrigste Barometerstand selbst war am 2. Februar Abends.) Mit steigendem Barometer blickt am 5. die Sonne einige Male durch; Cirrostrati und Schäfchen, die bald sich zusammenzogen (oben also immer noch SW.). Am 6. nach sparsamen Schnee brach sich die Decke, es bleiben nur Schäfchen und Cirrostrati, die sich verloren; Abends 6 Uhr heiter. Am 7. der Himmel ohne das geringste Wölkchen den Tag über, die Kälte wieder empfindlich.“

Die Beobachtungen ergeben dabei, wenn die hinter dem Windzeichen stehende Zahl die Intensität bezeichnet:

31. Jan.	SW. WSW. 1	+ 1,6 R.	331''',63	Nebelregen. Nebel.
1. Febr.	NO. 1. 2. 3	— 0,6	330,28	Windstille. Nebel.
2. —	NO. 3	— 3,3	327,61	Flockenschnee. Min. Ab. 327,31
3. —	NO. 3	— 8	328,77	trüb.
4. —	NO. 3. 1. 1.	— 8,6	333,17	—
5. —	O. 1. 1. 2.	— 8,1	334,79	Sonnenblicke, cirrostr. Schäfchen.
6. —	NNO. 2.	— 13,1	338,01	Schnee. Wolken brechen, Cirrostr.
7. —	NNO. 2.	— 17,8	340,30	vollkommen hell.
8. —	O. NNO. 2. 3	— 17,6	341,82	heiter.

Nun geht die gewöhnliche Drehung fort.

Das allmählige Ueberhandnehmen des NO-Stroms zeigt sich in allen begleitenden Erscheinungen, wie die Wolkenbildung allmählig immer höher hinauftritt, und endlich bei dem durchgedrungenen nördlichen Wind vollkommen verschwindet. In der wachsenden Intensität des Windes zeigt sich der Kampf der beiden Winde sehr deutlich. Zugleich geht hieraus hervor, wie vorsichtig man bei solchen Minimis in der Betrachtung des Fortrückens der Stelle des geringsten Drucks sein muss, da die störende Ursache des NO. hier in Königsberg schon am 1. Morgens, in den südlicheren Orten immer später eintritt. Die wirkliche Beobachtung ergiebt aber die Summe des Druckes des herrschenden südlichen Windes + dem Drucke des unten nur theilweise einfallenden nördlichen; wir haben also eine deprimirende Ursache, die von SW. nach NO. fortschreitet, und zu gleicher Zeit eine erhebende, die von NO. nach SW. geht. Aber man kann sagen, wo denn die hohe Temperatur des südlichen Stromes sich zeige. Man muss hier nothwendig auf die vorhergehende ungeheure Kälte Rücksicht nehmen. Da nun in Königsberg das Thermometer nach anhaltenden Ostwinden am 25. Januar — 23° R. zeigte bei 341''',17 Barometer, so glaube ich, muss die Temperatur des ankommenden Südstromes, wenn am 30. das Thermometer schon + 3° zeigt bei S., der gleich wieder durch einen NO-Wind verdrängt wird, sehr gross gewesen sein, denn eine Erhöhung der Temperatur um 26° R. in 5 Tagen ist alles, was man billiger Weise verlangen kann.

Aus der nähern Untersuchung jener merkwürdigen Barometerfälle erhellt aber, dass auch für die Extreme der Satz sich bewährt, aus welchem sich alle Barometer-Veränderungen ableiten lassen: *barometrum thermometrum est, cujus oscillationes indicant, qualis sit quantitas, qua differt observationis loci calor a vicinarum regionum, e quibus venti spirant, temperie (de bar. mut.* 37.*)* d. h. das Barometer ist ein Differentialthermometer.

4) Die mittlere Windesrichtung in der gemässigten Zone.

Nachdem wir die Eigenthümlichkeit eines der in unsern Breiten mit einander kämpfenden Ströme näher untersucht, die des andern wenigstens in allgemeinen Umrissen angedeutet haben, bleibt uns eine wichtige Frage zu beantworten, ob im Mittel diese Ströme überall einander das Gleichgewicht halten, oder ob an bestimmten Stellen der eine überwiege, während an andern der andere vorwalte. Besässen wir für die Intensität des Windes wirkliche Messungen, so würde die nach der Lambert'schen Formel *)

*) Die Lambert'sche Formel wird für 16 Winde, wenn man von Süd als Nullpunkt der Windrose nach West herumzählt, und mit φ den Winkel der mittleren Windesrichtung mit dem Meridian bezeichnet:

$$tg\varphi = \frac{a + b\cos 45^\circ + c\cos 22\tfrac{1}{2}^\circ + d\cos 67\tfrac{1}{2}^\circ}{\alpha + \beta\cos 45^\circ + \gamma\cos 67\tfrac{1}{2}^\circ + \delta\cos 22\tfrac{1}{2}^\circ}$$

wenn

a=W—O	α=S—N
b=NW+SW—NO—SO	β=SW+SO—NW—NO
c=WNW+WSW-ONO-OSO	γ=WSW+OSO-WNW-ONO
d=NNW+SSW—NNO—SSO	δ=SSW+SSO—NNW—NNO

berechnete mittlere Windesrichtung darüber entscheiden, nach welcher Richtung an einem bestimmten Orte der Strom fliesse. In Ermangelung solcher Messungen können die ohne Kenntniss der Intensität erhaltenen Werthe nur als Näherungswerthe gelten. Dafür, dass in unsern Breiten die Windesrichtung von den kälteren Monaten nach den wärmeren hin immer nördlicher wird, worauf Schübler besonders aufmerksam gemacht hat, mögen ausser den p. 159 angeführten noch folgende ebenfalls aus längern Beobachtungsreihen erhaltene Resultate als Beispiele dienen, bei welchen der Wind von S=0° nach W=90° gezählt, und die Intensität der einzelnen Winde gleichgesetzt ist.

	Berlin	Petersburg	Penzance	Southwick
Januar	52° 5′	128°15′	101° 7′	69°10′
Februar	64 19	124 41	69 59	77 29
März	92 35	136 21	122 9	103 6
April	102 50	148 1	195 52	155 52
Mai	95 4	137 3	36 38	149 40
Juni	109 35	145 18	133 42	87 24
Juli	94 1	141 38	98 28	81 58
August	113 54	111 26	110 51	128 19
Sept.	76 11	82 3	77 42	58 1
October	48 20	53 3	46 41	8 7
Nov.	64 17	343 26	99 26	84 7
Dec.	38 46	59 24	104 1	55 14

in Beziehung auf die Jahreszeiten aber:

	Winter	Frühling	Sommer	Herbst
London	79°	169°	97°	73°
Southwik	68 15′	125 21′	83 13′	168 16′
Hamburg	55 26	123 39	90 1	71 31
Cuxhaven	21 55	150 39	118 31	54 48

wo, wenn die Intensitäten gleichgesetzt sind, die Windzeichen die Summe der Beobachtungen bezeichnen, wenn die Intensitäten unterschieden sind, die Summe der Intensitäten. Sind nur die 8 Cardinalwinde unterschieden, so fallen die mit c, d, γ, ϑ multiplicirten Glieder weg.

	Winter	Frühling	Sommer	Herbst
Lüneburg	72°30′	99°51′	96°25′	71°58′
Berlin	56 43	96 13	94 32	78 41
Copenhagen	26 18	47 44	79 19	55 12
Skagen	35 10	76 36	68 20	355 48
Christiansöe	61	192 44	96 42	338 21
Apenrade	69 9	194	110 7	304 12
Söndmön	351 31	102 6	83 54	30 17
Danzig	41 34	92 22	122	43 28
Stockholm	133 28	133 10	46 52	90 39
Petersburg	106 2	139 27	120 30	40 56

Im allgemeinen ist also die Windesrichtung im Sommer West, im Herbst und Winter SW., im Frühling NW. mit bedeutenden lokalen Ablenkungen für einzelne Orte.

In Beziehung auf das Vorherrschen westlicher Winde auf dem atlantischen Ocean im jährlichen Mittel führt Hodgson*) an, dass nach den Bestimmungen von 6 Jahren die mittlere Fahrt der Paketbote von Liverpool nach New York 40 Tage dauert, die Rückfahrt von New York nach Liverpool hingegen nur 23. Colebroke**) nennt die Richtung der westlichen Winde an der äussern Grenze des NO-Passat WSW., an der äussern Grenze des SO-Passat WNW. In den folgenden aus Pogg. Ann. 13. 585 entlehnten Angaben habe ich die eingeklammerten Zahlen aus den wirklichen Summen berechnet, die nicht eingeklammerten aus auf die Zahl 100 zurückgeführten Quotienten.

Paris.	Amsterdam.	Regensburg.	Mannheim.	München.
65°(79°40′)	71°39′	149°7′	115°14′	59°24′

Strasburg.	Prag.	Sagan.	Erfurt.	Berlin.	Hamburg.
(313°1′)	75°41	35°59′	86°48′	95°40(93°32′)	78°39′

Göttingen.	Würzburg.	London.	Lancaster.	Keswick.
36°49′	99°21′	90°58′	34°58′	43°21′

Kendal.	New Malton.	Penzance.	Gosport.	Manchester.
69°17′	81°53′	62°46′	91°41′	42°3′

*) *Letters on North America* 2. p. 345.

**) *Meteorological observations in a voyage across the Atlantic in Brande's Journ. vol.* 14.

Southwick.	Clunie Manse.	Cork.	Copenhagen.	Skagen.	Christiansöe.
(77°29′)	78°34′	94°51′	62°45′	(58°59′) 46°36′	65°44′

Apenrade.	Hoffmansgave.	Viborg.	Stevens Leuchtthurm.
115°39′	32°14′	75°45′	54°55′

Königsberg.	Danzig.	Söndmör.	Stockholm.	Petersburg.	Moskow.
71°25′	(91°28′)	59°17′	94°58′	112°30′	122°27′

Berechnungen der Windesrichtung für viele andere Europäische Orte und auch für Nordamerika finden sich in Kämtz Meteorologie p. 220—239. Sie bestätigen die vorherrschende WSW-Richtung.

Ist der südliche Strom der herabgekommene obere Aequatorialstrom, so sieht man leicht ein, dass in der ganzen gemässigten Zone nicht ein solches Herabkommen ununterbrochen Statt finden kann, da ein fortwährender Abfluss der Luft aus der heissen Zone in die gemässigte ohne einen Ersatz durch Zufluss aus dieser in jene undenkbar ist. Fände sich mit Berücksichtigung der Intensität, dass die mittlere Windesrichtung der ganzen gemässigten Zone der nördlichen Erdhälfte eine südwestliche ist, die der ganzen südlichen gemässigten Zone eine nordwestliche, so würde diess ein Beweis sein, dass unter den südlichen Winden unsrer Breiten die geringere Anzahl ihre Entstehung dem zurückfliessenden obern Passat verdankte. Denn da bewegte Luftmassen nicht einander ungestört durchkreuzen können, so kann der untere Passat sich nicht durch obere Ströme der gemässigten Zone ergänzen. Wir würden dann annehmen müssen, dass häufig der an den Tropen herabkommende obere Passat in den untern zurückläuft und mit diesem einen Wirbel für sich bildet, ebenso dass, wenn in unsern Breiten südliche Winde herrschen, über ihnen dann häufig nördliche wehen. Es würden dann die beiden Wirbel, der des Passats und der der Luftströme der gemässigten Zone, bei ihrem Herabkommen an der Grenze der Tropen gleiche Richtung haben, naehdem sie aber die Oberfläche berührt, nach entgegengesetzten Richtungen sich wenden. Giebt man aber zu, dass die meteorologischen Erscheinungen des Südstroms für seinen Aequatorialursprung sprechen, und zeigt ausserdem die Erfahrung, dass die mittlere Windesrichtung in einem Theile der gemässigten Zone, wo wir Beobachtungen besitzen eine südwestliche ist, so muss man annehmen, dass irgend wo anders das Umgekehrte Statt findet, und ich habe früher die Vermuthung ausgesprochen, dass diess im Innern der Continente der Fall sein möge (Pogg. Ann. 13. p. 585). Dagegen hat zwar Hr. Schouw (Pogg. Ann. 14. p. 553) bemerkt: „ist die allgemein angenommene Erklärung des Passatwindes richtig, so muss dieser Wind in der heissen Zone nicht nur über die Meere sondern auch über die Continente wehen, und ist der herrschende Südwest in der nördlichen gemässigten Zone der zurückkehrende Passat, so muss er gleichfalls nicht nur über die Meere sondern auch über die Continente wehen. Wenigstens müssen bestimmte Erfahrungen zeigen, dass jene Theorie falsch ist.“ Da aber unter den mir bekannten Theorien des Passates keine ist, welche zu einem so widersinnigen Schluss als den eines überall überwiegenden Abflusses führt, so weiss ich nicht, was von mir eigentlich widerlegt werden soll.

Es ist ein fast bei allen meteorologischen Untersuchungen sich bestätigender Satz, dass indirecte Beweise oft in weit grösserer Bestimmtheit eine Erscheinung hervortreten lassen als directe. Wir haben diess recht auffallend bei dem Drehungsgesetz gesehn, bei welchem der Gang der meteorologischen Instrumente eine ungestörte Regelmässigkeit zeigte, während ein unkritisches Zählen der einzelnen Schwankungen der Windfahne es noch theilweise zu verdecken vermochte (Pogg. Ann. 14. 548). Es wird daher bei der Lösung einer meteorologischen Aufgabe zunächst immer die Wahl des Instrumentes, des Beobachtungsortes und der Zeit, in welcher beobachtet werden soll, das Wesentlichste sein. In der Physik hat man seit lange zugegeben, dass die Lage des magnetischen Pols nicht eine Reise zu ihm hin verlangt, dass Beobachtungen an von ihm entfernten Orten grössere Sicherheit der Bestimmung gewähren als an Ort und Stelle angestellte; auch hat man in der Meteorologie bereits angefangen die Lage des barometrischen und thermischen Maximum aus der ganzen Reihe innerhalb der ganzen Periode gleich weit abstehender Beobachtungen zu bestimmen eben so wie man z. B. das Maximum der Dichtigkeit des Wassers aus Beobachtungen seiner spezifischen Schwere bei vielen einzelnen Wärmegraden zu ermitteln sucht. Bedenkt man nun ferner, dass man an dem Barometer in der Regel 0''',01, unterscheidet, also $\frac{1}{240}$ der Veränderungen, an der Windfahne in der Regel nur $\frac{1}{8}$, höchstens $\frac{1}{16}$, so ist der Fehler, dass man einen am Barometer erwiesenen Satz durch directe Beobachtung der Windfahne widerlegen will, wenn ausserdem das Barometer 10 Jahre lang beobachtet worden ist, die Windfahne nur 1 Jahr, ein sehr in die Augen fallender. (P. A. 14. 546.) Es wird daher bei der Entscheidung über die mittlere Richtung der Luftströme ebenfalls vorzugsweise auf indirecte Untersuchungen an bessern Instrumenten als die Windfahne ankommen. Denn wenn ich auch glaube, dass es passend ist aus den vorhandenen Beobachtungen die Windesrichtung so genau wie Lambert es gethan hat, zu berechnen, so bin ich doch eben so überzeugt, dass die Ungenauigkeit der Unterscheidung der Richtung, das Weglassen einer Messung der Intensität, die vielen lokalen Zugwinde besonders im Sommer hauptsächlich in Seestädten, so viel störende Elemente enthalten, dass hinter jede erhaltene Zahl ein sehr bedeutendes Fragezeichen gemacht werden kann. Wir wollen daher im nächsten Abschnitt den Einfluss der mittleren Windesrichtung auf den mittleren Zustand der Atmosphäre so viel wie möglich zu ermitteln suchen, um zu einer endlichen Entscheidung der hier angeregten Fragen wenigstens den Weg zu bahnen.

VI.

Die mittleren Zustände und ihre periodischen Veränderungen.

Nachdem wir in den ersten vier Abschnitten den Einfluss der Windesrichtung auf die gleichzeitig beobachtete Temperatur der Atmosphäre, auf ihren Druck und ihre Feuchtigkeit festzustellen versucht haben, und im fünften Abschnitt die allgemeinern Bewegungen der Atmosphäre in ihren jährlichen durch die Sonnenhöhe bedingten periodischen Veränderungen betrachtet, bleibt uns jetzt noch übrig, durch Combination beider die Witterungserscheinungen der einzelnen Zonen in allgemeinen Umrissen darzustellen. Aus der Untersuchung der Windverhältnisse der Tropen ergab sich, dass lokal die Totalität der Phänomene in der Gegend der Moussons hervortritt, dass in den Passatzonen hingegen nur unvollkommene Bruchstücke derselben an einem bestimmten Orte sich zeigen. Wäre das, was in der Gegend der Moussons nach einander in der jährlichen Periode erscheint, in den Passatzonen dem Ort nach neben einander so vollkommen fixirt, dass die veränderte Declination der Sonne nicht daran zu rütteln vermöchte, so würde man, wenn man die Passatzonen durchschiffte, ganz dieselben Phänomene nach einander hervortreten sehn, welche man im Jahre an einem Orte der Gegend der Moussons wahrnimmt; man könnte Januar (der Moussons) an den Wendekreis des Krebses, Juli an den Aequator, December an den Wendekreis des Steinbocks schreiben, um ein Bild von dem mittleren Zustand der Atmosphäre zu erhalten. Statt einer consequent durchgeführten Unveränderlichkeit an jedem einzelnen Orte, finden wir aber überall mehr oder minder unvollständige Versuche der Passate Moussons zu werden, und es wird daher am passendsten sein die Phänomene da zu studieren, wo sie in ihrer Totalität hervortreten, und nachher die dort gewonnenen Bestimmungen auch da aufzusuchen, wo sie nur verkümmert erscheinen.

1) Die Gegend der Moussons.

In so fern überhaupt in der jährlichen Periode nur einmal ein Polarstrom mit einem Aequatorialstrome abwechselt, müssen hier ganz dieselben Phänomene in der jährlichen Periode eintreten, welche wir in der gemässigten Zone bei jedem ganzen Durchgange durch die Windrose beobachten. Denken wir uns also an den NO-Punkt der Windrose Januar geschrieben, Juni an den Südwestpunkt, so wird die barometrische, thermische und atmische Windrose ein Bild der jährlichen meteorologischen Veränderungen in der Gegend der Moussons sein. Wir beginnen mit dem äusserlich auffallendsten Phänomen, dem Regen.

A. Die Regen der Moussons*)

Was zunächst die Mächtigkeit derselben betrifft, so werden sie kaum von den gewaltigsten der eigentlichen Regenzone übertroffen. Am 11. Mai 1835 fielen in Calcutta in 24 Stunden 12 Zoll, in Bombay am 24. Juni 1828 8″,67, am 12. July desselben Jahres 7″,4 und am 18. 7″,45, in Hurnee an der Küste des südlichen Konkun 8″,133. In Anjarakandy waren in 14 Jahren die Maxima innerhalb 24 Stunden folgende:

*) Sämmtliche Regenmengen sind in Englischen Zollen angegeben, die Höhen der Beobachtungsorte in Franz. Fuss.

	Maxima	jährliche Menge
1810	15 Juli 4″,80	125″,93
1811	1 Juni 4 ,50	104 ,90
1812	25 - 4 ,85	102 ,70
1813	13 Oct. 4 ,60	93 ,85
1814	17 Juli 3 ,90	115 ,10
1815	11 Juni 5 ,40	133 ,40
1816	23 Juli 3 ,75	100 ,00
1817	21 Sept. 4 ,55	136 ,07
1818	16 Aug. 6 ,63	169 ,19
1819	9 Juli 7 ,06	135 ,47
1820	29 Juni 5 ,38	147 ,58
1821	5 Aug. 4 ,66	98 ,44
1822	8 Juli 4 ,89	145 ,90
1823	15 Juli 6 ,46	121 ,67
Mittel	5″,10	123″,59

Die Vertheilung dieser Regen in der jährlichen Periode wird aus den folgenden Tafeln anschaulich werden, in welchen die Beobachtungen von Anjarakandy, Madras, Bombay, Dacca, Macao wegen des langen Zeitraumes von Jahren, aus welchen die Mittel bestimmt sind, vorzügliches Vertrauen verdienen, die von Ootacamund, Poonah, Calcutta, Benares, Bancoorah, da ihnen wenigstens vierjährige Beobachtungen zum Grunde liegen, von den grössern Zufälligkeiten ebenfalls wohl befreit sein mögen.

Sind es südliche Winde mit westlicher Ablenkung, welche diese Wassermassen herbeiführen, so werden die mächtigsten Niederschläge auf der Westseite der Gebirge zu erwarten sein, besonders da wo sie unmittelbar an das Meer grenzen (an der Malabarküste: Anjarakandy und Bombay, an der Küste von Hinter-Indien: Arrakan). Steigen diese feuchten Luftströme an den Gebirgen auf, so wird die Regenmenge schnell nach der Höhe zu abnehmen, und jenseits des Gebirges nichts mehr herabfallen, da an der Westseite bereits aller Wasserdampf niedergeschlagen war. Diess zeigt die erste Tafel sehr deutlich, in welcher die Erscheinungen so geordnet sind, wie man sie erhält, wenn man von der Malabar Küste aus über das Plateau von Mysore und die Nilgerries zu der Coromandelküste hinabsteigt. Findet aber bei dem Umsetzen des SW-Mousson in den NO-Mousson eine Umkehrung der Strömung in dem senkrechten Wirbel Statt, so werden auf der Ostseite der Gebirge vorzugsweise zu Anfang mächtige Niederschläge eintreten (Madras), weil die heisse Luft, welche sich früher nach Norden bewegte, eine Zeit lang aufgehalten, ehe sie die entgegengesetzte Bewegung annimmt, Zeit genug hatte, sich mit Wasserdampf wieder zu sättigen. Diese Niederschläge werden aber später, d. h. in den eigentlichen Wintermonaten, auch hier aufhören. Daraus wird einleuchtend, wie das Maximum im Sommer an der Westküste (Anjarakandy) mit dem Maximum im Herbst an der Ostküste (Madras) auf der Höhe der Gebirge (in Ootacamund) zusammenfallend 2 Maxima veranlasst *). Aus ähnlichen Gründen möchte sich dann auch erklären lassen, warum das eine Maximum der südlichen Breiten in höhern Breiten und weiter östlich (Dacca, Canton, Macao) in zwei Maxima auseinandertritt.

Ausserdem zeigt die zweite Tafel deutlich wie die bei dem Einsetzen des SW-Moussons an den Westküsten schon im Juni ihr Maximum erreichenden Regen (Bombay, Poonah) bei ihrem weitern Fortschreiten (Benares, Khatmandu) immer später in grössrer Stärke hervortreten. Während endlich die Beobachtungen in Gondar schliessen lassen, dass hier noch ganz den Moussons analoge Verhältnisse eintreten, giebt sich in den Beobachtungen auf St. Mauritius die entsprechende Erscheinung auf der südlichen Halbkugel zu erkennen, als deren Grenzpunkt wir Paramatta hinzugefügt haben.

*) Auf der NO-Küste von Ceylon dauern die mit dem NO-Mousson einsetzenden Regen ebenfalls nur zwei Monat, und es zeigt sich auf der Höhe (Kandy) hier ein ähnliches Zusammentreffen beider Regenzeiten.

	Anjarakandy [1])	Darwar [2])	Seringapatam [3])	Ootacamund [4])	Madras [5])
absol. Höhe	—	2250′	2264′	6906′	—
Januar	0″,053	—	—	—	0″,737
Februar	0 ,087	—	0″,3	0″,47	0 ,099
März	0 ,369	—	0 ,01	1 ,02	0 ,469
April	1 ,174	1″,30	2 ,47	4 ,00	0 ,333
Mai	6 ,915	1 ,38	5 ,46	6 ,50	1 ,354
Juni	31 ,102	9 ,49	5 ,85	6 ,50	0 ,854
Juli	38 ,914	6 ,20	1 ,86	4 ,27	2 ,945
August	22 ,573	2 ,39	1 ,37	4 ,00	3 ,883
September	12 ,280	2 ,88	0 ,8	6 ,36	4 ,359
October	6 ,259	2 ,52	4 ,07	6 ,51	12 ,273
November	2 ,571	—	1 ,51	3 ,52	13 ,937
Debember	1 ,194	—	—	1 ,73	7 ,522
jährl. Menge	123″,521	26″,16	23″,70	44″,88	48″,76

	Bombay [6])	Poonah [7])	Benares [8])	Khatmandu [9])	Arracan [10])
absol. Höhe	—	1710′	300′	4355′	—
Januar	—	0″,458	1″,062	0″,44	—
Februar	—	—	1 ,762	1 ,79	—
März	—	0 ,008	0 ,610	—	—
April	—	0 ,208	0 ,041	—	—
Mai	—	1 ,786	1 ,204	—	—
Juni	24″,277	5 ,766	4 ,039	—	—
Juli	23 566	5 ,506	19 ,917	8 ,32	60″
August	18 ,377	2 ,264	14 ,438	10 ,34	40
September	13 ,301	2 ,718	8 ,116	5 ,54	19 ,834
October	1 ,118	3 ,490	2 ,418	3 ,33	—
November	—	0 ,904	0 ,448	0 ,08	—
December	—	0 ,320	0 ,738	—	—
jährl. Menge	80″,639	23″,428	43″,636	—	—

[1]) 14 Jahre 1810 — 1823 obs. Murdoch.
[2]) 1 Jahr obs. Christie.
[3]) 1 Jahr 1816 obs. Sparmann.
[4]) 4 Jahre 1830 — 1833 obs. Backie.
[5]) 18 Jahre 1796 — 1814 obs. Goldingham.
[6]) 13 Jahre 1817 — 1829.
[7]) 5 Jahre 1826 — 1830. obs. Sykes.
[8]) 4 Jahre 1823 — 1826 obs. Prinsep.
[9]) 11 Monat obs. Hamilton.
[10]) 3 Monat 1825 obs. Oliphant.

	Calcutta[1])	Bancoorah[2])	Dacca[3])	Canton.	Macao[4])
absol. Höhe	gering	gering	gering	—	—
Januar	0″,05	0″,41	0″,19	0″,67	0″,6
Februar	1 ,88	1 ,068	0 ,91	1 ,7	1 ,6
März	1 ,23	1 ,340	3 ,66	2 ,15	2 ,1
April	3 ,94	2 ,109	4 ,39	5 ,67	4 ,6
Mai	8 ,84	4 ,197	9 ,66	18 ,85	12 ,1
Juni	17 ,96	9 ,359	11 ,99	11 ,1	10 ,8
Juli	12 ,76	11 ,470	8 ,96	7 ,75	7 ,2
August	13 ,26	11 ,250	12 ,3	9 ,9	9 ,9
September	9 ,74	7 ,584	10 ,8	10 ,93	10 ,6
October	5 ,3	3 ,587	6 ,83	5 ,5	6 ,1
November	2 ,06	1 ,384	0 ,58	2 ,45	2 ,4
December	0 ,03	0,909	0 ,45	0 ,97	1 ,1
jährl. Menge	77″,05	54″,45	70″,72	77″,64	69″,1

	Colombo[5])	Kandy[6])	Gondar u. Koscam[7])	Port Louis auf S. Mauritius[8])	Paramatta[9])
absol. Höhe	—	1580		—	—
Januar		4″,00	—	2″,87	1″,09
Februar		1 ,08	—	5 ,00	5 ,26
März	24″,11 (März–Juni)	7 ,18	—	13 ,07	6 ,66
April		8 ,98	—	6 ,63	7 ,22
Mai		4 ,30	2″,609	0 ,67	0 ,56
Juni		6 ,15	5 ,347	0 ,66	—
Juli		9 ,70	12 ,224	0 ,25	—
August		5 ,98	12 ,794	2 ,13	—
September		6 ,10	5 ,086	0 ,27	—
October		7 ,10	—	0 ,21	3 ,413
November		8 ,20		1 ,29	0 ,516
December		13 ,23	—	0 ,44	5 ,235
jährl. Menge	—	82″,00	38″,06	33″,49	29″,95

1) 4 Jahre obs. Pearse 1785. 86. und 1834. 35. obs. Prinsep.
2) 4 Jahre obs. Macritchie.
3) 8 Jahre 1827—1834 obs. Lamb.
4) 14 Jahre 1812—1816 und 1819—1831 obs. Blettermann.
5) 4 Monat obs. J. Davy.
6) 2 Jahre 1819. 1834. obs. Foggo und Ord.
7) 2 Jahre 1770. 1771. obs. Balugani.
8) 1 Jahr obs. Geoffroy.
9) 1 Jahr 1822. obs. Brisbane.

B. Die Veränderungen des atmosphärischen Druckes in der jährlichen Periode.

Als ich in Pogg. Ann. 13. p. 588 auf die grosse periodische Veränderung des Luftdrucks in der Gegend der Moussons aufmerksam machte, konnte ich für das Faktum selbst und seine Erklärung nur einjährige im Jahr 1785 in Calcutta angestellte Beobachtungen anführen, welche ich in dieser Beziehung berechnet hatte. Bald nachher erschien in den *Philosophical Transactions for* 1828 das vortreffliche dreijährige Beobachtungsjournal von Prinsep in Benares, und es hat sich durch den unermüdeten Eifer dieses um die Meteorologie Indiens so sehr verdienten Gelehrten in dem kurzen Zeitraume von 10 Jahren die Anzahl der Beobachtungen so vermehrt, dass die Phänomene jetzt mit viel grössrer Schärfe untersucht werden können.

Da der Januar dem NO-Punkt der Windrose entspricht, der Juni dem SW-Punkt derselben, so wird, wenn es für Orte dieser Breiten eine barometrische Windrose giebt und der Polarstrom und Aequatorialstrom regelmässig in einander übergehen, das Barometer von den kälteren Monaten nach den wärmeren hin regelmässig fallen. Um diess zu entscheiden bedarf es nur der Berechnung einer barometrischen Windrose und der monatlichen Windmittel. Die oben angeführten Beobachtungen geben in dieser Beziehung folgende Grössen in englischem Maass, die mittlere Windesrichtung nach der Lambert'schen Formel berechnet, wobei der Wind von $S = 0°$ nach $W = 90°$ gezählt und die Intensität der einzelnen Winde gleichgesetzt ist.

	N.	NW.	WNW.	W.	SW.	S.	SO.	O.	NO.
Januar	30″,122	30″,105	30″,071	30″,071	30″,029	30″,004	—	—	—
Februar	30 ,006	30 ,035	—	30 ,004	30 ,034	30 ,028	29″,966	30″,063	—
März	—	30 ,01	—	—	30 ,003	29 ,903	29 ,942	—	—
April	—	29 ,94	—	—	—	28 ,833	29 ,798	—	29″,826
Mai	—	—	—	—	29 ,792	29 ,777	29 ,765	29 ,833	—
Juni	—	—	—	—	—	29 ,609	29 ,585	29 ,604	29 ,56
Juli	—	—	—	—	29 ,551	29 ,626	29 ,59	—	29 ,525
August	—	—	—	—	—	—	29 ,615	—	29 ,673
September	—	—	—	—	—	—	29 ,732	29 ,718	29 ,683
October	—	29 ,922	—	—	29 ,926	—	—	—	29 ,853
November	—	30 ,005	—	—	—	—	—	—	29 ,912
December	—	30 ,01	—	—	—	—	—	—	—

	Wind		Barometer	Regen	Temper. F.
Januar	NNW.	155°45′	30″,08	—	66°,6
Februar	WSW.	79 52	30 ,02	2″,9	75
März	S.	354 36	29 ,95	0 ,5	79
April	SSO.	336 56	29 ,83	8 ,0	82 ,5
Mai	SSO.	348 29	29 ,77	6 ,0	86
Juni	SO.	320 50	29 ,58	24 ,4	83
Juli	SO.	314 11	29 ,59	12 ,8	83
August	OSO.	298 45	29 ,62	9 ,3	83
Sept.	OSO.	285 14	29 ,71	11 ,7	83
October	W.	94 5	29 ,91	1 ,4	83
Nov.	WNW.	118 4	29 ,98	0 ,5	75
Dec.	NW.	135	30 ,01	—	69

Es scheinen also eher zwei halbe Drehungen zu sein als eine ganze, bei den Südwinden entschieden im Sinne S. O. N.

Wir werden uns daher zur Darstellung der periodischen Veränderungen des atmosphärischen Drucks derselben Formel bedienen können, welche wir bei der Berechnung der barometrischen Windrose anwendeten, da hier der Barometerstand ebenso als Function der Sonnenlänge angesehen werden kann, als dort als Function der Windesrichtung.

Achtjährige Beobachtungen, 1816 bis 1823, von Hardwicke bei Calcutta, auf 0° reducirt und mit den übrigen meteorologischen Elementen verglichen, geben:

$$b_{(x)} = 333''',498 + 3''',204 \sin(x + 97°8') + 0''',257 \sin(2x + 131°59') + 0''',383 \sin(3x + 101°34')$$

eine Formel, welche sich, wie die folgende Tafel zeigt, so nahe an die beobachteten Werthe anschliesst, dass der Unterschied der berechneten und beobachteten Werthe (die Wintermonate ausgenommen, wo er eine halbe Linie beträgt) in den übrigen Monaten immer zwischen 0''',1 und 0''',2 schwankt.

	Temp.	Barometer bei 0°.			Windesrichtung.		Compon.		Regen.	Nebel.
	Cent.	Beobach.	Berechnet.	Untersch.	Ann.	In Gr.	Mon.	Red.	Tage.	Tage.
Januar	18°,45	338''',93	338''',213	+0''',687	NW.	142°	12,5	4,1	1,13	11,88
Februar	21 ,45	336 ,40	336 922	—0 ,522	NW.	140	3,9	1,4	3,88	8,75
März	25 ,58	335 ,24	335 124	+0 ,116	NW.	136	3,4	1,1	7,13	8
April	28 ,49	334 ,17	333 986	+0 ,184	N.	181	6,8	2,3	7,75	3,13
Mai	28 ,71	332 ,83	332 992	—0 ,162	S.	354	11,0	3,5	10,88	0,63
Juni	29 ,27	331 ,63	331 713	—0 ,083	OSO.	288	12,3	4,1	18,88	0,37
Juli	28 ,12	331 ,38	331 135	+0 ,245	OSO.	299	14,2	4,6	26,75	—
August	28 ,27	331 ,82	331 968	—0 ,148	OSO.	288	13,8	4,5	23,75	0,13
Septemb.	28 ,01	333 ,29	333 383	—0 ,094	O.	272	11,5	3,8	21,13	1,13
October	26 ,89	334 ,80	334 628	+0 ,172	NNW.	147	8,4	2,7	7,13	8,25
November	23 ,03	336 ,18	336 110	+0 ,071	NW.	144	19,5	6,5	2	11,13
December	15 ,83	337 ,30	337 770	—0 ,470	NW.	137	20,9	6,7	0,63	13,29

Während bei den südlichen Moussons die Temperatur fast unverändert bleibt, und nur bei den nördlichen entschieden im Sinne der Sonnenhöhe sich ändert, zeigt die unbedeutende Grösse des zweiten und dritten veränderlichen Gliedes, die auffallende Regelmässigkeit der barometrischen Veränderung, mit welcher das Verhältniss der Niederschläge parallel geht. Die auf zehn Tage reducirte Componente giebt ein deutliches Bild der wachsenden und abnehmenden Intensität beider Moussons.

Die in den folgenden 5 Tafeln enthaltenen, sämmtlich in französischen Linien ausgedrückten Beobachtungen werden eine allgemeinere Uebersicht des Phänomens gestatten. Die Beobachtungen von Benares, Calcutta, Poonah, Hurrechundergur, Mahabuleshwur, Seringapatam, Ootacamund, Nasirabad und Mozufferpur sind von den Beobachtern selbst auf den Frostpunkt reducirt, die übrigen nach den gleichzeitigen thermischen Mitteln, welches hier nur zu geringen Fehlern Veranlassung geben kann.

	Bombay[1])	Poonah[2])	Hurrechundergur[3])	Mahabuleshwur[4])
absol. Höhe	—	1710′	3660′	4220′
Januar	337,97	316,25	—	286,73
Februar	337,66	315,29	—	286,51
März	337,16	314,73	291,83	287,98
April	336,20	314,23	291,43	287,55
Mai	335,68	312,56	290,92	286,75
Juni	335,07	312,45	—	285,74
Juli	334,17	312,87	—	285,08
August	334,41	313,49	—	285,85
September	335,34	314,35	—	—
October	336,71	314,69	—	—
November	337,12	315,76	—	287,13
December	337,26	316,03	—	287,10
Unterschied	2,90	3,60	—	2,90

[1]) 1 Jahr. Juli 1816 — Juni 1817.
[2]) Mai — August in 4 Jahren ausserdem 10 Monat 1827 — 1830 obs. Sykes.
[3]) 3 Monat. [4]) 10 Monat.

	Madras [1])	Seringapatam	Bangalore [2])	Ootacamund [3])
absol. Höhe	—	2264′	3000′	6906′
Januar	337,34	311,01	305,76	261,13
Februar	337,18	310,45	305,68	260,91
März	336,70	309,56	305,07	260,37
April	335,67	308,65	304,61	259,79
Mai	334,37	308,34	304,19	258,96
Juni	334,44	308,11	303,75	258,33
Juli	334,59	308,29	303,67	257,84
August	334,75	308,30	303,19	258,07
September	335,10	308,52	303,43	258,63
October	335,54	309,31	303,59	259,53
November	335,79	309,55	304,08	259,87
December	337,11	309,69	304,33	261,00
Unterschied	2,97	2,90	2,57	3,29

	Mozufferpur [4])	Benares [5])	Calcutta [6])	Canton
absol. Höhe		300′		—
Januar	334,39	334,87	337,325	339,58
Februar	333,00	333,76	336,998	338,56
März	331,92	333,00	335,939	338,70
April	330,68	331,29	335,275	337,00
Mai	329,36	330,26	333,288	335,59
Juni	328,17	328,54	332,218	334,96
Juli	327,93	328,33	331,953	334,43
August	328,47	329,51	332,511	334,67
September	329,20	330,69	333,716	335,41
October	331,54	332,63	335,264	336,60
November	332,94	333,83	337,510	338,66
December	333,44	334,9	337,631	338,57
Unterschied	6,46	6,54	5,678	5,15

[1]) 21 Jahr 1796 — 1821.
[2]) 1 Jahr obs. Heyne.
[3]) 3 Jahr 1831 — 1833 obs. Backie.
[4]) 1 Jahr obs. Dashwood.
[5]) 4 Jahr 1823 — 1826 obs. Prinsep.
[6]) 1834. 1835. obs. Prinsep.

	Nasirabad[1])	Khatmandu	Musuoree[2])	Kotgurh[3])
absol. Höhe	1400′	4355′	6100′	6230′
Januar	320,61	284,61	—	266,57
Februar	319,62	283,73	—	266,20
März	318,83	—	—	267,00
April	317,79	—	—	—
Mai	316,49	284,84	268,77	—
Juni	315,23	282,45	268,28	—
Juli	314,97	281,69	268,41	—
August	315,54	280,83	268,18	—
September	316,81	280,73	269,51	267,132
October	318,70	282,97	270,68	266,952
November	320,12	283,91	271,01	267,605
December	320,34	284,61	—	268,033
Unterschied	5,64	4,11	2,83 + x	

	Macao[4])	Batavia[5])	Mauritius[6])	Capstadt[7])
Januar	340,417	334,93	333,54	337,08
Februar	340,007	334,91	332,25	337,24
März	339,597	334,84	328,87 ?	337,42
April	337,757	334,49	330,42	338,15
Mai	337,627	334,73	335,06	338,84
Juni	335,71	335,19	334,97	338,95
Juli	335,976	335,05	336,38	339,65
August	335,976	335,13	336,40	339,15
September	337,889	335,17	336,18	338,69
October	338,399	335,33	336,04	338,69
November	339,642	335,05	334,86	337,53
December	340,74	335,23	334,63	337,52
Unterschied	5,03	0,84	—	2,57

[1]) 4 Jahr 1831—1834 obs. Oliver.

[2]) 1834 in Caineville obs. Boulderson.

[3]) Die ersten 3 Monat uncorrigirt für Temperat.? obs. Gerard 1822, die letzten 4 Monat corrigirt 1818.

[4]) 1 Jahr obs. Richenet.

[5]) $1\frac{1}{2}$ Jahr 1758. 1759.

[6]) 1 Jahr obs. Geoffroy.

[7]) 4 Jahr 1819—1826 obs. Wahlstrand und Puhlmann berechnet von Leop. v. Buch.

Die geographische Lage dieser Orte ist folgende:

Bombay	18°56′	N. B.	72°46′	O. L. Gr.
Poonah	18 31	- -	74 6	- - -
Hurrechundergur	19 23	- -	77 40	- - -
Mahabuleshwur	17 59	- -	73 30	- - -
Madras	13 4	- -	80 19	- - -
Seringapatam	12 45	- -	76 51	- - -
Bangalore	12 55	- -	77 40	- - -
Ootacamund	11 35	- -	76 45	- - -
Nasirabad	26 18	- -	74 45	- - -
Khatmandu	27 42	- -	85 20	- - -
Kotgurh	31 19	- -	77 30	- - -
Mozufferpur	26 8	- -	85 24	- - -
Benares	25 18	- -	82 56	- - -
Calcutta	22 35	- -	88 30	- - -
Canton	23 7	-	113 14	- - -
Macao	22 10	- -	113 32	- - -
Batavia	6 9	S. B.	106 52	- - -
Mauritius	20 10	- -	57 28	- - -
Capstadt	33 55	- -	18 24	- - -

Vergleicht man die Veränderung von Madras und Bombay mit denen von Nasirabad, Benares und Mozufferpur, so sieht man, dass dieselbe schnell mit der Breite zunimmt. Vergleicht man aber die an der Westseite der Gebirge fast genau übereinander liegenden Orte der ersten Tafel, ebenso die von der Ostküste her allmählig immer höher liegenden Orte der zweiten Tafel, so ist es auffallend, wie unmerklich die Erscheinung mit der Höhe abnimmt. Da mit steigender Temperatur am Boden des Luftmeeres die Masse des Drükkenden über dem höher gelegenen Beobachtungsort vermehrt wird, so muss, wenn keine neuen Ursachen der Verminderung hinzutreten, nothwendig die Veränderung in stärkerem Maasse nach der Höhe abnehmen. Diese neue Ursache scheint nun die schnelle Abnahme der Elasticität des Wasserdampfes nach der Höhe zu sein. Denn vom 10. bis 12. März fand Sykes folgende Elasticität der Dämpfe:

	Höhe.	Sonnenaufgang.	9-10 U.M.	4-5 U.A.
Bombay	—	8''',66	8''',38	11''',26
Kundallah	1694'	2 ,58	2 ,96	—
Karleh	1957	—	2 ,41	3 ,77
Loghur	3283	—	1 ,90	—

eine Verminderung, die so bedeutend ist, dass sie mit der Annahme, dass die regenbringenden SW-Moussons früher, ehe sie an der Oberfläche wahrgenommen werden, in der Höhe herrschten, nicht vereinbar scheint, da selbst im April 1827 der mittlere Druck der Dämpfe in Bombay 10''',29 betrug, in dem 1710' höhern Poonah nur 5''',04. Dass aber am Spiegel des Meeres das Herausfallen des Wasserdampfes in Form flüssigen Wassers nicht der Grund des verminderten barometrischen Druckes ist (da die fortwährend neu herbeiströmenden Luftmassen immer Dampf gleicher Spannung herbeiführen) geht daraus hervor, dass das monatliche Minimum in Madras nicht in den Oktober und November fällt, sondern auf dieselben Monate als an Orten der Malabarküste.

Entschiedener tritt die Abnahme nach Oben hervor, wenn wir von den Ufern des Ganges (Calcutta, Benares) uns am Südabhange des Himalaja erheben, wo Mozufferpur und Khatmandu sehr gute Vergleichungspunkte geben. In Ermangelung von Beobachtungen aus Delhi kann in gleicher Weise Nasirabad mit Mussoori und Kotgurh verglichen werden. Dass die am Boden des Luftmeeres gesteigerte Wärme der Grund ist, warum die Regelmässigkeit der Veränderung gestört wird, geht daraus hervor, dass fast in allen hochgelegenen Orten eine Tendenz sichtbar ist, das Maximum des Druckes aus den Wintermonaten in die Frühlingsmonate hin zu verlegen. Ist diese Erklärung die richtige, so muss auf Hochflächen die Störung geringer sein als an Gebirgsabhängen.

Die letzte Tafel zeigt einerseits an der nordöstlichen Grenze die noch in voller Intensität hervortretende Erscheinung in Canton und Macao und in den freilich vieles zu wünschen übriglassenden Beobachtungen von Batavia und

Mauritius den Uebergang derselben in die südliche Halbkugel. Darf man den Aussagen unverglichener Instrumente trauen, so scheint auch hier der mittlere barometrische Druck vom Aequator nach den Wendekreisen zuzunehmen.

Aus der Gegend der Westmoussons der Linie sind mir nur die Beobachtungen von Trentepohl und Chenon in Christiansburg $5\frac{1}{2}^\circ$ N. B. $19\frac{3}{4}$ O. L. Gr. bekannt, welche, auf $+10^\circ$ R. reducirt, wenn x die mittlere Sonnenlänge bezeichnet, nach Mädler's Berechnung durch folgende Gleichungen dargestellt werden.

$$6^h \quad b^{(x)} = 336''',691 + 0''',8230 \sin(x - 47^\circ 9') + 0''',3065 \sin(2x - 152^\circ 31')$$

$$7^h \quad = 336''',853 + 0''',7735 \sin(x - 49^\circ 46') + 0''',2876 \sin(2x - 150^\circ 50')$$

$$9^h \quad = 337''',147 + 0''',7966 \sin(x - 48^\circ 48') + 0''',2809 \sin(2x - 151^\circ 53')$$

$$12^h \quad = 336''',704 + 0''',8816 \sin(x - 42^\circ 42') + 0''',2898 \sin(2x - 143^\circ 12')$$

$$4^h \quad = 336''',048 + 0''',8035 \sin(x - 46^\circ 41') + 0''',3138 \sin(2x - 139^\circ 42')$$

$$9^h \quad = 336''',937 + 0''',6601 \sin(x - 52^\circ 18') + 0''',2559 \sin(2x - 140^\circ 14')$$

$$10^h \quad = 336''',973 + 0''',6605 \sin(x - 51^\circ 22') + 0''',2342 \sin(2x - 144^\circ 50')$$

Da der Coefficient des zweiten veränderlichen Gliedes mehr als $\frac{1}{3}$ des Coefficienten des ersten veränderlichen beträgt, so sieht man, dass die in Calcutta, wenn x die Sonnenlänge bezeichnet, noch sin $(x+\alpha)$ nahe proportionale Veränderung, hier schon viel complicirteren Gesetzen unterworfen ist.

Die Mittel selbst aus 9^h 12^h 4^h sind in den folgenden Tafeln enthalten, in welchen die erste Zahl dem Jahre 1833 angehört. Der Barometerstand ist $330''' +$ der Zahl der Tafeln.

	1829	1830	1831	1832	Mittel
Januar	(6,746)	5,907	6,105	6,407	6,291
Februar	5,882	5,689	5,850	5,921	5,835
März	6,020	5,850	5,811	5,931	5,903
April	6,252	5,318	5,739	6,326	5,909
Mai	6,649	6,744	6,164	6,799	6,589
Juni	7,331	7,181	6,967	7,913	7,348
Juli	7,489	7,453	7,223	8,391	7,639
August	7,683	7,594	7,097	8,203	7,644
Septemb.	6,934	7,054	6,952	7,490	7,107
October	6,687	6,327	6,473	7,161	6,662
November	6,110	6,107	—	6,792	6,336
December	5,905	6,033	—	6,558	6,165
Unterschied	1,801	2,276	1,484	2,470	1,809

Also ähnliche aber regelmässiger hervortretende periodische Veränderung als das klimatologisch ebenfalls der südlichen Halbkugel angehörige Santa Fe de Bogota (Pogg. Ann. 13. 589.) unter gleicher nördlicher Breite.

C. Der Druck der Dampfatmosphäre.

Um eine Vergleichung mit der gemässigten Zone zu erhalten sind den Tafeln I. II. III. in Tafel IV. V. die gleichzeitigen Beobachtungen von Neuber in Apenrade beigefügt und in VI. und VII. höher gelegene Orte mit Orten der Ebene verglichen. In französischen Linien erhält man dann folgende Werthe, welche als abgeleitet aus den monatlichen Mitteln des Standes Daniell'scher Hygrometer und Psychrometer nur als Näherungswerthe angesehen werden können. Einjährige Beobachtungen aus Bancoorah habe ich nicht aufgenommen, da sie mir wie die Barometerbeobachtungen unzuverlässig schienen.

I. Barometrischer Druck.

	Benares			Calcutta	
	1824	1825	1826	1834	1835
Januar	335,16	334,91	334,41	337,39	337,26
Februar	334,65	333,87	333,14	336,98	337,02
März	332,99	333,19	332,97	335,69	336,19
April	331,62	331,19	331,26	334,87	335,68
Mai	329,63	330,63	330,52	332,86	333,62
Juni	328,37	328,67	328,79	332,04	332,39
Juli	328,11	328,68	328,22	332,35	331,56
August	329,67	329,90	329,81	332,19	332,83
September	331,33	330,58	330,55	333,58	333,86
October	332,54	332,20	332,91	335,35	335,16
November	334,06	333,77	—	337,52	337,50
December	335,06	334,50	—	337,72	337,51
Unterschied	7,05	6,26	6,19	5,68	5,98

II. Druck der trocknen Luft.

	Benares.[1])			Calcutta.[2])	
	1824	1825	1826	1834	1835
Januar	330,70	329,17	330,70	332,46	333,14
Februar	329,60	328,34	329,63	331,33	230,91
März	327,72	327,83	328,79	327,82	329,56
April	325,98	325,24	327,04	325,94	327,91
Mai	323,67	322,20	324,19	321,94	322,36
Juni	315,97	319,18	318,62	320,99	322,05
Juli	316,20	316,89	316,83	321,38	321,25
August	316,77	318,82	318,21	321,34	322,21
September	320,71	319,62	320,16	323,01	324,13
October	321,92	323,32	325,44	325,33	326,53
November	327,51	327,94	—	330,78	331,34
December	330,30	330,42	—	331,76	332,26
Unterschied	14,73	13,53	13,87	11,47	11,89

[1]) Siehe Anmerkung [1]) pag. 318.

[2]) Siehe Anmerkung [2]) p. 318.

III. Druck der Dampfatmosphäre.

	Benares			Calcutta	
	1824	1825	1826	1834	1835
Januar	4,46	5,74	3,71	4,93	4,12
Februar	5,05	5,53	3,51	5,65	6,11
März	5,27	5,36	4,18	7,87	6,63
April	5,64	6,25	4,22	8,93	7,77
Mai	5,96	8,43	6,33	10,92	10,26
Juni	12,40	9,49	10,17	11,05	10,34
Juli	11,91	11,79	11,39	10,97	10,31
August	12,30	11,08	11,60	10,85	10,62
September	10,62	10,96	10,39	10,57	9,73
October	10,62	8,88	7,47	10,02	8,63
November	6,55	5,83	—	6,74	6,16
December	4,76	4,08	—	5,96	5,28
Unterschied	7,94	7,71	8,09	6,12	6,50

Apenrade *).

IV. Wasserdampf.

	1824	1825	1826	1827	Mittel
Januar	2''',73	2''',71	1''',82	2''',08	2''',335
Februar	2 ,37	2 ,44	2 ,43	1 ,70	2 ,235
März	2 ,43	2 ,38	2 ,79	2 ,69	2 ,573
April	2 ,37	3 ,57	3 ,24	3 ,80	3 ,495
Mai	4 ,10	4 ,14	4 ,12	4 ,76	4 ,280
Juni	5 ,70	4 ,89	5 ,16	5 ,99	5 ,435
Juli	6 ,22	5 ,76	6 ,55	6 ,00	6 ,133
August	6 ,46	6 ,07	6 ,04	5 ,30	5 ,968
September	6 ,07	5 ,58	5 ,31	5 ,14	5 ,525
October	4 ,31	4 ,48	4 ,45	4 ,11	4 ,338
November	3 ,24	3 ,01	2 ,98	2 ,38	2 ,902
December	2 ,83	2 ,76	2 ,70	2 ,87	2 ,790
Unterschied	4''',09	3''',36	4''',73	4''',30	3''',90

*) Für die Mittagsbeobachtungen des Daniell'schen Hygrometers die Elasticitäten nach der Dalton'schen Tabelle einzeln berechnet.

Apenrade.

V. Trockne Luft.

	1824	1825	1826	1827	Mittel
Januar	333''',745	335'''475	337''',447	331 ,953	334 ,655
Februar	334 ,447	335 557	335 ,540	336 ,561	335 ,526
März	332 ,761	337 045	334 ,999	329 ,153	333 ,489
April	333 ,107	333 140	332 ,492	333 ,686	333 ,106
Mai	332 ,095	333 255	333 ,102	331 ,033	332 ,371
Juni	330 ,417	332 564	333 ,928	330 ,216	331 ,781
Juli	329 ,933	330 299	330 ,300	331 ,304	330 ,459
August	329 ,938	329 978	331 ,133	330 ,918	330 ,492
September	331 ,295	330 318	331 ,447	331 ,617	331 ,177
October	329 ,331	328 022	332 ,600	331 ,735	330 ,272
November	328 ,980	331 396	331 ,922	334 ,045	331 ,586
December	330 ,238	333 817	333 ,252	332 ,196	332 ,376

VI.

	Calcutta[1])	Benares[2])	Nasira-bad[3])	Seringa-patam[4])	Poonah[5])
Januar	4,53	4,64	2,218	5,179	4,718
Februar	5,88	4,69	2,476	5,922	3,851
März	7,25	4,94	2,476	6,113	3,907
April	8,35	5,37	2,701	7,633	5,664
Mai	10,59	6,91	2,972	7,633	7,082
Juni	10,69	10,69	6,575	7,397	8,614
Juli	10,64	11,69	8,568	7,161	8,760
August	10,74	11,66	8,523	6,687	8,411
September	10,15	10,66	7,239	6,687	7,985
October	9,38	8,99	3,771	7,161	6,903
November	6,45	6,19	3,232	6,622	5,461
December	5,62	4,42	2,780	5,845	3,626
Unterschied	6,21	7,27	6,35	2,45	4,90

[1]) Obs. Prinsep, berechnet nach Kämtz Tafel aus den Angaben der monatl. Mittel der trocknen und feuchten Thermometer.

[2]) Obs. Prinsep, berechnet aus den monatlichen Mitteln des um 10 Uhr Morgens und 4 Uhr Abends angegebenen Standes des trocknen und feuchten Thermometers und aus beiden Elasticitäten die halbe Summe.

VII.

	Calcutta	Benares	Nasirabad	Seringapatam	Poonah.
Januar	332,80	330,19	318,39	305,83	311,53
Februar	331,12	329,20	317,14	304,83	311,44
März	328,69	328,11	316,35	303,45	310,83
April	326,93	326,08	315,09	301,02	308,56
Mai	322,15	223,35	313,52	300,71	305,48
Juni	321,52	317,92	308,65	300,71	303,84
Juli	321,32	316,35	306,40	301,13	304,11
August	321,78	317,94	307,02	301,61	305,08
September	323,57	320,16	309,57	301,83	306,36
October	325,93	323,56	314,93	302,15	308,78
November	331,06	327,73	316,89	302,93	310,30
December	332,01	330,36	317,56	303,84	312,40
Unterschied	11,48	14,01	11,99	5,12	8,56

Da im mittleren Europa die grösste Regenmenge bei höchstem Sonnenstande fällt, so könnte man erwarten, dass die Curve der Elasticität des Wasserdampfes, wenn kein andres störendes Flement eintritt, in ihrer Krümmung nahe mit der Elasticitätscurve in der Gegend der Moussons übereinstimmen wird. Vergleicht man aber die gleichzeitigen Beobachtungen von Benares und Apenrade so findet man, dass die vom Januar bis Mai einander fast parallel bleibenden Curven (die Differenzen in diesen Monaten betragen 2''',22 2,28 2,41 2,31 2,73) im Juni sich plötzlich um mehr als das Doppelte von einander entfernen, und sich bis zum September in diesem grössern Abstand fast unverändert erhalten (Differenzen 5,44 5,51 5,47 5,01) von wo an sie sich einander allmählig nähern (Differenzen 4,58 3,06 1,62).

---

[3]) Oliver aus 4jährigen Mitteln des Dewpoint nach Dalton. 1500′ e. absolute Höhe.

[4]) Obs. Sparmann, 1816. die Elasticität in den Beobachtungen selbst angegeben.

[5]) Obs. Sykes, Juni — Nov. 4 Jahr, Dec. — Mai 16 Monat aus dem Mittel des Dewpoint um 9 — 10 M. berechnet.

Es ist also nothwendig hier ein Element hinzugetreten, welches den Druck der Dampfatmosphäre wesentlich modificirt, und was könnte diess anders sein, als die veränderte Windesrichtung, die in Europa im Sommer nördlicher ist als im Winter (p. 295), während in Benares das Entgegengesetzte und zwar im äussersten Extrem Statt findet. Vergleicht man die Veränderungen des Druckes der trocknen Luft und der Dampfatmosphäre in Calcutta, Benares und Nasirabad mit denen in Seringapatam und Poonah, so findet man eine schnelle Abnahme beider mit verminderter Breite und zunehmender Höhe, wie es nothwendig sein muss, wenn es eine in den untern Gegenden der Atmosphäre gleichmässig fortschreitende Wirkung ist, welche diese Phänomene bedingt. Da aber die Veränderungen der Dampfatmosphäre erst in der Vertheilung der Temperatur in der jährlichen Periode ihre nähere Begründung finden, so werden wir, um zum Verständniss der Verhältnisse der relativen Feuchtigkeit zu gelangen, erst jene betrachten müssen.

D. Veränderungen der Temperatnr in der jährlichen Periode.

Die nach der geographischen Breite geordneten Beobachtungen ergeben von der äussersten Grenze in der südlichen Halbkugel bis zur äussersten Grenze in der nördlichen in Centesimalgraden folgende Werthe, welche für die meisten Orte aus den absoluten täglichen Extremen oder aus Beobachtungen, welche nahe das Mittel geben, abgeleitet sind, für Benares und Madras aber als wahre Mittel angesehen werden können. Die neben dem Namen stehende Ziffer bedeutet die Zahl der Jahre aus welcher die Mittel bestimmt wurden.

	*) Paramatta [2]	Capstadt [8]	Port Louis [1]	Batavia [1½]	Alor Gajah [½]	Colombo [1]	Kandy [2]	Trinconomalie [3]	Ootacamund [3]	Anjarakandy [10]	Seringapatam [2]	Madras [21]	Darwar [1]	Poonah [4]
Breite	33°49′	33°55′	20°10′	6°9′		6°57′	7°17′	8°33′	11°35′		12°45′	13°4′	16°28′	18°31
Länge	151°15	19°20′	57°28′	106°52		80°0′	80°49′	81°22′	76°45′		76°51′	80°17′	75°11′	74°6′
Höhe	—	—	—	—		—	1580	—	6906	—	2264	—	2250	1710′
Januar	22,5	23,5	27,8	25,6	26,7	26,1	21,6	25,4	11,7	26,5	21,6	24,0	21,2	21,0
Febr.	22,2	24,4	29,4	26,1	—	26,7	22,4	25,9	12,5	27,7	24,9	25,1	23,7	22,6
März	18,9	22,6	28,9	26,4	—	27,6	23,6	27,4	15,0	28,5	27,1	26,5	25,1	25,6
April	17,6	19,5	25,0	26,1	—	28,3	23,1	28,8	17,0	29,7	29,0	28,0	26,8	26,5
Mai	15,8	16,7	24,4	26,7	—	28,4	23,9	28,9	16,8	28,7	29,4	30,5	26,7	27,9
Juni	13,3	14,4	23,9	25,3	—	27,6	23,0	27,5	15,6	26,5	26,0	31,2	23,7	27,4
Juli	11,5	14,2	22,8	25,6	—	27,6	22,7	29,1	14,0	25,7	24,9	29,8	22,7	25,5
August	13,5	15,9	22,2	26,1	28,2	27,0	22,9	28,4	14,5	26,1	23,2	29,3	22,5	25,3
Sept.	16,7	16,6	24,4	26,1	27,4	27,4	22,8	27,9	14,4	26,4	24,8	28,8	22,7	25,1
Oct.	19,0	18,4	25,0	25	26,9	26,4	22,7	27,1	14,4	27,0	25,1	27,7	24,5	26,1
Nov.	20,8	21,2	26,1	23,9	26,9	27,0	22,5	26,3	13,3	26,9	23,4	25,9	—	24,6
Dec.	24,4	22,4	28,3	26,1	27,8	—	22,3	25,8	11,2	26,7	22,4	26,0	—	20,8
Mittel	18,0	19,2	25,7	25,8	27,3	27,3	22,8	27,6	14,2	27,2	25,2	27,6	—	24,9

*) Die Breite der ersten 4 Orte südlich. Alor Gajah nahe bei Malacca. Für Anjarakandy fehlen genauere Angaben. Temp. von Batavia nach Reinwardt 27,8.

	Bombay[1]	Nagpoor[3]	Calcutta[8]	Macao[3]	Canton[1]	Benares[3]	Mozufferpur[1]	Nasirabad[4]	Futtehgur	Khatmandu[1]	Seharunpur	Musooree
Breite	18°56′	21°9′	22°35′	22°10′	23°7′	25°18′	26°7′	26°18′	27°21′	27°42′	31°	
Länge	72°46′	79°11′	88°30′	113°32′	113°14′	82°56′	83°24′	74°45′	79°30′	85°20′		
Höhe	—	.		—	—	300′		1400′		4355′	1000′	6100′
Januar	23,2	21,9	18,5	16,7	15,9	16,0	15,8	15,1	14,0	7,9	11,1	3,9
Febr.	22,5	23,7	21,5	12,7?	16,8	19,0	19,2	17,0	17,3	9,7	12,8	4,1
März	26,0	29,0	25,6	17,8	18,3	24,6	24,5	22,0	23,5	11,6	19,4	11.1
April	27,7	33,9	28,5	21,8	20,8	30,7	29,5	28,0	29,5	—	25,6	15,6
Mai	28,6	35,7	28,7	25,7	24,9	33,2	29,6	32,4	32,3	22,6	29,4	22,5
Juni	28,3	30,0	29,3	28,2	26,4	32,7	31,7	32,2	35,0	23,0	32,2	22,8
Juli	28,9	27,2	28,1	28,1	27,6	29,2	30,4	29,8	30,7	23,8	29,4	18,6
August	26,7	27,3	28,3	28,4	28,0	29,0	29,1	28,1	29,5	21,9	28,3	18,6
Sept.	27,0	27,5	28,0	27,5	27,8	28,6	29,4	28,0	28,9	21,7	26,1	16,4
Oct.	28,1	27,5	26,9	24,5	25,1	26,2	27,5	26,0	24,0	18,9	23,3	15,8
Nov.	26,9	24,1	23,0	19,8	18,3	20,0	23,1	20,3	20,4	14,1	17,8	11,1
Dec.	23,5	22,5	15,8	16,2	17,9	15,6	16,4	14,5	14,4	10,5	12,8	4,4
Mittel	26,5	27,5	25,2	22,3	22,3	25,4	25,5	24,5	24,9	—	22,4	13,7

Wenn bei zunehmender nördlicher Declination der Sonne der NO-Mousson seine Kraft verliert, wird, sobald diese abkühlende Ursache wegfällt, die bisher allmählig wachsende Temperatur plötzlich so bedeutend steigen, dass der der Sonne folgende SO-Passat als SW-Mousson bald in diese Windstille eindringen wird. Diese feuchten Seewinde werden überall, wo sie an den Westküsten in mächtigen Niederschlägen ihren Wasserdampf verlieren, abkühlend wirken, denn nur deswegen, weil die Temperatur über dem Lande sich unverhältnissmässig steigerte, konnten sie als Zugwinde nach der heissern Stelle so weit heraufrücken. Daher wird dem Maximum im Frühling eine Abkühlung folgen, desto später, je weiter nördlich der Beobachtungsort liegt, denn von Südwest her rückt die abkühlende Ursache herauf. Deswegen finden wir das Maximum der Wärme in Colombo, Kandy, Anjarakandy, Ootacamund, Darwar im April, in Seringapatam, Nagpoor, Bombay, Poonah, Nasirabad, Ambala, Benares im Mai, in Calcutta, Mozufferpur, Futtehgur erst im Juni. Dieser plötzlichen Abkühlung folgt an vielen Orten eine zweite Steigerung in der Nähe des zweiten Wendemonats bei dem Aufhören der Regen. Diese neue Temperaturzunahme würde die Regen als abkühlende Ursache schon sicher genug nachweisen, wenn nicht die Temperaturcurve von Madras, welche ohne Einbiegung von ihrem Minimum am 9. Januar bis zu ihrem Maximum am 15. Juni sich erhebt, und ebenso senkt, diess bis zur Evidenz bewiese. Aehnliches zeigt sich in Trinconomalee an der NO-Küste Ceylons. Auf diese Weise möchte sich dann auch erklären, warum hier das Verhältniss der Küsten in Beziehung auf mittlere Temperatur sich umzukehren scheint, da es in der gemässigten Zone für einen allgemeinen Satz gilt, dass die Temperatur der Westküsten höher ausfällt als die der Ostküsten. Die hohen Temperaturen von Madras, Pondichery, Trinconomalie würden nun darin eine einfache Erklärung finden, dass die Seewinde im Winter vorherrschen, Landwinde im

Sommer, während auf der Malabarküste das Entgegengesetzte eintritt.

Berechnet man nach einer der für die Temperaturvertheilung auf der Erde aufgestellten Formeln die Temperatur der obenangegebenen Beobachtungsorte *), so findet man fast überall die berechneten Werthe unter den beobachteten. Es ist also hier eine unverhältnissmässig höhere Temperatur, welche wohl nur dadurch erklärt werden kann, dass besonders im Frühling Hochasien von dem Becken des indischen Oceans die kalten Polarströme aus der gemässigten Zone abhält. Auf die Weise würde sich dann auch erklären, warum die Temperaturen von Canton und Macao (wenn sie zuverlässig sind) so viel tiefer ausfallen als die von Calcutta, Benares, Mozufferpur, Nasirabad und Futtehgur unter gleicher, ja höherer Breite. Denn dort, wo die Moussons Süd und Nord werden, hält sich die Frühlingstemperatur noch niedrig, während sie in Indien schon im schnellen Steigen begriffen ist.

Auf eine höchst belehrende Weise schliessen sich an die hier betrachteten Verhältnisse die täglichen Oscillationen an, die in ihrem Detail zu erörtern uns hier zu weit führen würde, welche aber einen sehr evidenten Beweis dafür geben, dass es die täglichen Temperatur-Veränderungen sind, welche die Veränderungen der übrigen Instrumente bedingen. Denn da wo die SW-Moussons Regen bringen, tritt in den Wendemonaten die tägliche thermische Oscillation am intensivsten hervor, und dieselben Monate sind es, in welchen die tägliche barometrische Schwankung ihren grössten Umfang erreicht. In Benares, Calcutta fällt das erste Maximum derselben in den April, das zweite schwächere in den

*) Ausser den oben angegebenen Mitteln mögen hier noch folgende eine Stelle finden. Point de Galle 27°6, Delhi (28° 27′ n. B. 800′e Höhe) 23°, Gazipoor (25°30′ n. B. 400′e Höhe) 25°2, Dehra 1300′e, Abhang des Himalaya 21°4, Hawulbagh (29°40, n. B. 3900′e) 15°6, Simlah (31° B.) 14°.

September, in Bombay das erste in den März, in Poonah die Maxima in den April und October. In Madras hingegen findet sich wie in der Temperaturcurve nur ein Maximum der täglichen barometrischen Oscillation und zwar im August. Die Intensität des *Courant ascendant* wird an jenen Orten in den Wendemonaten so bedeutend, dass die Hygrometer von den kältesten Tagesstunden nach den wärmeren hin der Trockenheit bedeutend zugehen, ja die Elasticitätscurve erhält dann in Benares, Calcutta und Poonah eine Einbiegung, während in den übrigen Monaten sie im Allgemeinen sich an die Fig. 17 für Apenrade gezeichnete Curve anschliesst. Die täglichen Land- und Seewinde der Küstenorte haben wir schon pag. 265 angeführt.

E. Relative Feuchtigkeit.

	Calcutta [1])	Nasirabad [2])	Benares [3])		Seringapatam [4])	Poonah [5])
	Psychr.	Psychr.	Psychr.	Verdampf.	Verdampf	Hygr.
Januar	8°,8	12°,3	5°,39	2″,501	8″,83	27,50
Febr.	8 ,8	16 ,5	9 ,07	3 ,329	10 ,17	30,13
März	10 ,3	17 ,3	14 ,52	7 ,427	15 ,03	32,09
April	10 ,8	22 ,9	19 ,96	13 ,633	14 ,52	31,88
Mai	8 ,2	27 ,5	19 ,86	14 ,248	15 ,00	20,21
Juni	5 ,9	29 ,0	9 ,42	7 ,618	9 ,27	6,90
Juli	5 ,0	22 ,8	4 ,27	3 ,324	6 ,6	4,69
August	4 ,4	12 ,6	4 ,21	3 ,176	8 ,77	4,97
Sept.	5 ,6	12 ,3	5 ,96	3 ,934	9 ,36	6,12
Oct.	6 ,3	16 ,5	6 ,57	4 ,389	9 ,30	16,19
Nov.	6 ,9	24 ,3	7 ,02	2 ,965	7 ,35	16,55
Dec.	7 ,5	16 ,4	6 ,78	2 ,477	8 ,92	19,57

[1]) 2 Jahr Mittel des Psychrometer aus 10 U. M. und 4 U. A. Fahr.

[2]) 2 Jahr Mittel des Psychrometer aus Sonnenaufgang 2½ Ab. 4 Ab. und Sonnenuntergang. Fahr.

[3]) 3 Jahr Mittel aus 10 U. und 5—6 Ab. Fahr. Verdampfung 4 Jahr. [4]) 1 Jahr beide Tafeln in engl. Zoll.

[5]) Dan. Hygr. Sonnenaufgang 9—10 M. 4—5 Ab. 27 Mon. Fahr.

Aehnliche Verhältnisse zeigen sich in der Höhe, denn in Ootacamund fällt in den Wintermonaten der Dew point auf 13° F. bei 60° Temperatur, während die Luft von Juli bis August fast gesättigt ist.

2) Die Gegend der Passate.

Wäre das, was in der Gegend der Moussons nach einander in der jährlichen Periode erscheint, in den Passatzonen dem Ort nach neben einander fixirt, so würden wir erhalten:

1) continuirliche Regen bei etwas verminderter Temperatur und niedrigem Barometerstande am Aequator, wo die Luft aufsteigt.

2) nach den Wendekreisen hin eine zuerst etwas steigende dann abnehmende mittlere Wärme ohne Niederschlag mit einem mit der Entfernung vom Aequator zunehmenden atmosphärischen Druck,

oder in Beziehung auf die einzelnen Instrumente ausgesprochen:

1) Der barometrische Druck nimmt im jährlichen Mittel zu von der Gegend der Windstillen nach den Wendekreisen.

Diess ist bekanntlich durch die Beobachtungen von Humboldt, Leopold v. Buch, A. Erman und Herschel erwiesen worden. Die theilweise Verschiebung giebt hier eine schwächere Veränderung in der jährlichen Periode.

2) Der Aequator ist nicht die wärmste Linie der Erde, sondern das Maximum der Temperatur findet sich in einiger Entfernung von der Gegend der Calmen zu beiden Seiten derselben.

Diess ist noch nicht direct erwiesen, aber wenigstens nicht unwahrscheinlich, da die Schneegrenze nicht ein kuppelförmiges Gewölbe bildet, sondern (abgesehn von der isothermischen Vertheilung) am Aequator eine leise Einbiegung zu haben scheint. Ausserdem geben alle aus der Gesammtheit der unter verschiedenen Breiten angestellten Beobachtungen abgeleitete Temperaturformeln für die Linie eine zu hohe Temperatur, woraus unmittelbar folgt, dass sie eine zu niedrige hat. Dieser Beweis würde, wenn er durch mehr Beobachtungen von der südlichen Halbkugel, als wir bis jetzt besitzen, unterstützt würde, vollkommen streng sein.

3) Die Abnahme der Elasticität des Wasserdampfes mit der Entfernung von dem Aequator lässt sich aus den bisher bekannt gemachten Beobachtungen noch nicht mit gehöriger Schärfe bestimmen.

4) Für die durch die theilweise Verschiebung der Erscheinung entstehende Vertheilung der Regen in der jährlichen Periode fehlen ebenfalls noch zahlreichere Beobachtungen, um näher nachweisen zu können, wie die continuirlichen Regen der Calmen mit 2 Maximis im Jahr nach den Wendekreisen hin in eine Regenperiode mit einem Maximum sich zusammenziehn.

Von der Gesammtheit der Erscheinungen wird man sich die einfachste Vorstellung bilden, wenn man sich am Aequator die Sommermonate der Gegend der Moussons auf Kosten der Wintermonate verlängert denkt, an Orten hingegen, welche nicht aus dem Passat heraustreten, aber seine äussern Grenzen berühren, die Wintermonate der Moussons verlängert auf Kosten einer Verkürzung der Sommermonate. Die nur eine Zeit lang in den Passat wirklich aufgenommenen Orte zeigen keine regelmässige periodische Veränderung des barometrischen Druckes mehr. Wenigstens geben dreijährige reducirte Beobachtungen in Funchal in den 12 Monaten folgende Werthe 337‴ + 1,438 0,808 0,662 0,032 1,066 1,213 0,909 0,966 0,841 1,033 0,584 2,035.

3) Die Grenzen der Tropen.

Wenn man mit Hrn. von Buch annimmt, dass die an den Grenzen der tropischen Zone im Winter herabfallenden Regen und die im südlichen Europa regelmässig eintretenden Herbstregen ihre Entstehung einer gemeinschaftlichen Ursache verdanken, nämlich den an den äusseren Grenzen der Passate herabkommenden Aequatorialströmen, so liegt es nahe, die Sommerregen Mitteleuropas auf dieselbe Ursache zurückzuführen, und anzunehmen:

1) dass bei nördlicher Abweichung der Sonne, wo die ganze Erscheinung des Passates am weitesten nördlich liegt, jene oberen Ströme in grösster Mächtigkeit den Boden erst im mittleren Europa berühren, und daher dann hier im Kampfe derselben mit nördlichen Strömen das meiste Wasser herabfällt;
2) dass zur Zeit der Herbstnachtgleiche diese Ströme erst südlicher den Boden fassen, und daher die nördlichen Küstenländer des mittelländischen Meeres in den Herbstmonaten die mächtigsten Niederschläge haben;
3) dass bei südlicher Declination der Sonne dieses südliche Herabrücken der Erscheinung im Extrem vorhanden sein wird, und daher die Regen der subtropischen Zone in Nordafrika Winterregen sind.

Man sieht leicht ein, dass zu diesen drei Fällen ein vierter hinzuzufügen ist, nämlich:

4) dass zur Zeit der Frühlingsnachtgleiche die Erscheinungen denen der Herbstnachtgleiche ähnlich sein werden, also den Herbstregen Südeuropas eine Frühlingsregenzeit entsprechen muss.

Gasparin*) schliesst aus der reichen Zusammenstellung von Beobachtungen, welche wir ihm verdanken, dass Europa in eine Region der Sommerregen und in eine der Herbstregen zu theilen sei. Kämtz, welcher diese Zusammenstellung in seiner Meteorologie vervollständigt hat, ist indess in Beziehung auf Südeuropa bei dem Resultat von Gasparin stehen geblieben. Die weiter unten folgende Tafel wird aber deutlich zeigen, dass in Italien die Curven der monatlichen Regenmengen entschieden zwei Maxima haben, welche an südlicheren Orten, und an Orten, denen

*) *Mémoire des climats Européens par rapport aux pluies.*

nördlich ein Gebirge liegt, auf den März und November fallen, weiter nördlich hingegen, und wenn das Gebirge südlich, mehr auf April oder Mai und October. Diese beiden Maxima werden nicht dadurch gestört, dass an manchen Orten im Sommer, an andern im Winter eine plötzliche Steigerung des Niederschlages Statt findet. Dass die aus einer langen Reihe von Jahren als mittlere Bestimmungen abgeleiteten Resultate aber auch in den einzelnen Jahren, sowohl in Beziehung auf die Menge des Regenwassers, als die Anzahl der Regentage sich deutlich aussprechen, finde ich aus einer näheren Vergleichung folgender Beobachtungsjournale von Palermo, Rom und Mailand:

Osservazioni Meteorologiche fatte nel Reale Osservatorio di Palermo, 1826—1829. Fol.

Opuscolo estratto di Osservazioni meteorologiche dal 1782 *al* 1801, *di* G. Calandrelli *ed* A. Conti. *Roma* 1803. 4.

Risultati delle osservazioni meteorologiche fatte l'anno 1806. 7. 8. *nella specola Pontifica Vaticana da* F. L. Gilii. *Roma* 1807—1809.

Effemeride Astronomiche di Milano.

Die Gesammtheit der Regenverhältnisse der gemässigten Zone kann daher unter folgendem Gesichtspunkt zusammengefasst werden:

Die Winterregenzeit an den Grenzen der Tropen tritt, je weiter wir uns von diesen entfernen, immer mehr in zwei, durch schwächere Niederschläge verbundene Maxima aus einander, welche in Deutschland in einem Sommermaximum wieder zusammenfallen, wo also temporäre Regenlosigkeit vollkommen aufhört.

Folgende Tafel, in welcher die Regenmengen in französischen Linien angegeben sind, wird diess näher zeigen.

1 Maximum im Winter zerfällt in 2 Maxima im Herbst und Frühling. Diese 2 Maxima im Herbst und Frühling treten dann zusammen in 1 Maximum im Sommer.

	Funchal	Lissabon	Palermo	Neapel	Rom	Florenz	Genua	Udine	Tolmezzo	Conegliano	Montpellier	Viviers	Joyeuse	Bern	Stuttgard	Tegernsee	Augsburg	Göttingen	Berlin
Januar	84,8	36,8	34,0	39,0	31,1	22,6	39,6	46,7	48,2	31,9	34,0	29,7	42,7	24,8	13,5	26,7	28,8	14,5	15,2
Februar	33,7	29,3	26,6	13,7	31,0	44,2	30,8	62,2	47,1	28,6	20,2	20,5	31,6	50,5	22,2	36,3	25,2	19,6	15,3
März	22,7	30,6	35,8	49,0	34,7	46,2	96,8	85,2	165,0	81,7	27,4	23,1	27,8	28,0	15,6	29,1	27,5	17,6	13,1
April	14,6	53,4	15,4	26,1	27,5	30,8	31,6	59,2	41,6	31,6	26,7	32,2	42,7	29,4	16,3	28,1	21,0	21,0	14,7
Mai	13,6	19,3	9,5	10,4	25,4	20,5	21,3	47,0	41,9	40,8	27,4	35,2	62,8	46,5	24,6	40,2	52,6	16,3	21,1
Juni	4,5	1,8	5,7	23,8	17,0	15,2	4,4	94,1	99,3	73,3	22,2	30,8	29,0	64,7	38,4	81,8	48,0	29,1	30,1
Juli	0,9	3,6	2,6	6,9	5,1	26,3	8,7	41,8	46,0	28,2	9,8	22,6	31,1	49,4	24,4	80,0	59,4	37,0	28,6
August	3,4	5,1	5,4	8,4	12,1	18,4	35,9	48,9	57,3	46,5	14,8	28,2	32,6	68,0	32,5	72,4	47,4	41,1	21,6
Sept.	12,5	15,8	20,6	24,2	20,9	39,8	59,0	55,8	59,1	53,9	32,1	49,7	67,2	38,1	31,4	41,4	40,8	32,6	20,5
October	35,8	31,2	27,4	49,0	50,3	61,4	86,4	76,4	88,5	70,7	62,3	56,9	94,3	55,6	22,0	42,0	40,3	24,2	15,7
Nov.	46,1	22,5	25,1	33,6	49,5	40,8	41,0	23,8	14,4	10,3	38,7	50,2	69,7	31,3	22,4	23,6	34,4	24,8	16,1
Dec.	39,4	55,2	37,1	41,9	47,1	99,3	74,7	47,0	108,1	31,9	49,0	28,8	38,6	33,1	21,7	23,1	26,6	20,9	19,3

Ein von Ost nach West sich erstreckendes Gebirge wirkt deswegen wie eine südlichere Lage, weil es die Aequatorialströme in einer Breite auffängt, wo sie ohne das Gebirge noch nicht den Boden berühren würden. Daher fallen die Maxima in Italien mehr in den März und October als in Frankreich, wo sie nach dem Sommer hin zusammenrükken, und richten sich hier wesentlich nach der Oeffnung der Thäler. Dass wir aber, wie wir schon früher erwähnten, das mittelländische Meer im Sommer als in eine locale Verlängerung des Passates aufgenommen ansehen können, zeigen die Beobachtungen in Palermo nach Elimination des Einflusses der Tag- und Nachtwinde, folgt auch aus der der Bedingung der Moussons im Indischen Meere gerade entgegengesetzten Lage des Meeres zum tropischen Continent. Die Beobachtungen in Palermo ergeben ausserdem, dass die im Winter mit westlichen Winden herabfallenden Regen mit Steigen des Barometers verbunden sind, beweisen also, dass, so wie ein Ort aus der Verlängerung der Passatzone heraustritt, er sogleich dem Gesetze der Drehung sich unterworfen zeigt.

In der Beschreibung von Minorca in Sprengel's Beiträgen heisst es: Im Frühjahr und Herbst tritt unfehlbar, so wie in Palästina, eine Regenzeit ein. Die Regen im März dauern etwa 8 bis 14 Tage. Diess spricht für die Allgemeinheit der Erscheinung, auch für die Orte, für welche keine Beobaehtungsreihen vorhanden sind.

4) Gemässigte Zone.

A. Einfluss der mittleren Windesrichtung auf die mittlere Temperatur.

Hat man aus einer langen Reihe von Beobachtungen nach Elimination der täglichen und jährlichen Veränderungen die mittlere Temperatur der einzelnen Winde bestimmt, von denen n verschiedene Richtungen an der Windrose unterschieden sein mögen, und bezeichnet man die mittleren

Temperaturen derselben mit $t'\ t''\ t''' \ldots t^n$,
ihre resp. Anzahl mit $m'm''m''' \ldots m^n$,
so wird die mittlere Temperatur des Ortes T:

$$T = \frac{m't' + m''t'' + m'''t''' + \ldots m^n t^n}{m' + m'' + m''' + \ldots m^n}$$

Wären alle Winde gleich oft vorgekommen, hätte also keine Windesrichtung vorgeherrscht, so würde:

$$m' = m'' = m''' = \ldots m^n.$$

Bezeichnen wir die Temperatur, welche unter dieser Voraussetzung Statt gefunden haben würde, mit T^0, so wird:

$$T^0 = \frac{m'(t' + t'' + t''' + \ldots t^n)}{nm'} = \frac{t' + t'' + t''' + \ldots t^n}{n}$$

Ist $T = T^0$, so hat die mittlere Windesrichtung keinen Einfluss auf die mittlere Temperatur, ist T grösser als T^0, einen erwärmenden, ist es kleiner, einen erkältenden. Die Grösse desselben mit W bezeichnet giebt also:

$$W = T - T^0.$$

Die zehnjährigen pag. 110 angeführten Pariser Beobachtungen geben nach dieser Formel berechnet (Pogg. Ann 11. 583.) in Cent.

	Jahr	Winter	Frühling	Sommer	Herbst
Windesricht.	64°	48°,2′	79°,37′	88°,33′	38°,7′
T° =	10°,841	3°,803	10°,607	17°,787	11°,517
T =	10°,624	2°,918	9°,985	18°,564	11°,016
W =	+0,217	+0,885	+0,622	—0,777	+0,501

Daraus folgt also, dass in allen Jahreszeiten, den Sommer ausgenommen, die Temperatur durch die südwestliche Windesrichtung erhöht, im Sommer hingegen durch die westliche Windesrichtung erniedrigt wird. Da nun die erwärmende Wirkung der Windesrichtung einen längeren Zeitraum umfasst als die abkühlende, so wird die mittlere Temperatur von Paris überhaupt etwas durch die vorherrschende südwestliche Windesrichtung erhöht.

Die von **Howard** an einem in Fahrenheit'sche Grade

getheilten Registerthermometer vom Jahr 1806—1818 bei London angestellten Beobachtungen geben für die thermische Windrose der Jahreszeiten, wenn x den von N. nach O. gezählten Winkel bezeichnet, welchen der Wind mit dem Meridian macht, folgende Gleichungen:

Jahr $T=48^{\circ},7219+3^{\circ},258 \sin(x+262^{\circ}57') + 0^{\circ},4741 \sin(2x+269^{\circ}14')$

Winter $T=36^{\circ},6669+5^{\circ},3775 \sin(x+241^{\circ}47') + 0^{\circ},1474 \sin(2x+16^{\circ}52')$

Frühling $T=47^{\circ},6601+3^{\circ},1773 \sin(x+260^{\circ}41') + 0^{\circ},9389 \sin(2x+257^{\circ}16')$

Sommer $T=61^{\circ},332+2^{\circ},1755 \sin(x+296^{\circ}30') + 1^{\circ},1837 \sin(2x+227^{\circ}43')$

Herbst $T=49^{\circ},2289+3^{\circ},1485 \sin(x+278^{\circ}52') + 0^{\circ},8463 \sin(2x-8^{\circ}31')$

Eine Vergleichung der Beobachtung und Rechnung giebt dann:

Beobachtet.

	Jahr	Winter	Frühling	Sommer	Herbst
S.	51,993	42,575	51,059	61,898	52,439
SW.	50,832	41,103	49,256	61,517	51,451
W.	49,771	39,312	49,185	61,254	49,334
NW.	46,884	35,558	46,485	59,826	45,666
N.	48,661	31,064	43,022	58,754	45,805
NO.	46,441	32,293	45,058	59,815	48,598
O.	48,779	34,156	48,559	62,901	49,499
SO.	50,414	37,274	48,657	64,691	51,039

Berechnet.

	Jahr	Winter	Frühling	Sommer	Herbst
S.	51,481	41,448	49,880	62,404	52,215
SW.	51,285	41,957	50,034	61,224	51,923
W.	49,596	39,167	49,090	61,236	48,869
NW.	46,725	34,973	46,014	60,065	45,449
N.	45,015	31,971	43,609	58,510	45,993
NO.	46,147	31,660	44,872	59,847	48,209
O.	48,796	34,082	48,062	63,177	49,589
SO.	50,732	38,079	49,721	64,192	50,935

Unterschied.

	Jahr	Winter	Frühling	Sommer	Herbst
S.	+0,512	+1,127	+1,179	−0,506	+0,224
SW.	−0,453	−0,854	−0,778	+0,293	−0,472
W.	+0,174	+0,145	+0,095	+0,018	+0,465
NW.	+0,159	+0,585	+0,471	−0,139	+0,217
N.	−0,354	−0,907	−0,587	+0,244	−0,188
NO.	+0,294	+0,633	+0,186	−0,032	+0,389
O.	−0,017	+0,074	+0,497	−0,277	−0,090
SO.	−0,318	−0,805	−1,064	+0,500	+0,104

Anzahl.

	Jahr	Winter	Frühling	Sommer	Herbst
S.	234	63	51	47	73
SW.	980	272	198	269	241
W.	472	122	82	140	128
NW.	685	168	135	249	133
N.	280	78	64	68	70
NO.	580	96	223	105	156
O.	319	77	111	54	77
SO.	319	75	87	55	102

Die genügende Annäherung der berechneten Werthe erlaubt bei dieser Anzahl Jahre stehen zu bleiben.

Wendet man die oben entwickelte Formel auf diese Beobachtungen an, so erhält man für die einzelnen Monate folgende Tafel, in welcher, wenn

$a = W - O \qquad \alpha = S - N$

$b = NW + SW - NO - SO \qquad \beta = SW + SO - NW - NO$

und die Componente der mittleren Windesrichtung mit C bezeichnet wird:

$$C = \sqrt{[(a + b \cos 45^\circ)^2 + (\alpha + \beta \cos 45^\circ)^2]}$$

wo C also die Anzahl der Tage angiebt, welche bei sonst herrschender Windstille der mittlere Wind geweht haben würde; da aber nicht alle Monate gleich lang sind, zur Vergleichung aber die gefundenen Werthe auf eine gemeinschaftliche Einheit reducirt werden müssen, so habe ich den unter C in der ersten Columne angeführten Ziffern, welche die Dauer innerhalb jedes Monats angeben, noch beigefügt, wieviel unter 10 Tagen jeder mittlere Wind wehen würde. Diese sind in der zweiten Columne unter *C* enthalten.

	T.	*T°.*	W.	Richt. d. Wind.		*C.*	
Januar	34°,93	35°,032	−0°,102	94°	W.	4,9	1,58
Februar	39 ,582	37 ,764	+1 ,818	63	WSW.	8,5	3,06
März	41 ,281	40 ,943	+0 ,338	160	NNW.	2,8	0,91
April	46 ,469	47 ,116	−0 ,647	192	NNO.	3,6	1,14
Mai	55 ,033	54 ,919	+0 ,114	309	OSO.	1,1	2,71
Juni	59 ,344	59 ,718	−0 ,374	115	WNW.	6,2	2,07
Juli	62 ,524	63 ,044	−0 ,52	91	W.	10,9	3,54
August	61 ,109	61 ,258	−0 ,149	94	W.	11,7	3,84
Sept.	56 ,327	56 ,598	−0 ,271	77	WSW.	1,9	0,62
October	49 ,838	49 ,099	+0 ,739	51	SW.	4,5	1,47
Nov.	41 ,986	41 ,989	−0 ,003	88	W.	5,8	1,91
Dec.	37 ,223	37 ,205	+0 ,018	89	W.	7,2	2,32

Wir sehen also, dass der Einfluss der mittleren Windesrichtung auf die mittlere Temperatur in den einzelnen Monaten sehr verschieden ist, im Winter und Frühliug häufiger erwärmend, im Sommer und Herbst erkältend. Es kann natürlich nicht ermittelt werden, inwiefern die hier gefundenen Resultate für das Klima von London normal sind.

Für die Jahreszeiten erhält man aber, unter mittlerer Temperatur die Summe der monatlichen Mittel durch die Anzahl derselben dividirt, verstanden:

	Jahr	Winter	Frühling	Sommer	Herbst
T.	48,804	37,245	47,594	60,992	49,384
T°.	48,722	36,667	47,660	61,332	49,229
W.	+ 0,082	+ 0,578	− 0,066	− 0,34	+ 0,155
Richtung	92°	79°	169°	98°	73°
dito	W.	WSW.	NNW.	WNW.	WSW.
Comp.	57,9	20,2	5,5	28,5	11,4
red. Comp.	1,79	2,55	0,69	3,46	1,42

Da 0°,08 F. eine zu unbedeutende Grösse ist, so ist also das Ergebniss der Untersuchung:

1) Die mittlere Windesrichtung in London, welche als vollkommener Westwind anzu-

sehen ist, hat auf die mittlere Temperatur von London keinen Einfluss.

2) Die Veränderung der mittleren Windesrichtung innerhalb der jährlichen Periode äussert einen merklichen Einfluss auf den Gang der Temperatur. Durch die mehr nördliche Richtung im Sommer wird die Temperatur erniedrigt, durch die mehr südliche im Winter erhöht. Im Frühling und Herbst sind die Wirkungen unerheblich, doch schliesst sich der Frühling an den Sommer, der Herbst an den Winter an. Die entgegengesetzten Winde halten nämlich in diesen beiden Jahreszeiten wie im Jahre einander in dem Grade das Gleichgewicht, dass die mittlere Componente gering ist.

Diese Resultate mit den für Paris erhaltenen verglichen giebt in Centesimalgraden:

	Paris	London	Paris	London
Jahr	+0,217	+0,045	WSW.	W.
Winter	+0,886	+0,321	SW.	WSW.
Frühling	+0,622	−0,036	WSW.	NNW.
Sommer	−0,777	−0,189	W.	WNW.
Herbst	+0,500	+0,086	SSW.	WSW.

Die Uebereinstimmung der Wirkung der mittleren Windesrichtung ist sehr auffallend; die südlichere mittlere Richtung des Jahres bewirkt eine weit bedeutendere Temperaturerhöhung in Paris, als der indifferente West in London, ebenso sind die Wirkungen im Winter und Herbst gesteigert.

Im Frühling, wo die mittlere Windesrichtung in Paris auf der südlichen Seite bleibt, ist die Temperatur erhöht, in London hingegen, wo sie auf die nördliche Seite fällt, erniedrigt. Warum in Paris der W. im Sommer eine stärkere Abkühlung bewirkt als in London der WNW., wird aus dem Unterschiede der beiden thermischen Windrosen klar.

Ist nämlich

$$T = u + u' \sin(x + U') + u'' \sin(2x + U'')$$

allgemein die Formel für die thermische Windrose, so erhält man in Cent.:

	Paris	London	Paris	London
	u'		U'	
Jahr	1,267	1,81	252°59′	262°57′
Winter	2,776	2,987	214 38	241 47
Frühling	1,249	1,765	263 37	260 41
Sommer	1,534	1,208	359 39	296 30
Herbst	1,892	1,749	253 53	278 52
	u''		U''	
Jahr	0,194	0,263	168°25′	269°14′
Winter	0,227	0,093	263 37	16 52
Frühling	0,317	0,522	308 7	257 16
Sommer	0,287	0,658	94 23	227 43
Herbst	0,341	0,470	153	351 29

Die nahe Uebereinstimmung der Constante U' in allen Jahreszeiten, den Sommer ausgenommen, zeigt, dass die Temperatur-Vertheilung innerhalb der Windrosen beider Orte ziemlich gleich ist. Im Sommer aber fällt der Punkt der höchsten Kälte, welcher in Paris auf W. fällt, in London noch über N. hinaus, etwas auf die östliche Hälfte der Windrose, wie man durch Differentiiren der oberen Gleichung erhält, und daher hat die mittlere Windesrichtung in Paris, welche W. ist, den Einfluss auf die Erniedrigung der Temperatur, welchen in London eine nördliche haben würde; da wir sie dort aber NNW. fanden, so muss die Wirkung in London grösser sein als in Paris.

Ist allgemein

$$t^{(x)} = a + a \sin(x + \alpha') + a'' \sin(2x + \alpha'')$$

und setzt man $t^{(x)} = a$

so wird der aus der Gleichung

$$a' \sin(x + \alpha') + a'' \sin(2x + \alpha'') = 0$$

erhaltene Werth von x die Lage des thermischen Mittels in der Windrose bestimmen. Da die Winde, deren mittlere

Wärme gleich ist der mittleren Temperatur des Beobachtungsortes, über Orte fliessen werden, welche dieselbe Temperatur haben als dieser, so wird der Winkel, welchen das thermische Mittel mit der Linie WO in der Windrose macht, nahe gleich sein dem Winkel der Isotherme des Beobachtungsortes mit dem Breitenkreise. Dieser Winkel würde für Paris ohngefähr 17° betragen (Pogg. Ann. 11. 586.). Fällt nun die mittlere Windesrichtung auf die Nordseite dieser Linie, so wird im Allgemeinen die mittlere Windesrichtung einen abkühlenden Einfluss äussern, einen erwärmenden hingegen, wenn sie auf die Südseite jener Linie fällt. Erhielte man zwei verschiedene Werthe für x, so würde diess darauf deuten, dass die Isotherme sich am Beobachtungsort in 2 Aeste spaltet, welches gar nicht unmöglich ist, da isolirte Räume einer höhern oder niedern Temperatur von zwei Aesten einer Isotherme umschlossen sein können. Eine Veränderung des Klimas eines Ortes kann aber auf doppelte Weise eintreten, entweder durch Veränderung der mittleren Windesrichtung bei gleichbleibender Vertheilung der Wärme in der Windrose, oder durch Veränderung dieser Vertheilung bei gleichbleibender Windesrichtung. Zeigte sich, dass eine aus den Beobachtungen mit Sicherheit festgestellte Veränderung der mittleren Temperatur quantitativ nicht mit dem aus der so angestellten Untersuchung erhaltenen Werthe übereinstimmte, so würde man dann erst sich nach andern Erklärungsgründen umsehen müssen. Denn vage Vermuthungen sind natürlich bei dieser Frage eben so werthlos als in allen übrigen Theilen der Meteorologie.

Besässen wir ähnliche Untersuchungen als die für London und Paris gegebenen für die concaven Scheitel der Isothermen, (welche ich aus Mangel brauchbarer Beobachtungsjournale aus Nordamerika nicht habe anstellen können), so würde sich mit grössrer Sicherheit ermitteln lassen, in wie weit die Gestalt der Isothermen durch Luftströmungen bedingt wird. Da aber an den convexen Scheiteln der Einfluss gering ist, so lässt er sich an den concaven wohl nicht bedeutend erwarten. Daraus würde dann hervorgehen, dass die von Acosta, Dalton und Leopold von Buch gegebene Ableitung der Unregelmässigkeit der Temperatur-Vertheilung auf der Oberfläche der Erde zwar richtig ist, aber zur Auflosung des Problems der Isothermen nicht auszureichen scheint.

Unter den von Hr. v. Humboldt in seinen Fragmenten einer Geologie und Klimatologie Asiens geltend gemachten Ursachen der Krümmung der Isothermen giebt es eine, welche durch die Entdeckungen Mellonis vielleicht zu einem Hauptmoment in der Lösung dieses verwickelten Problems werden kann. Saussure hat bekanntlich schon gezeigt, dass die in dunkle strahlende Wärme verwandelte Sonnenwärme von Glas, welches für die directe Sonnenwärme permeabel ist, fast ganz zurückgehalten wird. Seitdem wir nun durch Melloni wissen, dass dieselbe Substanz in verschiedenem Grade von Wärmestrahlen durchdrungen wird, die mit gleicher Intensität von verschiedenen Wärmequellen emaniren, ist es physikalisch nicht unwahrscheinlich, dass die Atmosphäre die von der Erde zurückgestrahlte Wärme in verschiedenem Maasse durchlassen wird, je nach der Natur ihrer festen oder flüssigen Grundlage, welche diese Strahlen aussendet, und so würde sich denn auch näher ergeben, wie die Cultur des Bodens selbst einen Einfluss auf seine mittlere Temperatur haben kann.

B. Einfluss der mittleren Windesrichtung auf den mittleren atmosphärischen Druck und die Dampfatmosphäre.

Die bei der Bestimmung des Einflusses der mittleren Windesrichtung auf die mittlere Temperatur (pag. 336.) angewandte Formel auf das Barometer ausgedehnt, giebt für Paris im Winter eine Erniedrigung von 0,324 Millimeter, im Frühling eine Erhöhung von 0,042, im Sommer eine Erhöhung von 0,148, im Herbst endlich eine Erniedrigung von 1,064. Da nun der deprimirende Einfluss der südwestlichen Windesrichtung grösser ist als der erhebende der mehr westlichen im Sommer, so steht das Barometer im jährlichen Mittel in Paris zu tief und zwar um 0,307. Dieselbe Ursache, welche die Temperatur erhöht, vermindert also den atmosphärischen Druck.

Besässen wir von den Ufern des kaspischen Meeres eine mehrjährige Reihe von Barometerbeobachtungen, welche ein hohes barometrisches Mittel gäben, so könnte auf diese Weise ermittelt werden, ob dieser hohe Barometerstand ein atmosphärisches Phänomen sei, oder ob er auf ein tieferes Niveau des Wasserspiegels deute, denn man sieht leicht ein, dass bei barometrischen Nivellements der Ebenen und Meere der so verbesserte Barometerstand statt des wirklich berechneten mittleren anzuwenden ist, indem jener den Zustand eines in der Wirklichkeit nicht Statt findenden Gleichgewichts darstellt.

Alle Naturforscher, welche das Cap Horn umschifften, sind durch den dort herrschenden niedrigen Barometerstand in Erstaunen gesetzt worden. Nach den vom 14. Dec. 1829 bis 17. Jan. 1830 angestellten Beobachtungen von Meyen, welche Hr. Emsmann zu berechnen die Güte gehabt hat, betrug zwischen 54°47′ S. B. und 63°6′ W. L. Gr. und 52°3′ S. B. und 80°32′ W. L. Gr. der mittlere barometrische Druck 327′′′,51 Fr. bei 0°, der Druck der Dampfatmosphäre 2′′′,97 bei einer Mittelwärme von 5°,4 Réaum. und Winden zwischen WSW. und WNW., welche hier mit solcher Beständigkeit herrschen, dass selbst bei vieljährigen Beobachtungen zur Berechnung einer barometrischen Windrose wenig Aussicht vorhanden ist.

Da wir (pag. 295.) fanden, dass die mittleren Windesrichtungen im westlichen Europa fast überall auf W. oder SW. fallen, so lässt sich ein analoger Einfluss, als wir ihn in Paris fanden, an andern Orten erwarten, wenn nämlich die barometrischen Windrosen derselben mit einander übereinstimmen.

Vergleicht man in dieser Beziehung Berlin, Paris, Middelburg, Copenhagen, Hamburg und London, so erhält man, wenn allgemein

$$b^{(x)} = a + a, \sin(x + \alpha') + a''(\sin 2x + \alpha'')$$

x von Nord $= 0$ nach O. gezählt und die Coefficienten in französischen Linien ausgedrückt werden, (P. A. 11. 588.)

	a	a'	α'	a''	α''
Berlin	335,188	1,6908	68°51′	0,5292	265°24′
Paris	336,106	1,2496	68°22′	0,277	244°24′
Middelburg	336,224	1,9317	65°51′	0,41	272°27′
Copenhagen	336,779	1,4759	72°34′	0,1688	332°40′
Hamburg	335,863	1,2144	52°22′	0,2795	206°34′
Apenrade	336,155	0,9186	50°21′	0,7067	243°41′
London	336,547	1,362	49°10′	0,473	287° 9′

also in der Winkelconstante α' eine ziemliche Uebereinstimmung, nach der obigen Formel aber in London und Middelburg eine Erhöhung des Druckes von respective 0,127 und 0,14, in Berlin und Hamburg eine Erniedrigung von 0,05 und 0,06, überall also nur geringe Differenzen. Die Erhöhung des Druckes der Dampfatmosphäre in London war in denselben Jahren unbedeutend.

Ob das barometrische Mittel eines Ortes im Laufe eines langen Zeitraums von Jahren in einem bestimmten Sinne sich verändert, oder ob es um eine constant bleibende Grösse schwankt, lässt sich aus directen Beobachtungen schwer entscheiden, weil selbst bei demselben Instrument die toricellische Leere nicht unverändert bleibt, und hier, wo es auf absolute und sehr kleine Grössen ankommt, der scheinbar geringfügigste Umstand von Bedeutung ist. Da aber alle klimatische Veränderungen sich zuletzt in den barometrischen Verhältnissen ausdrücken, so wäre es wünschenswerth in dieser Beziehung etwas Sicheres feststellen zu können. Ich glaube, dass eine wirkliche climatische Aenderung, die nicht rein lokal ist, in der Beziehung des Beobachtungsortes zu den ihn umgebenden sich kundgeben muss, und da der unzweideutigste Ausdruck dieser Beziehung eben die barometrische Windrose ist, so werden für verschiedene Zeiträume berechnete barometrische Windrosen desselben Ortes als unabhängig von der Individualität der Instrumente in den Werthen ihrer Winkelconstanten eine Andeutung für eine Statt findende Veränderung oder für eine nachweisbare Constanz geben. Vergleicht man in dieser Beziehung die aus den Werthen der acht Hauptwinde berechnete Windrose nach den älteren 27jährigen Beobachtungen von Messier (in par. Lin.) mit der von 1816—1820 und von 1816—1825 (in Millim.), so erhält man für Paris

$$b^{(x)} = 336{,}1063 + 1{,}2496 \sin(x + 68°22') + 0{,}277 \sin(2x + 244°24')$$

$$b^{(x)} = 755{,}7464 + 3{,}6532 \sin(x + 73°\ 6') + 0{,}2161 \sin(2x + 337°12')$$

$$b^{(x)} = 756{,}1599 + 3{,}7806 \sin(x + 77°\ 3') + 0{,}2719 \sin(2x + 7°\ 3')$$

woraus hervorgeht, dass der Werth der Constante α' immer zugenommen hat, das Maximum also von NO. nach N. zurückgegangen ist, während die nördlichen Winde auf Kosten der nordöstlichen das Uebergewicht gewonnen haben, welches allerdings auf eine klimatische Veränderung deutet. Auch würde die von mir (Pogg. Ann. 13. 585.) aufgestellte Behauptung, dass sich das Seeklima allmählig mehr über Europa ausgebreitet habe, jetzt wohl, nachdem Arago dafür populäre Beweise von englischen und französischen Weinen gegeben hat, weniger Widerspruch finden als damals.

5) Kalte Zone.

Durch Berechnung der thermischen und barometrischen Windrosen für die Mellville Insel, Igloolik und Port Bowen nach den Beobachtungen der Parry'schen Expeditionen findet man:

1) Der Wind hat auf die Temperatur und das Barometer einen unerheblichen Einfluss, da in der Nähe eines Kältepoles von einer thermischen Windrose eigentlich nicht die Rede sein kann, weil alle Winde aus einer wärmeren Gegend wehen.

2) Seine Richtung ist innerhalb der jährlichen Periode sehr geringen Aenderungen unterworfen.

3) Während die mittlere Richtung in Port Bowen auf die Südostseite fällt, in Melville auf die Nordwestseite, stimmt doch der Gang der monatlichen barometrischen Mittel an beiden Orten überein.

4) Feuchte Niederschläge finden bei niedrigem Barom. Statt.

Ich schliesse hieraus, dass die unten im ganzen Jahre fast nach derselben Seite hin beobachtete Richtung ohne merklichen Einfluss auf die barometrischen Mittel ist.

Die ganze Luftmasse dieser Gegenden scheint nämlich wie ein luftiger Gletscher dem Andrang der Aequatorialströme zu widerstehen und ihnen vielleicht nur in den eigentlichen Sommermonaten und nur vorübergehend ein Eindringen zu gestatten. Die Richtung, nach welcher hin diese Masse langsam abfliesst, wird die Temperatur der begrenzenden gemässigten Zone wesentlich modificiren.

Die in diesem Abschnitt angestellten Untersuchungen zeigen, dass die Windesrichtung in den verschiedenen Zonen einen sehr verschiedenen Einfluss auf die mittleren atmosphärischen Zustände äussert. Combinirt man diesen Einfluss mit den regelmässigen durch die Veränderung der Sonnenhöhe bedingten periodischen Oscillationen der Dichtigkeit der trocknen Luft und der Elasticität des in ihr enthaltenen Wasserdampfes, so sieht man leicht, wie die für jedes einzelne Element einfachen Bestimmungen bald einander entgegenwirkend, bald zu verschiedenen Zeiten ihre Extreme erreichend oft eine scheinbare Unveränderlichkeit, oft höchst verwickelte Bewegungen der Instrumente hervorbringen. Als ein Beispiel der ersten Art wollen wir nur die in Fig. 17. dargestellten täglichen Oscillationen des Barometers in unsern Breiten anführen, die, als Differenzen zweier viel grössern Veränderungen in ihrer Unscheinbarkeit zugleich viel verwickelter erscheinen als die grössern Bewegungen der Luft- und Dampfatmosphäre, welche sie verbergen *). Als Beispiel der zweiten Art kann uns die Vertheilung des atmosphärischen Druckes in der jährlichen Periode in der kalten Zone dienen **), wo das Barometer, welches im Frühling sein Maximum erreichte, in den Sommermonaten plötzlich fällt, weil die nur bis 2 Linien zunehmende Elasticität des Dampfes nicht das zu ersetzen vermag, was die Luft durch thermische Auflockerung verliert.

Aber auch diese Combination der uns zugänglichen Elemente giebt noch nicht Aufschluss über alle Eigenthümlichkeiten der mittleren Veränderungen in der jährlichen und täglichen Periode. Es giebt daher noch andre Ursachen, welche hier mitwirkend sind. So scheint z. B. das plötzliche starke Zurückweichen der Grenze des NO-Passat (Fig. 14.) im Sommer auf den Austausch von Luftmassen zwischen der nördlichen und südlichen Hemisphäre zu deuten. Von Vorn herein aber, um ein bestimmtes Phänomen abzuleiten, zu solchen Erklärungen seine Zuflucht nehmen, hiesse mit Ausreden der Natur gegenüber sich zu rechtfertigen suchen, statt durch passende Fragen sie zum Geständniss ihrer Geheimnisse zu bestimmen.

*) Ueber die physischen Ursachen der täglichen Veränderungen des Barometers. Pogg. Ann. 22. 219. 493. — Ueber die täglichen und jährlichen Veränderungen der Dampfatmosphäre. Pogg. Ann. 16. 285.

**) Pogg. Ann, 24. 212.

Verbesserungen.

Pag. 12,	Z. 27,	von oben liess	hebenden	statt habenden.
- 31.	- 25,	- -	- tropischen	- offnen.
- 80,	- 17,	- -	- Nordschein	- Mondschein.
- 253.	- 15.	- -	- deren	- dessen.

Gedruckt bei C, Feister

zu Dove meteorol. Untersuch.

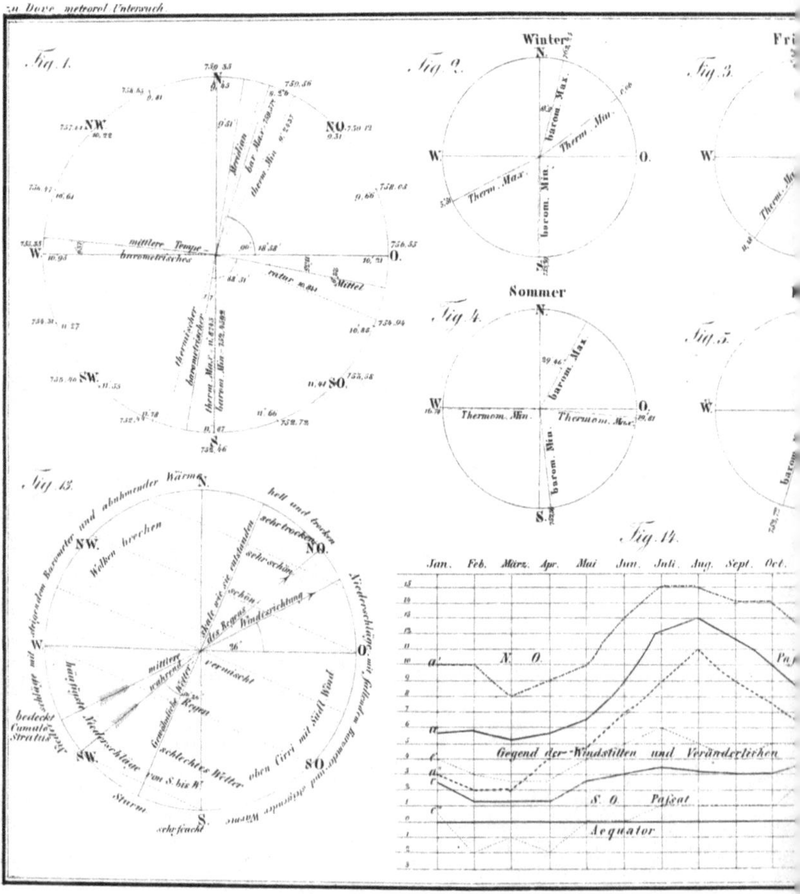

Tafel I.

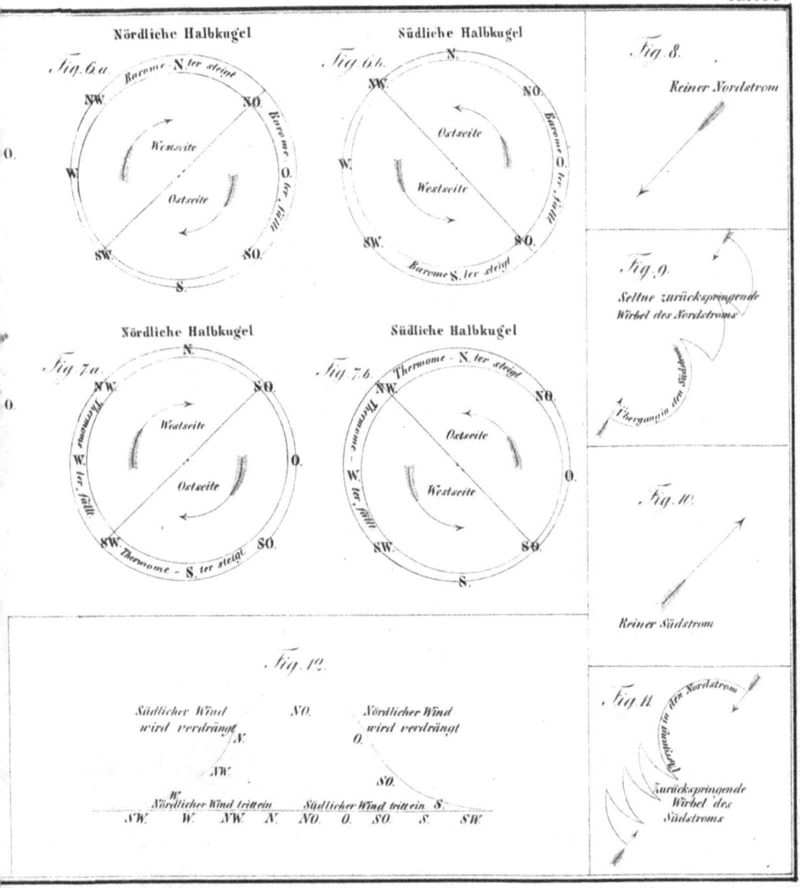

Nördliche Halbkugel
Fig. 6. a.
Barome - N. ter steigt
Barome - O. ter fällt
NW. NO. W. SW. SO. S.
Westseite
Ostseite
Südliche Halbkugel
Fig. 6. b.
N. NW. NO. W. SW. SO.
Barome - O. ter fällt
Barome S. ter steigt
Ostseite
Westseite
Nördliche Halbkugel
Fig. 7. a.
N. NW. SO. O. SW. SO.
Thermome - W. ter fällt
Thermome - S. ter steigt
Westseite
Ostseite
Südliche Halbkugel
Fig. 7. b.
Thermome - N. ter steigt
Thermome - W. ter fällt
NW. NO. O. SW. SO. S.
Ostseite
Westseite
Fig. 8.
Reiner Nordstrom
Fig. 9.
Seltne zurückspringende Wirbel des Nordstroms
Übergang in den Südstrom
Fig. 10.
Reiner Südstrom
Fig. 11.
Übergang in den Nordstrom
Zurückspringende Wirbel des Südstroms
Fig. 12.
Südlicher Wind wird verdrängt
NO.
Nördlicher Wind wird verdrängt
N.
O.
NW.
SO.
W.
Nördlicher Wind tritt ein
Südlicher Wind tritt ein
S.
SW. W. NW. N. NO. O. SO. S. SW.

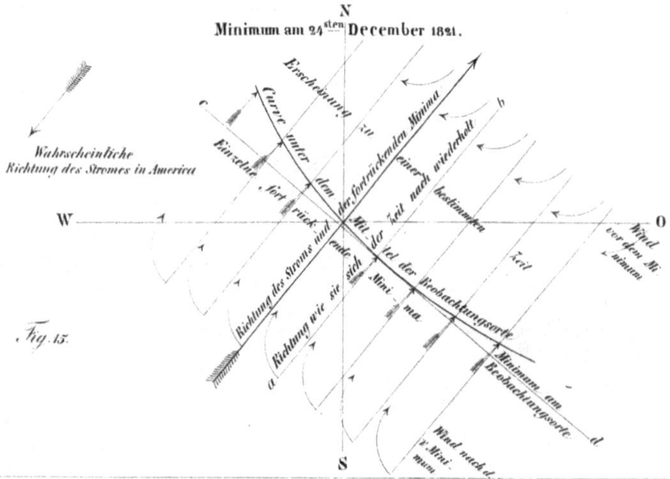
N
Minimum am 24sten December 1821.
Wahrscheinliche
Richtung des Stromes in America
W
O
S
Erscheinung zu einer Zeit nach wiederholt
Curve unter dem Mittel der Beobachtungsorte
Einzelne, fort rück ende Minima
der fortrückenden Minima
bestimmten Zeit
Richtung des Stroms und
Richtung wie sie sich
Minimum am Beobachtungsorte
Wind vor dem Minimum
Wind nach d. Minimum
a
b
c
d

Fig. 15.

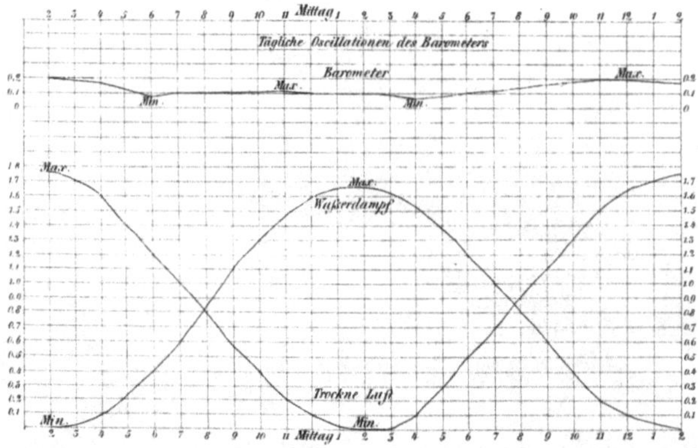
Mittag
Tägliche Oscillationen des Barometers
Barometer
Max.
Min.
Wasserdampf
Trockne Luft

Fig. 17.

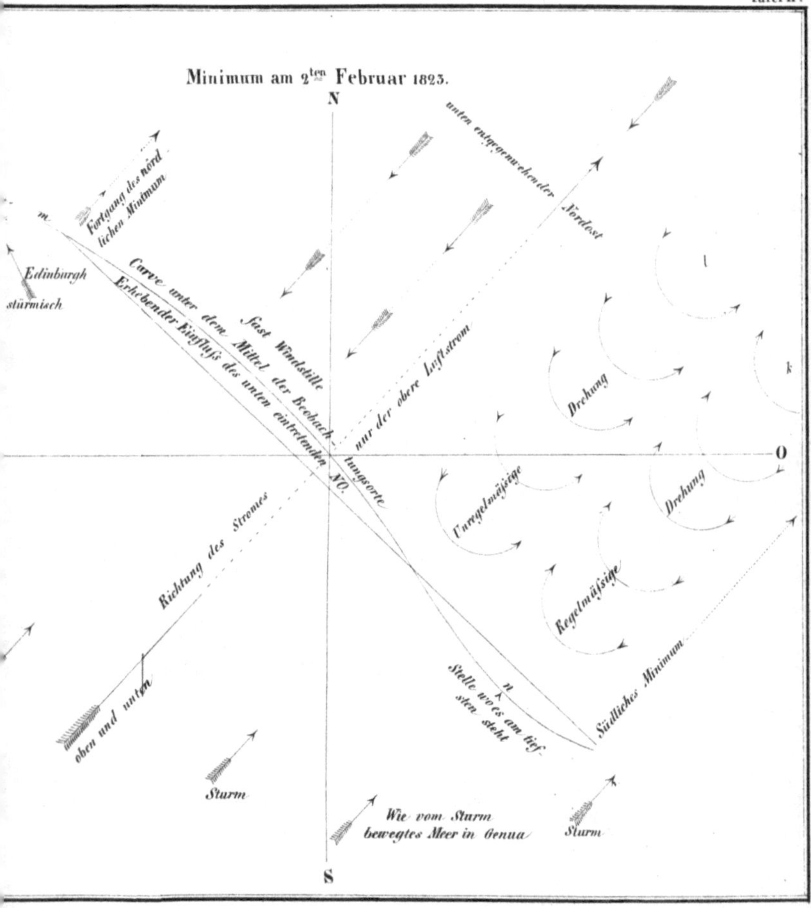
Minimum am 2ten Februar 1823.
N
S
O
unten entgegenwehender Nordost
Fortgang des nördlichen Minimum
m
Edinburgh
stürmisch
Curve unter dem Mittel der Beobachtungsorte
Erhebender Einfluß des unten eintretenden NO.
fast Windstille
nur der obere Luftstrom
Drehung
Unregelmäßige
Drehung
Regelmäßige
k
l
Richtung des Stromes
oben und unten
Stelle wo es am tiefsten steht
n
Südliches Minimum
Sturm
Wie vom Sturm bewegtes Meer in Genua
Sturm

FSC
www.fsc.org
MIX
Papier | Fördert gute Waldnutzung
FSC® C083411

Zeitfracht Medien GmbH
Ferdinand-Jühlke-Straße 7
99095 Erfurt, Deutschland
produktsicherheit@kolibri360.de